JN205282

鳥の卵

小さなカプセルに秘められた大きな謎

ティム・バークヘッド 著
黒沢令子 訳

THE MOST PERFECT THING

Tim Birkhead　　Inside (and Outside) a Bird's Egg

白揚社

ウミガラスの卵。繁殖地の岩棚で撮影されたもので、表面に糞が少しついている。それとは対照的に、博物館の標本はきれいに洗浄されているので汚れはついていない。

Photographers unknown

（右上）1900 年代初めに撮影されたベンプトンの崖面を降りる卵採り
（左上）1920 年代ないし 1930 年代のジョージ・ラプトン。家族や友人には FG（フレデリック・ジョージ）と呼ばれていた。

（右）ラプトンの 11 歳になる娘パトリシアが、崖の上で自分で採ってきたウミガラスの卵を 2 つ手にしているところ。1931 年 6 月 21 日撮影

T. R. Birkhead, courtesy of BMNH, Tring

鳥卵の形状の変異
（上段、左から右へ）クロヅル、ミツユビカモメ、カワウ、カワウ、ハヤブサ、ハシグロアビ。
（中段）アオサギ、ハイイロチュウヒ、チゴハヤブサ、ホシムクドリ、ヤドリギツグミ、ハシボソガラス、ヨーロッパムナグロ、ミサゴ。
（下段）ベンプトンでジョージ・ラプトンが収集した異形のウミガラス卵。

コマツグミの卵

オオシギダチョウの卵

Bruce Lyon

ナンベイレンカクの卵

Bruce Lyon

ササゴイの卵

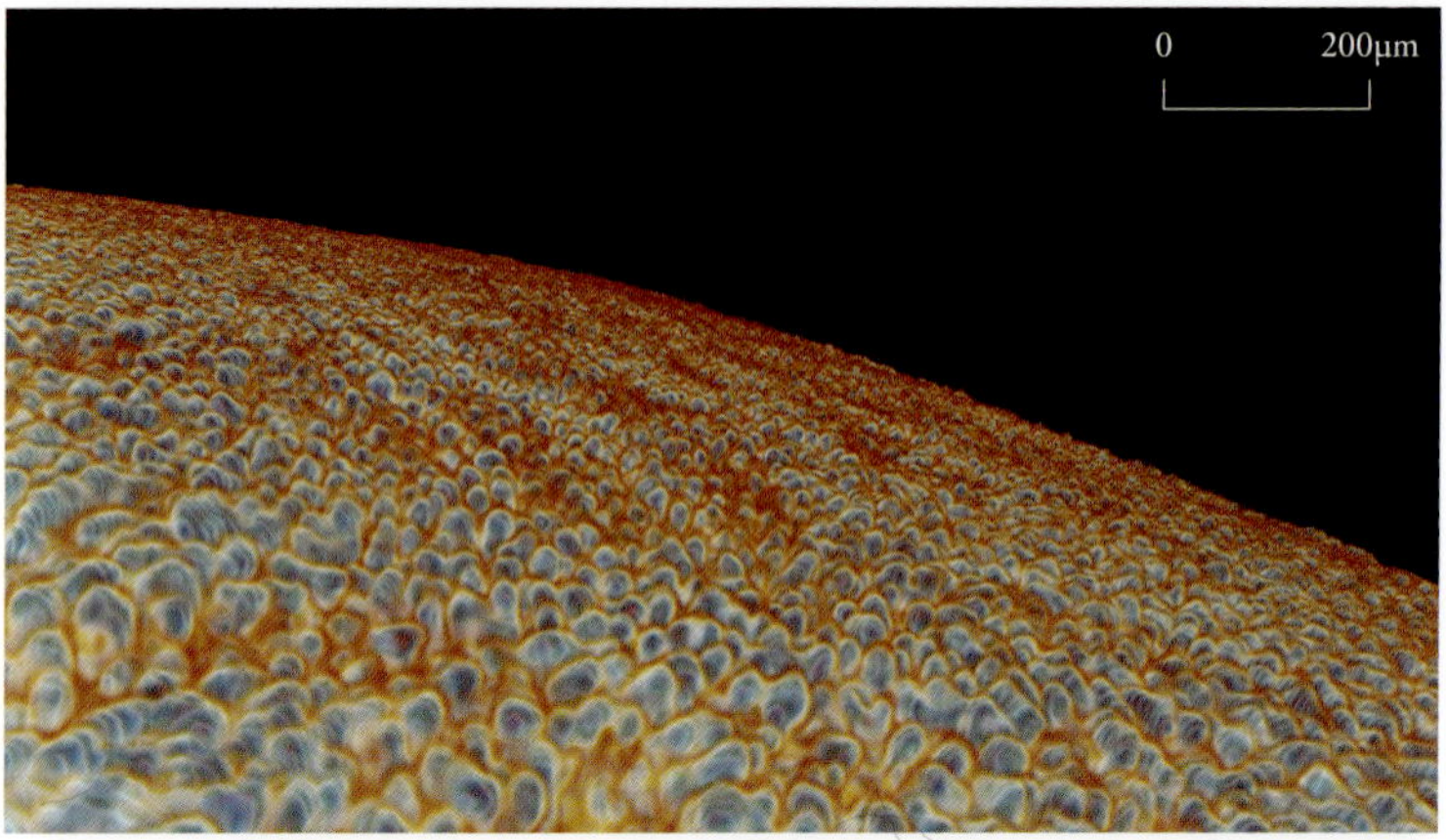

D. Jackson

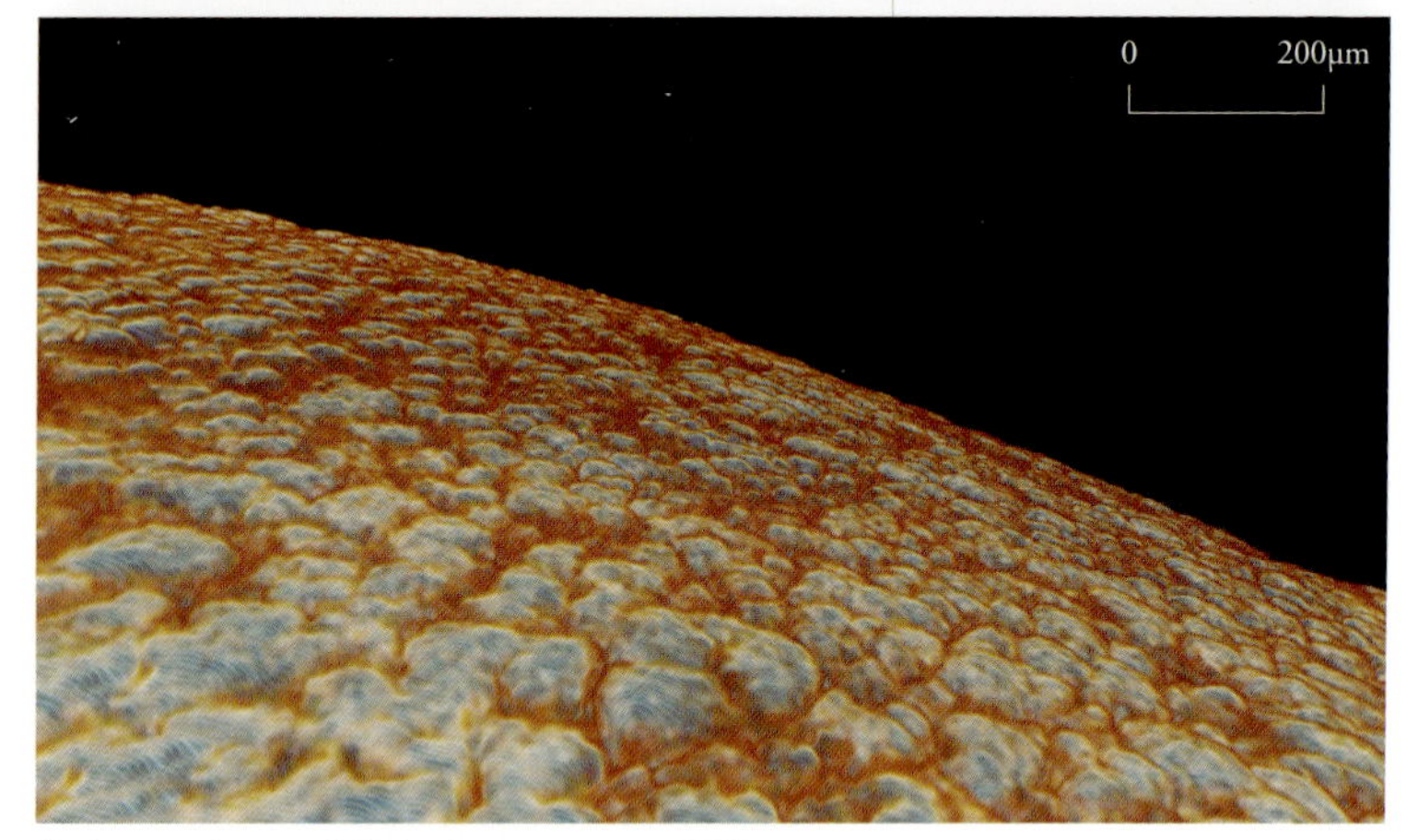

（上）ウミガラスの卵殻表面のマイクロＣＴ画像。
（下）オオハシウミガラスの卵殻表面のマイクロＣＴ画像。
ウミガラスの卵殻表面はトゲトゲしている。スケールバーは 200 マイクロメートル（0.2 ミリ）。前景部分のスケールを表す。

（左上）酢に漬けたウミガラスの卵。卵殻のカルシウムが溶け出している。
（右上）カルシウムがすっかり溶けてなくなり、卵殻膜だけで形が保たれているウミガラスの卵。色はまだ残っている。
（下）ウミガラスの卵黄の横断面。濃い層と薄い層が交互に見える。

ザンビア産のムシクイ類とハタオリドリ類のさまざまな種の卵（縦一列が一種）。これらの種は、ブロンズミドリカッコウとカッコウハタオリの托卵を受ける。宿主は托卵された卵を識別するために、種内でも種間でも、自分の卵の目印になるような色彩や模様の変異を進化させてきた（第５章）。そのおかげで、托卵者の卵を見分けて、巣から排除することができる。

（左から右へ） アカガオセッカ、アカハシウシハタオリ、アカガタホウオウ、ハジロホウオウ、アカアシコムシクイ、ヒメタンビムシクイ、サバクセッカ、メンガタハタオリ、オオコガネハタオリ、マミハウチワドリ、ニッケイセッカ、アフリカセッカ、オウゴンチョウ、マミジロスズメハタオリ。

（Photographs by Eleanor Caves and Claire Spottiswoode）

わが母とエリック・グリーンへ

目次

本文中の〔　〕は訳者による註です。
日本語版の編集にあたり、本文中に見出しを挿入しました。

鳥の卵

はじめに

本書のような鳥類の卵に関する書を著したいと以前から考えていたが、執筆のきっかけを与えてくれたのはたまたま見ていたテレビ番組だった。二〇一二年のある晩、野生動物の番組を見ていたところ、著名な解説者が出てきて、卵の標本が保管されている博物館のキャビネットの前に立ち、引き出しを開けて卵を一つ取り出した。確か白い卵だったと思う。解説者はその卵をカメラの方にかざし、これはウミガラスの卵ですと述べると、特殊な形をしている理由を説明した。ウミガラスは断崖の狭い岩棚で繁殖するのだが、その形のおかげで、転がってもその場で回転するだけで、岩棚から転げ落ちないのだという。そして、卵をキャビネットの上に置くと、転がしてみた。すると、卵はその場でコマのように回転したのだ。

私はわが目を疑った。すばらしいと思ったからではない。博物学に造詣が深いことで知られている人物がこんな誤りを犯したことに、あっけにとられたからだ。ウミガラスの卵がその場で回転するという話は一〇〇年以上も前に否定されたはずなのに、何百万人もの視聴者の前でよみがえってきたのだ。

とりわけ、番組の中で使われたような、中身を抜いて空になった博物館の卵を使えば、ウミガラスの卵をその場で回転させることはできる。しかし、本物の卵は卵黄や卵白、また発生中の胚が入っているので、そういう動きにはならないのだ。

番組で紹介された話は間違いであることを手紙で当人に指摘したところ、気分を害したような返事が返ってきた。まあ、無理もない。そこで、参考にしてもらえるように、関連の研究論文をいくつか送ろうと申し出た。ところが、いざ論文を郵送する段になると、急に自信がなくなった。テレビの人気者に意見しようとしているのに、自分が間違っていたらどうしよう？ そこで、もう一度、論文を読み返すことにした。

私は一九七〇年代の初めからイングランド、ウェールズ、スコットランド、ニューファンドランド、ラブラドール、さらにカナダの北極圏でウミガラスをずっと研究してきた。四〇年にわたりウミガラス三昧の日々を送ってきたので、関連の文献はほとんど目を通してある。しかし、ウミガラスの卵の形を扱った論文を最後に見たのは二〇年前だったので、突然、記憶に自信をなくし、もう一度読み返してみようと思い立ったのだが、そうしてみてよかった。論文はデータも結論も不明瞭で、記憶していたよりもずっといい加減だったからだ。さらに、ウミガラスの卵の形に関する研究論文のほとんどがドイツ語だったことにも衝撃を受けた。英文の要旨がついている論文ももちろんある。しかし、要旨は論文の内容を正確にまとめたものということにはなっているが、研究者の間ではよく知られているように、研究結果を実際よりも説得力があるように見せるショーウィンドウのような役割を果たしていることが多いのだ。

最初の論文は現在受け入れられている見解の元になったものだ。ウミガラスの卵は尖った形をしているので、コマのようにその場で回転するのではなく、鋭端を中心に円弧を描くように転がり、そのために岩棚から転がり落ちないのだと論じている。

私は英文の要旨を読み、図表を調べ、独英辞典を片手にキャプションを読んでみたが、違和感を覚えた。そして、どうしても腑に落ちないので、うちの学部にいたドイツ語のわかる学生にかなりの大枚をはたいて、その論文を逐語訳してもらった。すると、その研究結果はちっとも明確ではなく、後の章で見ていくように、弧を描いて転がる現象もあまり信憑（しんぴょう）性が高くなかった。

そこで私は、この問題を検証し直すことにした。古い問題ではあったが、ウミガラスの卵の世界にもう一度踏み入るのは、未知の世界を探検しているようだった。あらゆる方向に新たな道が開け、その道をたどることは心躍る旅となった。確かに、些細な問題に思えるかもしれない。ウミガラスが尖った卵を産む理由など、誰が気にかけるだろうか？　しかし一方で、このテーマは、実にすばらしい、科学のあるべき姿を網羅する問題でもあるのだ。大げさに言っているわけではない。近ごろは、政府が研究に評価を下すせいで、科学の大部分が歪められている。短期的な公的助成金を得るために、研究結果はたいてい誇張され、時には改竄（かいざん）されることさえある。私の卵研究には冒険の趣きがあるし、私は冒険こそが科学のあるべき姿だと考えている。

最初にわかったことは、ウミガラス*の卵は卵コレクターの垂涎（すいえん）の的だったということだ。卵の収集が盛んだったころには、ウミガラスの卵が入っていなければコレクションとはいえなかった。なぜかというと、ウミガラスの卵はテレビで放映されたように、とても形が変わっているし、大きくて色が鮮やかで、さらに色や模様が実に多様だからだ。一言でいうと、惚れ惚れするほど美しいのだ。

私はサウスウェールズの西端沖にあるスコーマー島で一九七二年にウミガラスの研究を始めたが、それ以来毎年その島に通っている。高さが六〇メートルに及ぶ玄武岩の断崖に囲まれたスコーマー島は、イギリスで最も重要な海鳥の集団繁殖地に数えられている。現在は完全に保護されているが、過去にはイギリスの海鳥の集団繁殖地の例にもれず、スコーマー島の断崖も卵のコレクターに荒らされていた。

カーディフ・ナチュラリスト協会の創始者でもあるロバート・ドレインは、一八九六年の五月に一〇人の子供と妻を連れたジョシュア・ジェームズ・ニールに同行して、スコーマー島を訪れた。両人ともそのときのことを書き残している。ニールの記述は至って尋常なものだが、ドレインの方は少々現実離れしている。ドレインはそのときの訪問を『ゴルゴタ巡礼』という表題をつけて発表したが、そのゴルゴタがどこで、何を表しているのかは明かさなかった。「以下の記述がなされた場所を明かすと、自然に悪影響を与えると思われるので、それを避けるため」というのがその理由だった。ゴルゴタはキリストが磔刑にされた丘を暗示しているが、その原義は「どくろの地」だ。したがって、スコーマー島を示しているのではないか。スコーマー島は今もそうだが、当時もオオカモメに捕食された海鳥（主にマンクスミズナギドリ）の頭骨が散乱していたから、そういう題名をつけたのだろう。当時も現在と同様に、おびただしい数の頭骨や死骸があっただろうと思われるが、この夜行性のミズナギドリの繁殖個体もたいそうな数に上る。ちなみに、現在の繁殖個体数は二〇万つがいを超えると推定されている。

島を訪問中に、ニールの息子二人が崖をよじ登ったり下りたりして、ドレインのためにウミガラスとオオハシウミガラスの卵を集めたが、これは転落の危険を伴う命がけの行動だった。ニールの長男が卵を採っているときに崖から転落する事故が起きた。そのときの様子をニールは言葉少なく淡々と記述している。ウミガラスが集団で繁殖している岩棚を目指してニールの長男がボートから崖をよじ登っていたとき、途中で掴んでいた岩が外れて後ろ向きに落下し、崖に当たるともんどりうって海に転落したのだ。どのくらいの高さから転落したのかは定かではないが、幸い意識を失うほどの衝撃は受けなかったので、自力で岩まで泳ぎ着き、近くにいた弟がなんとかボートに引き上げた。長男は翌日か翌々日には回復し、「事故のおかげで息子の崖登りの癖が治った」とニールは記している。

ニールは転落事故が起きた場所については何も述べていないが、スコーマー島でボートから崖をよじ登れる場所は限られている。「シャグ・ホール・ベイ」と呼ばれている島の東端ではないか。この

＊ウミガラス属には、英国周辺で繁殖するウミガラス（*Uria aalge*）と、もっと北方で繁殖するハシブトウミガラス（*Uria lomvia*）という二種がいる。両種とも、大西洋と太平洋の両地域で繁殖している。さらに遠縁にあたるハジロウミバトがいるが、この種の繁殖生態はかなり異なっている。

名称はそこで集団営巣していたシャグ（ヨーロッパヒメウ）に由来するが、現在はウミガラスはまだたくさん生息しているものの、ヒメウはいなくなってしまった。

ニールの息子たちは、事故が起きるまでに相当数の卵を集めており、その卵は後日、中身を抜かれて、カーディフの自然史博物館に収蔵されている卵コレクションの一部になった。ちなみに、博物館の卵の収蔵品は「サウスウェールズの海岸を毎年訪れた友人たち」が収集したものである。ドレインは『カーディフ・ナチュラリスト協会紀要』に掲載された論文の中で、ウミガラスの卵の美しさと多様性を称えている。ドレインはスコーマー島の崖で収集した卵の中から、ウミガラスの卵三六個、オオハシウミガラスの卵二八個を選び出し、色彩や模様、形や大きさの類を見ない多様性を示すために、各ページに四個ずつ卵の石版画（リトグラフ）を掲載した。このような出版物は後にも先にも例を見ない。卵のリトグラフはすばらしい出来だが、それに付随するドレインのスコーマー島訪問と卵の記述は粗悪なものだ[1]。

スコーマー島からウミガラスの卵を取ってきたのはドレインが最初というわけではない。一八〇〇年代後半に、二十歳代の娘たちがウミガラスの卵の中身を抜いているところを写した写真がある。それは、写真の持ち主のヴォーン・パーマー・デイヴィスの娘と友人で、自分たちのコレクションに加えるためか、あるいは土産物として利用するために、卵を処理しているところだ[2]。

個人や博物館のコレクションになるのは、卵のいちばん外側を覆う生命のない殻である。卵の中身は新たな生命を生み出す可能性を秘めているが、食べられたり、捨てられてしまうこともある。鳥の卵に対して一般の人が抱いているのは二つの対照的なイメージだ。一つは、多様な鳥の美しい卵殻のイメージで、複雑な模様がついているものも多い。こうした卵は本や博物館の展示ケースで目にする機会がある。もう一つは、ありふれたニワトリの卵で、プラスチックの容器入りだったり、台所のボウルの中に割り落とされた透明な卵白の真ん中に卵黄があるイメージだ。

しかし、鳥の卵はこの二つのイメージが示すものだけではない。私は四〇年にわたりさまざまな鳥類とその卵を研究してきたので、これから読者を鳥の卵という神秘の世界へお連れしたいと思う。鳥の卵の世界はこれまでに足を踏み入れた人がほとんどいない領域だし、これからご案内するのは人跡未踏のコースなので、この旅は比類のないものになると思う。本書では、卵の外側から遺伝を担う中心部まで旅をするが、途中で生殖の三大イベントを目の当たりにすることになる。そうすることで、卵の真の姿が「独立した自立式胚発生システム」であることを理解してもらえると思う。

第1章で人を魅了してやまない卵の魅力の謎を検討した後、卵の顔ともいえる殻が生成され、見事な形ができあがる過程とその仕組みをそれぞれ第2章と第3章で見ていく。続いて、第4章では卵殻によく見られる美しい色彩の生成過程について、第5章ではその色彩や模様が担っている生態的役割、言い換えれば色彩や模様が進化した理由を探ってみる。さて、卵殻から卵の内部へ向かうと、まず卵白に出会うが、第6章ではこの卵白を取り上げる。粘り気のある新鮮な卵白について、じっくり考えることはほとんどないかもしれないが、実際は思いもかけないほど精巧で、胚の発生を保護する大事な役割を果たしているのだ。さらに中に入ると卵黄に出会うが、第7章ではこの卵黄をご紹介する。卵黄は卵子（卵細胞）そのもので、人間の卵に相当するが、鳥類の卵黄は液体状の卵黄という形で胚の発育に必要な栄養が詰まっているので、とても大きい。卵黄の表面にある淡い小さな点状のものがメスの遺伝物質で、オスの精子に入っている遺伝物質と運よく出会えば、胚に育つ（可能性がある）。この卵の表面から内部に至る旅は、寄り道なしで直進する旅ではない。すでに訪れたところやこれから行く場所を俯瞰するために、ときおりちょっと回り道をして展望台に立ち寄ることが必要になるだろう。たとえば、卵黄の話をしている途中で立ち止まり、鳥の卵巣で卵黄がどのように生成されるのか、その過程もお話しする。卵にとって最も重要な出来事は、メスの遺伝物質がオスのものと混ざり合う受精だろうと思われるかもしれないが、受精は卵の一生のうちで起きる三大イベントの一つにすぎない。ちなみに、あとの二つのイベントは産卵と孵化だ。種によって異なるが、産卵のおよそ一〇日から八〇日後に孵化してヒナが生まれる。こちらは第8章で改めて解説する。

本書は類を見ない旅行のガイドブックと思っていただきたい。旅行案内書の例にもれず、本書にも道路地図に相当するメス鳥の生殖器官の図を載せてある（44ページ）。いくつかの部位と入口と出口があるだけで脇道はないので、高速道路のようなものだ。至って単純な地図だが、自分の居場所を確かめるのにときおり利用していただきたい。さらに、重要な三つの構造図を載せておいた。46ページと168ページに載せてある卵の内部の模式図と、68ページに示した精巧な卵殻の構造図だ。この他にも図を入れてあるが、いちばん重要なのはこの三つである。

鳥の卵に関する文献は数えきれないほどあるが、それは主に理想的な卵を生産するために養鶏産業が莫大な資金をつぎ込んでいるからだ。いうまでもなく、理想というのは卵市場にとってのことで、必ずしもニワトリにとってではない。これまでに得られた鳥の卵に関する知見は、ほとんど家禽学者の研究に基づいている。営利目的で行なわれたことは否定できないにしても、一般の生物学者が羨むような規模で行なわれることが多く、しっかりした研究なので、その結果は高く評価できる。しかし、これから本書でそうした研究結果を見ていく前に、すべての問題が解明されたわけではないということを記しておくのは大事だろう。研究が数多く行なわれてきたとはいえ、対象がほとんど一種の鳥に絞られていたので、まだわかっていないことはたくさんあるのだ。現在の経済情勢では、研究者は保身のために研究結果を潤色し、自分の知識を誇張する傾向がある。個人的には、何がわかっていないかを知ることはきわめて大事なことだと思っている。未知のことを知りたい欲求があってこそ、研究に感動が生まれるからだ。そこで当然、本書ではこれまでの知見の欠落部分をさらけだすことになるが、私が指摘したことが、未解明の問題に他の研究者が取り組むきっかけになってくれることを願っている。

本書では、生物学的視点から見て興味深いと思われる卵の側面を網羅したいと思う。さらに、重要な発見がいつどのようになされたのかも理解してもらえるように努めた。鶏卵は人間の歴史の一部になっているので、ふだんは気に留めることもないし、構造や各部位の機能について、改めて考えてみることもない。もちろん、スーパーマーケットで買ってくる卵は未受精だし、抱卵もされていないので、私たちの目に留まるのは卵に秘められた生物学的奇跡のほんの一部分にすぎない。現在、世界中には一万種ほどの鳥類がいるが、ふだん目にするのはもっぱらニワトリの卵なので、種によって卵の大きさや形、構造が著しく異なるということになかなか気づかないのだ。要するに本書の目的は、鳥の卵に関する知見を紹介して、この身近な自然の奇跡に改めて驚きの目を向けてもらうことだ。

トマス・ウェントワース・ヒギンソンというアメリカの女権運動の活動家が一八六二年に、「この世で最も完璧なものは何かすぐに答えよ、もし間違っていたら死刑に処すと言われたら、私は鳥の卵に運命を託すと思う[3]」と記している。

確かに、鳥の卵はさまざまな点で完璧だが、そうならざるを得ないのだ。鳥類の繁殖域は極地から熱帯に及び、その環境も湿潤なところ、乾燥したところ、清潔なところ、微生物に汚染されたところなど、多岐にわたるだけでなく、巣の有無や親鳥による抱卵の有無など、繁殖形態や様式も著しく異なるからだ。卵の形や色、大きさのみならず、卵黄と卵白の構成まで、想像を絶するような適応を遂げている。人の生殖について、最初の洞察をもたらしてくれたのが鳥の卵だということも卵の話の重要性を高めるだろう。

旅の始めは、スコーマー島ではなく、英国の東海岸にあるフランバラ岬のベンプトン断崖に行ってみよう。

第1章　卵採りとコレクター

家禽の知見がなかったら、自然科学は著しく損なわれていた。
エドワード・トプセル『空の鳥、あるいは鳥の歴史』（一六二五年）

切り立った白亜の断崖が明るい陽光に照らされて、まばゆいばかりに輝いている。断崖の鋭い縁に沿って東へ目を向けると見えるのはフランバラ岬だ。その北には観光地のフィリーの町があり、ここからは見えないが、南側にはブリドリントンという別の行楽地がある。しかし、行楽地のフィリーやブリドリントンが別世界に思えるほど、このベンプトンの断崖は自然が支配する場所なのだ。天気の良い日は穏やかだが、雨風の強い日は恐ろしい場所に一変する。とはいえ、初夏のこの日の朝は太陽が燦々（さんさん）と輝き、ヒバリやハタホオジロのさえずる声が響き渡って、崖の上にはナデシコ科のレッド・キャンピオンの花が咲き乱れている。崖沿いの小道はもろい農地の縁をなぞるようにうねうねと続き、海に突き出した崖の上に来るたびに、鼻を突くような臭いが海鳥の耳障りな声とともに下から漂ってくる。コバルト色をした海原の上には、数えきれないほどの海鳥が帆翔し、海面にはさらに多くの海鳥が浮かび、帯のように見えている。

　崖の縁から下を覗き込むと、何千羽もの海鳥が切り立った岩壁にへばりついているのが見える。一際目立つのは、岩棚に黒い筋のようにびっしりと並んでいるウミガラスだ。ウミガラスは体長が三〇センチほどで、ペンギンに似た鳥だ。群れていると真っ黒に見えるが、陽の当たるところで一羽ずつ見ると、頭と背はミルクチョコレートのような茶色で、腹が白いことがわかる。ビロードに覆われたような滑らかな頭に黒いつぶらな瞳のウミガラスは、いかにもおとなしそうで普通はそうなのだが、怒らせると長く尖った嘴（くちばし）を武器にして、反撃に出ることもある。ウミガラスの上と下では、糞にまみれた草の巣で繁殖している純白のミツユビカモメが「キティウィーク」と金切り声で鳴いている。オオハシウミガラスはもう少し数が少なく、岩の割れ目に隠れていることが多い。背面の羽衣（うい）が煤（すす）色をしているので、地元では「鋳掛屋（ティンカー）」と呼ばれている。嘴と足が真っ赤で、海のオウムと呼ばれるニシツノメドリはさらに数が少なく、オオハシウミガラスと同様に、人目につかない石灰岩の割れ目で営巣している。岬の音風景は、ウミガラスの唸るようなテノールのコーラスにミツユビカモメのソプラノの金切り声、それにときおり混ざるニシツノメドリの甲高い満足げな鳴き声だ。そして臭いは、まあ、それから連想されるものも個人的には嫌でないけれど、いわば大人の味とでもいうべきものかもしれない。

　一九三五年の六月のことだが、柱と角を意味するスタープル・ヌークと呼ばれる岬で、息をのむような光景が見られた。石灰岩でできた断崖の岩壁で、一人の男が五〇メートルほどのロープの先にぶら下がっているのだ。男は岩壁からゆらりと海の上へ身を投げ出しては壁面に戻り、カニのように岩壁に取りついている。崖の上の見晴らしのよい安全な場所から双眼鏡でこれを見ているのは、ジョージ・ラプトンという裕福な弁護士である。背は高目で、鼻も高く、目は深くくぼみ、控えめな口ひげを生やした五十代半ばの人物だ。ネクタイとカラーをつけ、ツイードの上着という身なりと物腰から裕福な身分だということがわかる。ラプトンは、ウミガラスたちが男に驚いて大事な卵を見捨てて、岩棚からあわてふためいて飛び出していく様子を眺めている。親鳥がパニックに陥って逃げ出す際に卵を転がしてしまい、下の岩に転落して砕けるものもあった。残っている卵はほとんどが鋭端（尖った方）が海の方を向いている。崖の男は岩棚から卵を一つずつ手に取ると、すでに卵で膨らんでいる肩にかけたキャンバスの袋に次々に詰め込んでいく。その岩棚から卵を全部採り終わると、男は足で岩壁を蹴って体を壁面から離しては、少し横へ移動して、卵採りを続ける。ラプトンは布袋の中に詰まっている卵のことを考えると、男が身を危険にさらしていることなど忘れて、有頂天になっていた。崖の上では、腰にロープを巻きつけた男が三人縦に並んで座り、卵採りの男からの合図を待っている。崖の男が合図すると、三人はボートの漕ぎ手のようにロープを崖の上にたぐり上げるのだ。

　ヨークシャーの人は、「クライマー（崖の卵を採る人）」を短く「クリメル」と発音し、崖を上り下りして卵を採ることを「クラム」という。

　ジョージ・ラプトンはランカシャーの自宅から列車でやってきて、他の卵のコレクターと同様にブリドリントンに宿泊し、このときは一か月以上滞在していた[1]。

　この日は朝から好天に恵まれ、崖の上にはたくさん人が集まっており、祭日のように華やいだ雰囲気に包まれている。観光客たちは数人のグループになって、卵採りたちがロープにぶら下がりながら岩壁を降りていき、卵を集めると、崖の上に引き上げられてくる様子を目を丸くして見ている。

袋の中から卵を取り出して大きな編み籠に移すとき、石灰質の分厚い卵殻同士があたってコツコツという鈍い音がする。その音はラプトンの耳には音楽のように響く。卵を集めてきたのはヘンリー・チャンドラーという男で、警察官が使う防護用のヘルメットをかぶったまま、顔に微笑みを浮かべている。袋の中にラプトンが喉から手が出るほど欲しくなるような卵が一つ入っているので、大金を払ってもらえると思うからだ。「茶色の地に赤みを帯びた褐色の帯」がある独特な色合いをしたこの卵は、崖の一角を所有する隣の農家にちなんで「メトランドの卵」と名づけられている。メトランドの卵は一九一一年以来、二〇年以上にわたり毎年、数センチとたがわずに同じ場所で採られているのだ。(2)

ラプトンはウミガラスの卵に取り憑かれている。メトランドの卵は確かに特殊だが、数あるウミガラスの卵の一つにすぎない。卵採りたちの間では、ウミガラスのメスが同じ色の卵を毎年同じ場所に産むことが、何十年、いや、おそらく何世紀にもわたり知られている。それどころか、ウミガラスは最初に産んだ卵を採られてしまうと、二週間後に、同じ場所に最初の卵とほとんど変わらない卵をまた産むということも卵採りは知っている。二度目に産んだ卵も採られてしまうと、三度目の産卵を行ない、三つ目の卵を失った場合は、稀ではあるが、四度目の産卵を行なうこともある。こうしたウミガラスの適応力にもかかわらず、メトランドのメスはラプトンの収集欲のおかげで、二〇年にわたる繁殖可能な年月の間に、一度も卵を孵（かえ）すことも、ヒナを育て上げることもできなかった。この岬では卵採りたちが産業として卵を収集しているので、ここの断崖で繁殖している何千羽にも上るウミガラスやオオハシウミガラスはみな、メトランドのメスと同じ運命をたどっているのだ。

ベンプトンの崖では、少なくとも一五〇〇年代の後半から、海鳥の卵採りが行なわれていた。崖の縁に隣接する畑を所有している農家はみな、下の海まで垂直になだれ込む「土地」（実際はただの崩れやすい岩壁だが）の所有権は自分たちが持っていると思っていた。たいていは、数世代に及ぶ同じ家族の中から、四人ほどの男が一組になり、一人が卵を採りに崖を降り、他の三人が崖の上でロープを支える係を担当して、何十年にもわたり毎年、卵採りが行なわれてきた[3]。

ウミガラスの卵は最初は食料として採られていた。鶏卵の二倍の重さがあり、スクランブルエッグは絶品だが、ゆで卵にすると、卵白がやや青みを帯びたままで、鶏卵ほど硬くならないので、個人的にはいまいちである。しかし、この程度のことでは敬遠されず、ベンプトンに限らず、ウミガラスの卵が手に入る北半球の沿岸地域ではどこでも、想像を絶するほどの数の卵が食べられていた。北米のように、ウミガラスが平坦な島で繁殖しているところでは、卵が簡単に採られてしまったので、絶滅した地域も稀ではなかった。ウミガラスは密集して繁殖するので、そうした地域では集団繁殖地を見つけたら、くじに当たったようなもので、いとも簡単に卵採りができたのだ。やがて、人里から遠く離れたところや、人が近づけない場所で繁殖している鳥しか、子孫を残す機会を持てなくなってしまった。ニューファンドランドの北東六四キロの沖に浮かぶファンク島は人里から最も遠い繁殖地の一つだが、ファンクという島の名前はここで繁殖している何十万羽ものウミガラスのコロニーが発する悪臭（ファウル）か、あるいは水鳥（ファウル）に由来する。新世界が発見される以前は、ベオサック・インディアンたちがカヌーで荒海に乗り出し、ファンク島までウミガラスやオオウミガラスの卵や親鳥を採りに行っていた。

インディアンたちは繁殖個体群に大きな影響を及ぼすほど頻繁に島を訪れていたとは思われないが、一五〇〇年代にヨーロッパ人の航海者が、ファンク島やセントローレンス川の北岸にある海鳥の集団繁殖地を発見すると、海鳥たちの運は尽きてしまった[4]。

ベンプトンの卵採りたちも数日おきに営巣地を訪れ、毎回新鮮な卵が得られるように、見つけた卵はそのつどすべて採っていた。ベンプトンで毎年採られた卵は数千個から一〇万個以上といわれていて、推定値はあきれるほど幅が大きいが、数千個に上ったのは間違いない。ラプトンが収集していた一九二〇年代と三〇年代の最も信頼性の高い推定値は、年間およそ四万八〇〇〇個である。かつてはベンプトンにウミガラスがたくさん繁殖していたが、毎年卵採りが行なわれた結果、個体数は必然的に減少した。一八四六年にブリドリントンまで鉄道が敷かれ、翌年にはベンプトンの村まで開通したので、ロンドンやその他の都市部から海鳥射撃というお手軽な刺激を求める都市住民が簡単に来られるようになり、海鳥の減少にさらに拍車がかかった。射撃の対象になったのは主にウミガラスやミツユビカモメだったが、撃たれた海鳥が死んだり、傷ついたりしただけでなく、岩棚で抱卵している親鳥も銃声が響くたびに驚いて飛び立ったので、下の岩や海に転落する卵が後を絶たなかった[5]。

ベンプトンで卵採りたちにウミガラスの卵を採らせていたコレクターは、ラプトンだけではなかった。卵採りは、ロープの先に命を懸ける男たちにとってうまい商売だったのだ。特殊な卵を求めるコレクターの飽くなき欲望や、そうした卵を見たときの目の輝きに、すぐに気づくようになったからだ。コレクションとして所有できなければ意味がないので、コレクターは卵採りと売買交渉を行なうが、その際にコレクター同士でも競い合わなければならなかった。卵採りたちは互いの縄張りを尊重して共存共栄していたが、コレクター同士の競争は熾烈を極めた。絶品の卵をめぐって言い争いになり、相手に向かって拳銃を抜いた者もいたようだ。[6]

一九一二年生まれのサム・ロブソンはラプトンに卵を提供していた卵採りの一人だったが、見事なヨークシャー訛りでその様子を述べている。

コレクターにとって大事なのは卵の色さ。珍しい模様の卵を見つけたらば、大事にしておいて、コレクターの旦那たちが来るのを待つのさ。あのころは、卵はコイン集めなんかと同じで、セットで売り買いされてた。コレクターの旦那たちは大勢でやってきたね。村に四人も五人も滞在したもんだ。あの人たちの仕事なんだ。卵を集めて売るのがね。他のコレクターに転売する人が多かったのさ。……そんだから、崖の上で競売みてえになったこともあった。……いくらで売れるかは賭けだべ。こっちが売値をいえば、向こうはできるだけ買い叩こうとしたからね。うちらは卵を売り払いたかったから、負けてやったさ。卵なんか要らねえ、欲しいのは金さ。[7]

欧米の博物館に収蔵されている卵の展示を見たり、カタログを調べれば、卵採りやコレクターが行なった卵の収集規模がよくわかる。ほとんど例外なく、どの博物館でも、ベンプトンで収集された卵の数の方が、博物館の所在地を含む他の地域で採られた卵より多いのだ。私はシェフィールドにある教育用の小さな博物館の館長をしているが、そこにも一八三〇年代に収集されたウミガラスの卵が二箱収蔵されている。大部分の卵からは鉛筆で走り書きされた「ベンプトン、バックトン、フィリー、スカーバラ、スピートン」という採集地がかすかに読み取れるが、どれもフランバラ岬の地名である。

私は生まれも育ちもヨークシャーで、博士課程に在学中はスコーマー島でウミガラスの研究を行なっていたが、冬期は島に渡れないので、ベンプトンに来ては謎に満ちた非繁殖期のウミガラスの生態を観察していた。朝の三時にリーズの近くにあった実家を出て、暗い中を車でベンプトンに向かい、空が白み始める前に崖に到着する。ウミガラスたちは、夜明け前の薄明かりの中を海から戻ってきて、突然姿を現し、騒がしく鳴き交わす。お祝いでもしているようだ。いや、ようなのではなく、まさしくお祝いしているのだ。つがい相手や隣近所の仲間と再会できたことを喜び合っているのである。

冬期は連日のように北海から強風が吹きつけ、ひどく寒かったので、少しでも体温を奪われないように崖のてっぺんから少し下がったところで縮こまりながら、目を痛めそうなヘルテル&ロイス社の望遠鏡を覗いては、ウミガラスの行動を手帳に書き留めていた。野生動物は目を見張るような行動を見せてくれるので、当時も今も心が躍る。当時は避難所も駐車場もなく、とりわけ冬期は人影さえなかったので、ウミガラスたちとは反対に、私にとっては文字通り孤独な体験だった。私は、ベンプトンだけでなくフランバラ岬全体に強い愛着を感じている。その歴史は、まるで岩棚から滴り落ちるウミガラスの糞のように、雫となって私の想像力の中に浸み入っている。私が特に好感を持っているのは、卵採りとコレクターがアマチュアの鳥類学者として、ウミガラスの生態を解き明かす科学的基礎を築いてくれたことだ。

ラプトンの時代には、卵採りは観光名物になっており、ロープの先にぶら下がっている卵採りや、崖の上で卵がいっぱい詰まった籠を持っている卵採りを写した絵葉書が近くの観光地で売られていた。

そして、そうした絵葉書には、「豊猟」という語句がつけられていた。卵採りもさまざまな客層向けの商売になった。土産にウミガラスの卵を持ち帰りたいだけのたまたま訪れた観光客から、卵採りを自ら体験したいという冒険心旺盛な旅行者（ほとんどが女性だったらしい）や、崖の上を捕食者のように見て回り、卵採りが珍しい卵を採ってくるのを今や遅しと待っているラプトンのような熱狂的なコレクターに至るまで、さまざまなお客の要望に応えなければならない。ラプトンは卵を採りたがっていた一一歳の娘のパトリシアを崖の下へ降ろさせている(8)。

ウミガラスの卵はさまざまな点で特殊といえるが、特に大きさや色彩、模様の多様性は類を見ない。初期の記録にはたいてい、ウミガラスの卵に同じものは二つとないと記されているが、ジョージ・ラプトンを虜にしたのは、このような色彩の限りない多様性だった。ウミガラスの卵に取り憑かれていたコレクターはラプトン一人だけではなく、他にもたくさんいたが、その収集に情熱と財力の限りをつぎ込んでいたのはラプトンだけだった。ちなみに、当時のコレクターは自分たちのことを鳥卵学者と呼んでいた。ベンプトンの卵を収集していたノッティンガムのジョージ・リッカビーは、珍しいウミガラスの卵が一〇〇〇個以上も収集されているラプトンのコレクションを「世界一だ」と一九三四年に評している(9)。

ラプトンやリッカビーたちがベンプトンの断崖で卵を収集していた一九三〇年代に英国の卵収集は全盛期を迎えたが、当時を振り返ると、驚嘆の念に打たれるとともに複雑な気持ちになる。かつては卵のコレクションは、大人になっても趣味で続けている人もいたことはいたが、田舎の子供たちのたわいない遊びと考えられていた。しかし、現在は許されない違法行為である。皮肉なのは、昔は卵のコレクションも自然と接する方法の一つだったことだ。ラプトンのように子供のころの趣味から抜け出せなかった人は、卵のコレクションが執念になってしまった。一九五四年に鳥類保護法が制定されて、それまで単なる風変わりな趣味と考えられていた卵の収集が違法になったが、ラプトンはその一〇年ほど前に、ウミガラスの卵コレクションを売り払っていた[10]。

鳥卵のコレクションが始まったのは一六〇〇年代のことで、そのころ、自然界に興味を持っていた医者や知識人が稀少な産物を収集して、キャビネットにコレクションを飾るようになった。イタリアの偉大な博物学者であるウリッセ・アルドロヴァンディはこうしたコレクターの草分け的存在だが、一六一七年に私設の博物館を開設している。アルドロヴァンディのコレクションにはダチョウの卵も入っており、その大きさに驚かされるが、その他にもニワトリの巨大な奇形卵や、卵黄が二つ入っていたと思われるガチョウの巨大卵、元は雄鶏だった雌鶏が産んだ卵も収集されていた[11]。

英国のノリッジの著名な医師だったトマス・ブラウンも、卵を収集したルネサンス的教養人である。ブラウンの興味は多方面にわたり、新しい科学分野である博物学にも強い関心を持っていた。ノーフォークの鳥類を最初に記録したのも、ブラウンが残した業績の一つである。サミュエル・ピープスと同時代の著述家で園芸家でもあるジョン・イヴリンはブラウンを訪ねて、一六七一年一〇月一八日の日記にこう記している。

翌朝、私はトマス・ブラウン卿を訪ねた。ブラウン卿とはときおり書簡の交換はしていたが、面識はなかった。家も庭も稀少な品々の宝庫だった。とりわけメダル、書籍、植物やその他の自然

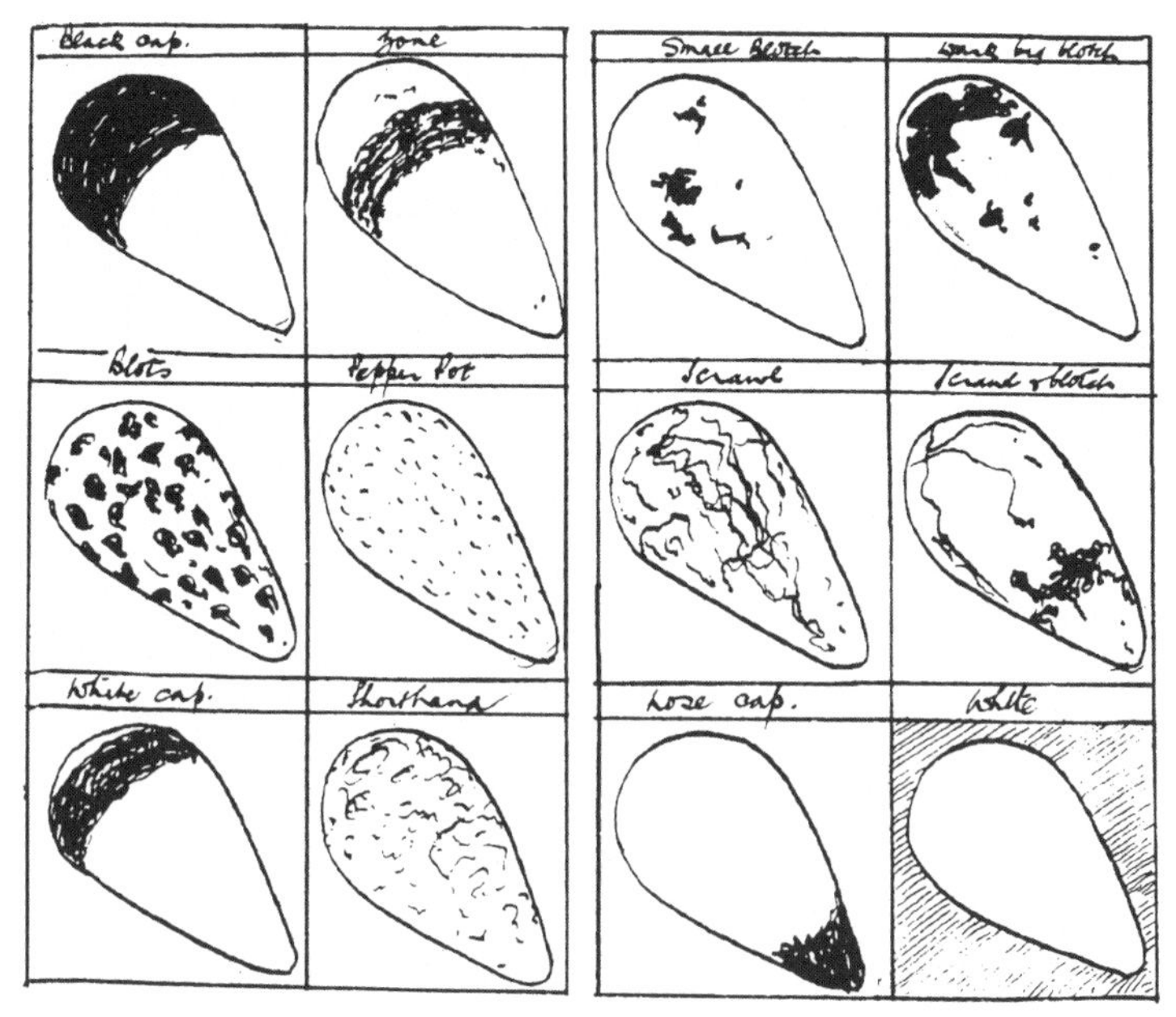

ベンプトンの卵採りたちがウミガラスの卵の斑紋を分類するために付けた名前
上段（左から右へ）ブラックキャップ（黒帽子）、ゾーン（帯）、スモールブロッチ（小斑）、ダークビッグブロッチ（大黒斑）
中段　ブロッチ（染み）、ペッパーポット（胡椒びん）、スクロール（走り書き）、スクロール・アンド・ブロッチ（走り書きと染み）
下段　ホワイトキャップ（白帽子）、ショートハンド（速記）、ノーズキャップ（鼻帽）、ホワイト（白）
ジョージ・リッカビーの日記より（Whittaker, 1997）

物のコレクションは絶品揃いだった。私はこの比類なきコレクションの楽園を訪れたおかげで、昨夜の乱調からすっかり回復できた。ブラウン卿のコレクションには、手に入れることができたすべての家禽と野鳥の卵もあった。ノーフォーク（とりわけ岬）には、内陸ではめったに見られないツルやコウノトリ、ワシなどの類いやさまざまな水鳥が訪れるのだそうだ[12]。

卵に興味を持っていた初期の博物学者で最も重要な人物は、一六七六年にジョン・レイと共著で「科学的」な鳥の本を初めて出版したフランシス・ウィラビーだろう。実際に執筆したのはレイだが、一六七二年に三六歳という若さで亡くなった友人であり共同研究者のウィラビーに敬意を表して、『フランシス・ウィラビーの鳥類学』という表題がつけられている。一六七六年に出版された原書はラテン語で書かれているが、二年後の一六七八年に英訳も出版された。これから本書で単に『鳥類学』と呼ぶのは、この本のことを指す。

ウィラビーはブラウンのことを知っており、書簡を交わした可能性はあるが、面識があったかどうかや、ブラウンがウィラビーに卵や他の自然物を収集することを勧めたのかどうかはわからない。しかし、ウィラビーが生前、稀少な自然物を収集していたのは確かである。父の遺品を整理した娘のカサンドラが書簡で、「貴重なメダルのコレクションの他にも、父が収集した鳥や魚の剝製標本、昆虫、貝、種子、鉱物、植物などの稀少な品々が遺品の中にあった[13]」と述べているからだ。

私はこの記録を読んだときには、ウィラビーの稀少な自然物のコレクションも、アルドロヴァンディやブラウン卿などのコレクションと同様に、腐ったり処分されたりして、とうの昔に失われてしまったろうと思っていた。ところが、フランシス・ウィラビーのコレクションは卵も含めて、先祖伝来の品として残っていたのだ。それを知ったときの驚きはいかばかりか想像してほしい。

そのコレクションが収められているキャビネットには引き出しが一二あり、ほとんどの引き出しには植物の標本が入っていた。私は友人のためにこの植物標本の写真を撮っていたのだが、いちばん下の引き出しを開けて、息をのんだ。なんと鳥の卵が入っていたのである。植物標本と同じように、卵もさまざまな形に仕切られたコンパートメントの中に一つずつゆとりを持って収められていた。壊れてしまっている卵も多く、またどの卵の表面にも煤がこびりついていて、この家族がかつて英国の炭鉱の中心地に住んでいたことを示していた。中には、*Fringilla*（ズアオアトリ）、*Corvus*（ハシボソガラス、もしくはミヤマガラス）、*Buteo*（ヨーロッパノスリ）、*Picus viridis*（ヨーロッパアオゲラ）、herne（アオサギ）という種名が茶色いインクで書いてある卵もあった。

コレクションの卵が残っていたことも奇跡だが、卵に名が書かれていたのはさらに大きな驚きだった。そのおかげで本物であることがわかったからだ。ジョージ・ラプトンを含めて、二〇世紀のコレクターたちは収集した卵の由来が他人にもわかるように、卵にマークをつけるようなことはしなかった。しかし、ウィラビーが収集した卵の多くには、紛れもない自筆で鳥の名前が直に書き込まれていた。

大英自然史博物館（ロンドン自然史博物館）で卵の研究をしているダグラス・ラッセル学芸員に後日、改めて同行してもらい、専門家としての意見を求めた。私と同様に、ラッセルもウィラビーのコレクションに目を見張った。なにしろ古いので、ほとんどの卵が恐ろしくもろくなっていただけでなく、汚れがついているのにもかかわらず、大型種の卵でさえも殻が透けて見えた。ダグラスはすぐにコレクションが本物であり、したがって、歴史的価値が高いことを確信し、これは世界最古のコレクションだと話してくれた。ダグラスによると、これまで科学的なコレクションに収蔵されている最古の卵として知られた標本は、一七六〇年にさかのぼれるオオウミガラスの卵で、イタリアの神父で生物学者だったラザロ・スパランツァーニの所有物だったそうだが、ウィラビーの卵はそれよりさらに一世紀も古いものなのだ。

個人のコレクションから博物館へ

個人が所有していた稀少な自然物のコレクションが一八〇〇年代に公共の博物館に移されるようになると、鳥卵の収集熱が高まった。国の誇りという名のもとに、卵や鳥の収集が想像を絶する規模で行なわれ、鳥は仮剝製や骨格標本にされて、博物館に収蔵された。鳥類学は主に裕福な愛好家が行なっていた分野だったが、それ以来、博物館や採集活動と同義になってしまった。

他の博物学の標本にも同じことがいえるが、蝶と鳥卵の採集には共通点がたくさんあった。どちらのコレクターも対象の美しさに魅了され、また、特定の種内に見られる変異個体をすべて採集したいという欲求もあった。つまり、コレクターを突き動かしていたのは「美しいものと珍しいものを追求する情熱」である。蝶のコレクターの中にも、ラプトンのように一つの種を専門に収集していた者もいた。一方、再びラプトンを引き合いに出すが、データの必要性などまったく眼中になく、獲物の戦利品(トロフィー)を使って見栄えのするコレクションを作ることしか考えていないコレクターもいた。公立博物館に所蔵されている蝶のコレクションは少なく、いまだに個人所有のものが多くを占めるが、いずれにしても、その膨大なコレクションの数はコレクターの飽くなき収集欲を物語っている。しかし、不思議なのは、蝶のコレクターはあれほど膨大な数の標本を収集したにもかかわらず、卵のコレクターのようには悪者扱いされていないことだ。[14]

一八五九年に設立されたイギリス鳥学会（ＢＯＵ）の創設メンバーで卵コレクターだったアルフレッド・ニュートンは、ヴィクトリア朝に典型的な冗漫な言い方で、卵の収集を次のように誉めそやしている。「この子供じみた趣味の魅力は大人になってもまったく衰えることがない。しかし、博物学の実践的研究において、研究者がその神秘の多くにこれほど密接に触れることができる分野が他にはほとんどないことを考えると、これはさほど驚くにはあたらない」[15]。ニュートンが指摘するように、男の子にとって（こういう場面では女の子は決して登場しない）、卵採集は博物学を学ぶ基礎だった。デイヴィッド・アッテンボローやビル・オディー、マーク・コッカーといった二〇世紀の著名なナチュラリストや自然保護論者は誰もが子供のころに卵の収集をしていたと認めているが、それは卵の収集が大人になって専門職に就く大切な礎になったことを強調しているにすぎない[16]。

鳥卵の収集を正当化するために最初に言い出された理由の中には、卵は剝製や骨格標本とともに、鳥類を分類する手がかりになるというものもあった。確かに、ウィラビーとレイの『鳥類学』に代表される鳥類学の目標は、神の偉大なる計画を明らかにすることだった。これは、動物学と植物学とを問わず、生物学全般にいえることで、生物学の最終目標は種と種の類縁関係を解き明かすことだった。種と種の間に何らかのパターンが見られるのは明らかだった。たとえば、コバシチドリやカイツブリと比べれば、アオカワラヒワとゴシキヒワは互いによく似ているが、こうした種間に認められる形態的類似を生み出している要因はなかなか特定できなかった。当時、鳥類の分類に利用できる目に見える手がかりは、外部の特徴（羽衣の色彩や模様）と内部の特徴（内臓や頭骨、鳴管）だけだったが、卵の色や形、構造も分類の手がかりになるのではないかと思われていた。

神が人間に知的な難問を投げかけるという不可解なふるまいをしているのでなければ、種間に見出されるパターンはすぐにわかったかもしれない。しかし、さまざまな鳥類種は神の英知の産物ではもちろんない。何百万年にもわたる進化の結果であり、進化の仕方は不可解に思えることもよくある。中でも、特に人目を引くのは、系統がまったく異なる種の間で似たような構造が見られることである。たとえば、新世界に生息するハチドリの仲間と旧世界のタイヨウチョウの仲間は、いずれも長い舌と嘴を使って花の蜜を吸い、虹色に輝く羽衣に覆われている。ハチドリとタイヨウチョウはこのようによく似ているが、共通の祖先から直接分かれたのではなく、それぞれが独立に進化してきたのである。生息環境が似ていると、環境から受ける選択圧も似ているので、形態（体の形）が似てくるのだ。この進化の過程は「収斂進化」と呼ばれている。自然神学〔啓示によらず人間の理性によって真理が得られるとする神学〕では神の英知が物事の礎だと考えられていたが、その概念がダーウィンの自然選択説に取って代わられた。その後、長い間、収斂進化は自然選択説を裏付ける有力な証拠でもあり、また鳥類の類縁関係の解明に取り組んでいる研究者の悩みの種でもあった。二一世紀に入り、鳥類の類縁関係を解明するために、分子生物学がもたらした遺伝子の特徴を使うという真の意味で客観的な手法を使えるようになって初めて、研究者は鳥類の進化史と類縁関係について確かなことがいえると思えるようになったのだ[17]。

鳥学者が鳥類のグループ間の類縁関係を解き明かそうと悪戦苦闘していた四〇〇年の間、博物館の標本はきわめて重要な役割を果たしていた。剝製と骨格標本はなくてはならないものだった。少なくとも、何らかのパターンを読み取ることができたからだ。しかし、卵は類縁関係の解明にほとんど役に立たないことがわかった。晩年になって、このことに気づいたアルフレッド・ニュートンは、「鳥類の分類に資するところがあるだろうと期待していたが、卵には失望を禁じ得なかったことを認めねばならない。……独断的な人と同様に、鳥卵学も人を誤った方向へ導くものだ[18]」と記している。卵が鳥類の類縁関係を解き明かすのに役に立たないことがわかると、卵の収集を続けることを科学的に正当化するのがますます難しくなった。

卵には官能的なところがある。もちろん、有性生殖の産物だから、あるのは当然なのだが、それにしても鳥の卵には独特の艶めかしさがある。卵の丸みを帯びた形が、男性の中に深く根差した視覚的感覚や触覚的感覚を呼び覚ますのではないか。この推測を裏付けるように、卵の収集に関する本の中に、一連の魅惑的な楕円や球の挿絵を用いて、卵と女性の姿態の類似性を解説しているものがあった[19]。ファベルジェの卵が高価な結婚祝いの贈り物として根強い人気を誇っている理由の一つに、官能的な形の卵と究極の豊穣のシンボルが融合しているという特性を挙げることができるのではないか。

また、フィリップ・マンソン＝バー〔英国の動物学者・医師でニュートンの弟子〕はアルフレッド・ニュートンのことを回想して、「ニュートンは筋金入りの女嫌いだったが、女性に対して感心するくらい礼儀正しくふるまうこともできた。しかし、自分の博物館とその所蔵品は女性に見せるためのものではないという信念を貫き通し、女性の目には卵のコレクションを一瞬たりとも触れさせなかった。……もう一つ印象的だったのは、自分の卵をうっとりした目で見ているニュートンの姿だ。ニュートンは卵に惚れ込んでいたのだ[20]」と述べ、卵の性的な側面に踏み込んでいる。

さらに、卵の魅力は立体的な形に秘められているという考え方にも一理ある。鳥はさまざまな芸術作品に登場するが、卵を描いた絵はきわめて少ない。二次元的な絵画で表現しても、面白みに欠けるのかもしれない。バーバラ・ヘップワースやヘンリー・ムーアの作品のように、卵の形をした彫刻はとても人気があるからだ[21]。

ラプトンの卵コレクション

私は二〇一四年の冬の寒い日に、ラプトンがベンプトンで収集した一〇〇〇個を超える卵のコレクションを見に、ハートフォードシャー州のトリングにある大英自然史博物館の鳥類部門を訪れた。卵のコレクターはたいてい収集場所と年月日を記録しているので、私はラプトンも記録をつけていただろうと勝手に思い込んでいた。しかし、それはとんでもなく甘い考えだった。ラプトンは卵の収集場所や年月日について、おおむね記憶に頼っていたらしい。メモが書かれた紙切れが傍らに置かれていた卵もあったが、メモの意味は誰にもわからなかった。はっきりいって、ラプトンのコレクションは何の脈絡もない惨状を呈していたが、博物館が入手したときにはこの状態だったのだ[22]。

研究者として、私は泣きたくなった。貴重な情報がみすみす失われてしまったのだ！　コレクターだったラプトンが関心があったのは科学ではなく、収集対象の美しさだったので、データカードは無縁な存在だったのかもしれない。確かに、博物館が所蔵しているラプトンのコレクションの中には、実に美しいものもある。まったく同じように見える卵が二個、三個、あるいは四個並んでいる整理箱もあった。おそらく同じウミガラスのメスが同年か、異なる年に産んだものだろう。また、きわめて稀な、模様がまったくない真っ白い卵が三九個も並んだ整理箱もあった！　無造作に書かれたラプトンのメモによると、ベンプトンの同じ岩棚で営巣していた三羽のメスが産んだ卵のようだ。白地にピットマン式速記の符号のような赤い模様が見られる風変わりな卵が二〇個収められた箱もあった。通説ではウミガラスの卵に二つと同じものはないとされるが、この箱の中にあるよく似た卵は英国沿岸の広域にわたって採集されており、にわかには信じがたいものの、通説を覆すものだった。

私は畏敬の念と失望の入り混じった複雑な気持ちでラプトンのコレクションを眺めていた。私が失望を禁じ得なかったのは、質・量ともに見事なコレクションでありながら、データカードがないために、科学的にはほとんど価値がないからだ。一方、卵の多様性、ウミガラスの卵に対するラプトンの執着心とコレクターとしての執念、美意識には舌を巻いた。データカードがなくて、がっかりした気持ちを学芸員のダグラスに伝えると、「水が半分入っているコップを見たとき、どう考えたらよいでしょうか？　半分入っていると考えるか、それとも、半分空だと考えるか？　ラプトンのコレクションがなかったら、本のネタに困るのでは？」と聞き返してきた。私のコップには半分入っていた。いや、半分以上だ。ラプトンが卵から得た美的な喜びを理解することができたからだ。また、考えようによっては、ラプトンのコレクションを整理しようとした人がいなかったのは幸運なことだったのかもしれない。ラプトンの美意識が反映されている卵の配列が台無しになってしまったに違いないからだ。

もしもの話だが、ラプトンのデータカードが発見されるようなことがあれば、データカードと卵を照合して、卵のサイズの経年変化、同じメスが同じ年に産む卵の色や形に見られる変異の程度、また、メトランドの卵のように、一個体が生涯にわたって産む卵の色や形には経年変化は見られないのかといった問題の解明に取り組めるかもしれない。[23] ラプトンの収集した卵を慎重に取り調べる方法はいろいろあるので、こうした問題の解明に取り組める可能性はまだ失われていないかもしれない。

しかし、こうした疑問を解く鍵になるデータカードやマスターシートはそもそも存在しないのではないかと私には思える。私が見たかぎりでは、ラプトンのコレクションは美学の塊で、科学のことは初めから眼中になかったように思われる。このことは、判読しがたい鉛筆の走り書きが記された薄緑色の紙切れがキャビネットの引き出しに入っていたことからも窺えるだろう。紙切れに記されていたメモは「X４」や「X３」のような短い暗号だったが、メモにはたいていラプトンのイニシャルが書き添えてあった。データカードやマスターシートも作っている人だったら、このようなイニシャル入りのメモを引き出しの中に残しておく必要はどこにもなかったのではないか。

現在、ラプトンの卵は大英自然史博物館にあり、六〇センチ四方のガラス天板つき整理箱に入って、キャビネットの白いプラスチックの引き出しの中に保管されている。ダグラスに促されて、三七個ある引き出しを全部取り出して、机やベンチ、床の上に隣り合わせに並べた。そうしてみて初めて、ラプトンが意図した視覚効果がわかった。ラプトンは何か月もかけて、納得のいくまで卵の仕分けや配列をやり直したに違いない。ラプトンにとって卵はあくまでも展示するためのものだったからだ。卵の整理箱はいわば、インドクジャクの尾羽なのだ。それぞれの卵は尾羽の目玉模様に相当する。見る者の目を奪う斬新なディスプレイだが、それと同じくらい解釈が難しいものでもあった。

ラプトンのコレクションは卵の色、大きさ、形、肌理（きめ）など、鳥卵学で考えられるあらゆる基準に基づいて並べられていた。しかし、こうした用語を用いてもラプトンのディスプレイは十分に説明できない。色には、地の色から模様の種類や色合い、配置まで含まれるからだ。極めつきは、四つの卵を一組にして横に並べた一二組の卵のディスプレイだ。各組とも卵には薄い青、薄い緑、黄土色、白の異なる色の地に細いゴマ塩模様がついていた。しかも、隣り合う組は鏡像になるように配してあった。それはまさしく芸術だ。

しかし、別の引き出しはもっと驚くような趣向が凝らしてあった。そこにはウミガラスとオオハシウミガラスの卵が一対になって収められていた。オオハシウミガラスの卵は先端がさほど尖っていないので、当然のことながら、卵の形は両者で明らかに違っていたが、色と斑紋（模様）が完全に同じだったのだ。これには驚いた。オオハシウミガラスはたいていウミガラスに混ざって繁殖するが、必ず岩などの割れ目に離れ離れに営巣するので、その卵はウミガラスに比べると地味で、個体間の変異も少ないからだ。ウミガラスとオオハシウミガラスの卵は色彩と模様だけで、九割以上の識別ができると私は思っているが、ラプトンは両種の中にごくわずかながら、似た卵を産む個体がいることを発見したのだ。このコレクションを見て、ウミガラスとオオハシウミガラスは卵の色を司る遺伝子をどの程度共有しているのだろうかと思った。

年月を重ねてこうした配列を作り上げていったラプトンの姿を思い浮かべてみた。ラプトンは毎年ベンプトンの崖の上を歩き回りながら、卵採りたちが採ってきた卵の中からコレクションに必要な卵を選び出していたのだろう。冬の間は入手した卵を長い時間をかけて入念に調べ、必要な卵を厳選していたに違いない。また、そうしながら、コレクションの完成に一歩近づけるような卵を手に入れたときに覚えた息もつけないほどの興奮を思い起こしてもいたのではないだろうか。

ラプトンは過去の人だし、卵の収集ももう昔の話といえるが、ラプトン級のコレクションは、科学的な価値は限られているにしても、保存しておく意義がある。本書の執筆中に何人かの博物館学芸員から聞いた話では、データがついていないために「科学的な価値がない」として、これまでに何百個ものウミガラスの卵（ほとんどがベンプトン産のもの）が処分されてきたのだという。私はそれを聞いて心が痛んだ。価値がないと思われたものでも、見方を変えたり、異なる技術を用いたりすることで、価値が見出されることがよくあるからだ。元のコレクターには思いも及ばなかったことだろうが、現在では卵の小さなかけらからDNAを取り出し、その卵を産んだメスの遺伝子型を特定することができるのだ[24]。さらに、分子生物学は日進月歩の進歩を遂げているので、ラプトンが収集した卵に埋め込まれている遺伝情報から、失われたデータを復元できる日が来るかもしれない。

また、ラプトン級のコレクションには文化的な価値もある。科学者が世界を見るとき、自分たちが優れているとみなすただ一つのレンズを通して見がちだということは、私も科学者の一人として十分に認識している。芸術的に並べられたウミガラスの卵のコレクションは世界に類を見ない独創的なものので、それだけでも展示する価値がある。大英自然史博物館のトリング館の薄暗い保管庫に眠っているこのコレクションを一般に公開したら、アーティストをはじめ、多くの人の自然を見る目が変わるだろうことは容易に想像がつく。

卵の非の打ちどころのない美しさを実感できるだけでなく、卵の生物学的な完璧さに対しても、さまざまな疑問を持つようになるかもしれない。卵の構造はどのように作られるのか、無限にも思える色彩の変異はどんな仕組みで生み出されるのか、種によって形や大きさが著しく異なる理由は何か、卵黄や卵白は均質に見えるが実はそうではないのはなぜか、たった一つのメスの細胞（卵子）が一つないし複数の精子によって生命を吹き込まれる仕組みはどんなものか、産卵から数週間すると、卵殻と呼ばれる衝撃に弱くも強靭な組織を破って新しい命が出てくるが、その仕組みはどのようなものかなど、そうした疑問は多岐にわたる。

まずは鳥の卵殻から、卵の内部へ向かう探検の旅を始めよう。

第2章　卵殻ができる仕組み

生物学者は鳥類の卵からその種について多くのことを学ぶことができる。
R・パーセル、L・S・ホール、R・コアゾ『卵と巣』（二〇〇八年）

卵が作られるのは生きた鳥の卵管（輸卵管）の中だが、博物館の引き出しに並んでいるのは生命のない卵殻で、鳥という生き物のイメージと卵殻の間には心理的に大きな隔たりがあるし、地理的にも生息地と博物館という隔たりがある。博物館で卵を見ても、鳥の卵管と結びつけて考える人はほとんどいない。野鳥の息づいている卵を見たり、触れたりする機会が減ってしまったこともその一因だろう。

発生中の胚は石灰質の硬い卵殻で外界から守られているが、一方、この卵殻を通して外界とつながってもいる。卵殻は、微生物の侵入は許さない一方で、中にある胚には呼吸させる。また、抱卵する親鳥の体重を支えられる強さと、孵化を迎えたヒナが自力で破れる弱さを併せ持っている。このように相反する要求を同時に実現させるような構造はどうやって生み出されたのだろうか？　進化は、胎盤と未熟児が一体になって体外で機能するユニットである「自立式生命維持システム」を生み出すという離れ業をやってのけたのである(1)。

今日知られている卵殻構造の知見の大部分は、一九世紀にあるドイツ人が行なった先駆的な研究に基づいている。ヴィルヘルム・フォン・ナトゥージウスは有能な技術者だったが、生物学には疎い人物だった。一八二一年に裕福な貴族の家に生まれたナトゥージウスは家業の陶器工場を継ぐつもりでパリへ出て化学を学んだが、農業に興味を持っていたので、エルベ河畔のマクデブルクにあった領地の一つを継ぐと、そこで新しい農法の開発に取り組んだ。その一方で農書も数多く著したので、その功績により一八六一年にプロイセン王から騎士の称号を授与された。卵殻の研究は趣味にすぎず、またその生物学的見解は主流からほど遠かった。ダーウィンを蔑み、細胞が生命の基盤であるというマティアス・シュライデンとテオドル・シュヴァンの画期的な発見を認めようとしないドイツ生物学派の一人だったからだ。

このようにナトゥージウスの生物学的見解は時代遅れで、天の邪鬼なものだったが、鳥類の卵殻に関する比較研究は今日に至るまで類を見ないほど精密だった。近くには大学がなかったので、おそらく並外れた発明の才能を生かして新しい顕微鏡の使用法を開発し、私設の実験室で一人で研究を行なっていたと思われる。卵殻は（文字通りにも比喩的にも）硬く扱いにくいが、ナトゥージウスは持ち前の類い稀な発明の才を生かして、さまざまな腐食剤や染料を使いこなして殻を分析し、六〇種にも及ぶ鳥類の卵殻の構造を調べて記録する方法を見出した。ナトゥージウスはすべて自分のコレクションを使って、ダチョウやキーウィからヤツガシラ、アリスイ、ツルやウミガラスまで広い範囲に及ぶ鳥の卵を調べたが、その研究結果はきわめて視野の狭いものになってしまった。ナトゥージウスは、科学は記載〔分類群を定義するために、主要な形質をすべて記述すること〕に徹するべきだと考えていたからである。それゆえに、ダーウィンやシュライデン、シュヴァンの説を裏付けのない憶測だとみなして拒絶したのだ。こうした説は事実を基にしていないと思えたからだろう。(2)

一九六〇年代に、英国のレディング大学で卵殻の研究を行なっていたシリル・タイラーという生物学者がナトゥージウスの三〇作に及ぶ研究論文を翻訳して英文要旨を作成したが、タイラーはナトゥージウスの研究成果に目を見張る一方で、冗長でくどい文章に辟易している。さらに、論文を出版するのがいかに大変だったかとナトゥージウスがぼやいていたことにも触れているが、著者の生物学的見解が偏狭だったことを考えれば不思議はないだろう。というのも、ナトゥージウスはドイツ鳥学会の会長で学識豊かでダーウィンを信奉していたフリードリヒ・クッターと対立していたのだ。ナトゥージウスの研究は生物学の概念的知識がなくても、特定の分野で事実に関する大きな功績を残せる好例と思える。人体の進化過程を知らなくても、腕のいい外科医になれるのと同じことかもしれない。(3)

それでは、受精卵が卵管の途中にある子宮に到達したところを見てみよう。卵巣から放出されて受精してから六時間ほど経っているが、卵殻はまだ形成されていない。

子宮（卵殻腺とも呼ばれている）に入った受精卵は、卵とはいえ、柔らかい膜で覆われているだけなので、触るとブヨブヨしている。この段階の卵の状態は、ジャム瓶などの広口容器に酢を入れて鶏卵を一晩漬けておけば、簡単に再現することができる。

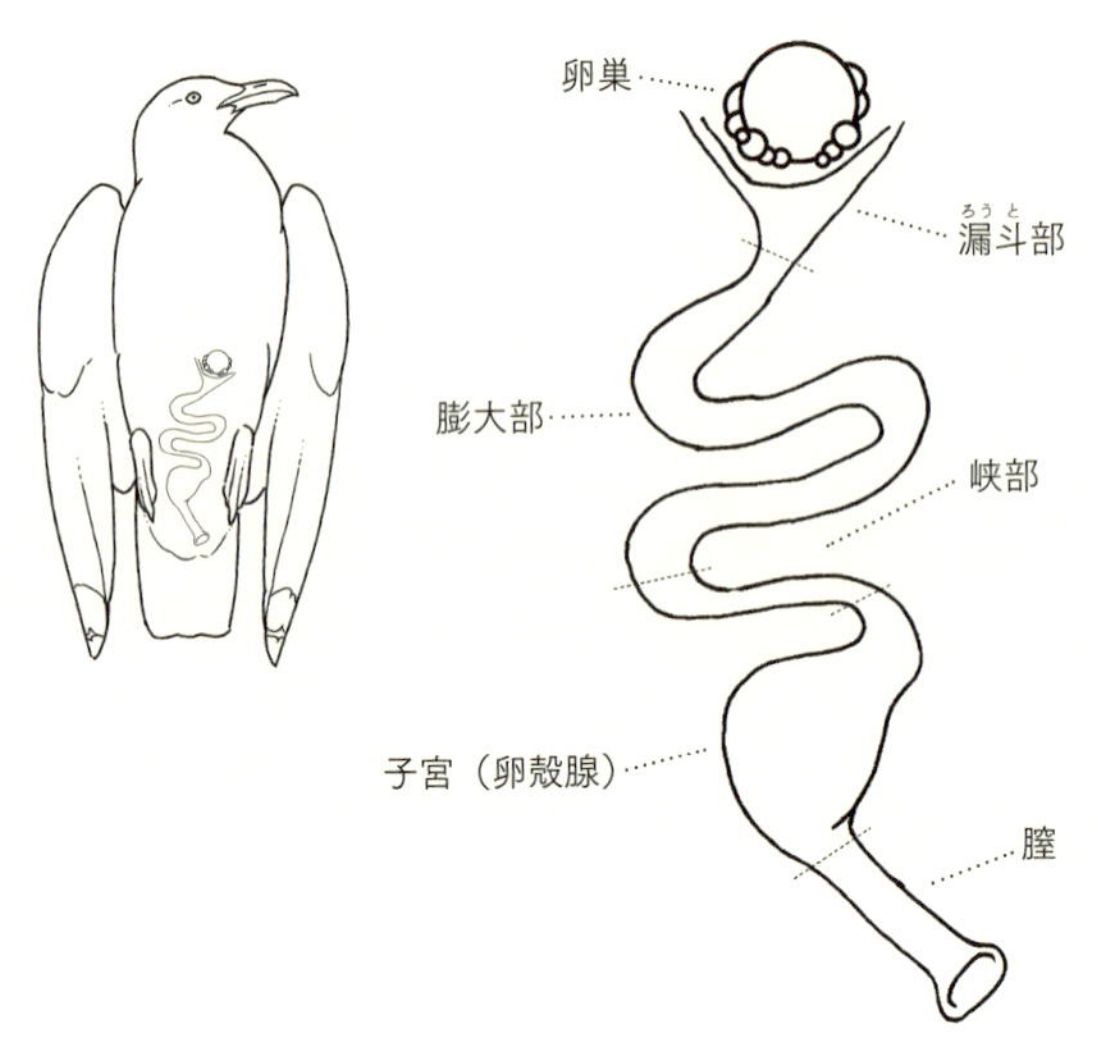

鳥の卵巣と卵管

卵管のうち、卵生成のさまざまな過程を司る部位を示した模式図。実際には卵管はとぐろを巻いた状態である。

私はウミガラスの卵を一つ持っていたので、それを使うことにした。岩の割れ目に見捨てられていたのを見つけて拾っておいたものだ。サップグリーン色〔黄緑がかった緑色〕の卵を丸ごと酢の中に漬けると、殻の表面にびっしりと二酸化炭素の小さな気泡が出てきた。卵殻の炭酸カルシウムと酢の酢酸が反応して出てきたものだ。泡はだんだん大きくなり、やがて殻の表面から離れ、溶液の上部まで上がってきた。アルカセルツァーの錠剤が溶けるところをスローモーションで見ているようだった。四八時間経つと、卵殻はすっかりなくなっていたので、卵を酢から引き揚げてみたが、そのときのしわが寄ってブヨブヨした質感がちょっと気持ち悪かった。私の手の中にある濡れたブヨブヨした塊は殻を失った卵だったが、卵とはとうてい思えなかった。しかし、それでもまだ元の緑色と黒い斑点が少し残っていた。卵を水の入ったボウルに入れて、数か所に残っていた殻のくずを洗い落とすと、驚いたことに、丈夫な膜のおかげで、卵殻があったときのままの形が崩れずに保たれていた。

酢は卵殻の表面から炭酸カルシウムを分解していくことで、卵殻の形成過程を逆にたどったのだ。酢の中には卵殻の気孔（卵殻に開いている小孔）を通り抜けてしまうものもあるらしいが、私には何ともいえない（気孔については後ほど紹介しよう）。

卵が子宮に到達したときはこのような状態である。つまり、粘度の高い卵白の薄い層の中に卵黄があり、それが卵の形をした卵殻膜という袋に収められて保護されているのだ。

この卵殻膜の主成分はコラーゲンを少し含むタンパク質で、実際には二層ある（内卵殻膜と外卵殻膜）。生成される部位は、卵管の中の子宮のすぐ上にある峡部と呼ばれるところだ。固ゆでにした鶏卵の殻をむいたときに、殻の内側に膜の一部がついていることがあるかもしれない。薄い羊皮紙のように見えるが、顕微鏡で観察すると、網の目のようになった繊維が見える。卵殻膜を顕微鏡で拡大すると、ヤシで作った筵（むしろ）のように見えるのは、卵管の峡部にある無数の微小な腺からパーティ用の紐スプレーのように次々に押し出された繊維が相互に絡んで形成されたものだからだ。このように繊維がゆるく絡み合った網状構造なので、卵殻膜には伸縮性があり、後に卵白に水分が加わって膨張しても、膜は伸長することができる。卵殻膜の厚みは均一で、卵が大きくなれば厚みも増すとはいえ、ほとんどの鳥ではきわめて薄い。たとえば、卵殻膜の厚さはキンカチョウでは五マイクロメートル、ニワトリは六マイクロメートル、ウミガラスは特に厚くて一〇〇マイクロメートル、そしてダチョウは二〇

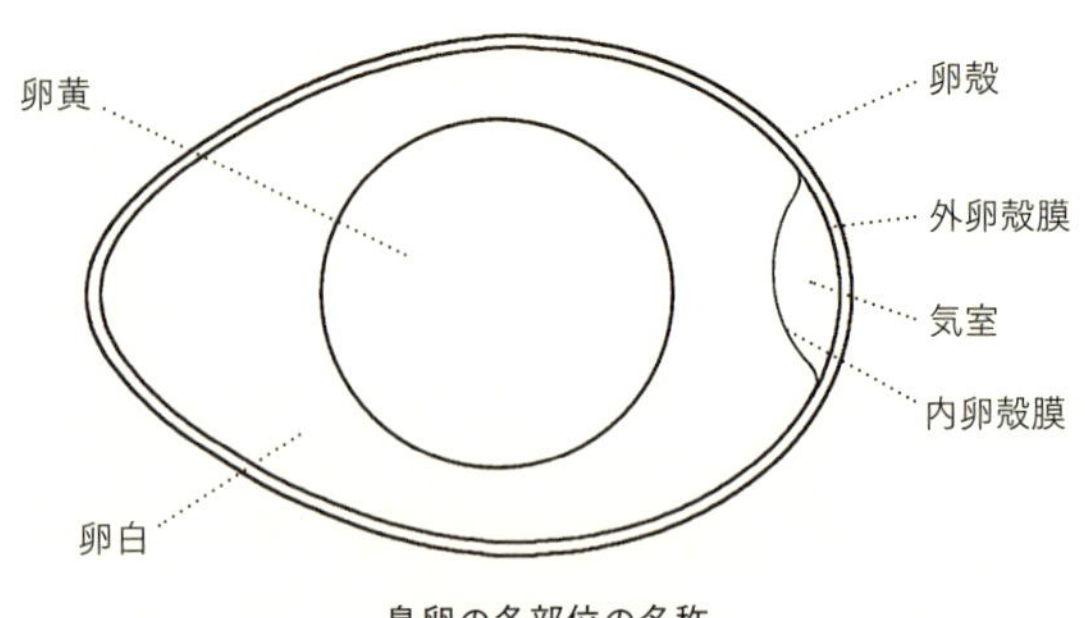

鳥卵の各部位の名称

〇マイクロメートルである〔一マイクロメートルは一〇〇〇分の一ミリ〕。ちなみに、一般的な坪量[4]八〇グラムのコピー用紙の厚みはおよそ九〇マイクロメートルである。

それでは、卵殻生成をくわしく知るために、生成の過程を順を追って見ていくことにしよう。卵が子宮の入口にたどり着いたところから話を始めるが、この段階の「卵」は酢に浸しておいた卵とたいして変わらない。いわば水入り風船のようなものだ。ところで、手の平の皮膚にいろいろな種類のミニチュアスプレーが備わっていると想像してほしい。手の平を合わせて丸くしたら、その上にこの卵を載せる。最初に働き出すのは濃縮された炭酸カルシウム溶液のスプレーで、緩やかに押し出された白い溶液は卵の表面に泡沫のように付着し、やがてメレンゲの塊のように固まる。このスプレーは数百に上り、一斉に炭酸カルシウムの溶液を放出するので、数時間のうちに卵の表面は無数の小さな泡粒ですっかり覆われる。ちなみに、この泡粒は乳房のような形をしているので、乳頭核と呼ばれている。

卵は次に、血管がたくさん集まり「赤色部」と呼ばれる子宮前部から、子宮本体へと移動する。ここでは別のスプレーが固まった泡粒の隙間へ水を吹きかける。水は卵の表面を覆っている繊維質の卵殻膜を通り抜けて、内側にある卵白へ入り込むが、この過程は「膨化」と呼ばれている。おそらく水を吸った卵白が膨張して、卵が限界近くまで膨れ上がるからだろう。すると、新たなスプレーが働き出して、泡粒の上にさらに炭酸カルシウムの濃縮液を吹きかける[5]。卵の全表面に向けてこの緩慢な噴射が長時間続くと、二〇時間ほどで、柵状の層ができあがる。これは海綿状層とか、パリセード層とも呼ばれ、炭酸カルシウムの結晶でできたフェンスの支柱のような高い柱がびっしりと並んだ構造になっている。この柱の層が固まると卵殻になるのだが、その間にもう少し手を加える必要がある。柱と柱の間にはところどころに小さな管状の隙間が縦に開いているが、この隙間は中の胚が呼吸することができるように、卵殻膜と外界の空気が出入りする通気口の役を果たす気孔になる。気孔の大きさや数は種によって著しく異なるが、それらが決まる仕組みはまったくわかっていない。

ブヨブヨした卵が子宮に降りてきてから二〇時間が経過しているが、まだ卵殻形成の過程は終わっていない。さらに二、三時間経つと、別のスプレーが活性化し、染料液を吹きかけ始めるのだ。色素は最後にできた炭酸カルシウムの層と混ざり、卵殻の地の色になる。この地色の着色が完了すると（完了前のこともあるが）、別のスプレーが卵殻の表面に斑点や筋の模様をつける。こうした色素の生成や着色の過程は複雑なので、詳細はまた後で述べることにする。卵殻形成の最終段階では、さらに別のスプレーが働いていちばん外側の層（クチクラ層）が形成されるが、この工程は新車にワックスをかけるのに似ている。しかし、スプレーが吹きかけるのはワックスではなくて、粘度の高いタンパク質だ。種によっては色素が少し混ざっていることもあるが、この層は卵殻全体を覆い、卵が親鳥の体外に出るとすぐに乾燥する。

アリストテレスはなぜか、卵殻は産卵時には柔らかくて、外界の空気に触れて冷えると硬くなると信じていた。ウィリアム・ハーヴェイは、「卵を酢につけて柔らかくすれば、簡単に狭い瓶の口に押し込むことができるのと同じように」、卵殻が柔らかいのは産卵時にメスに苦痛を与えないためだろうと解説した。「私はこのアリストテレスの説を長いこと信じていたが、そうではないということが、疑う余地のない自分の経験によってわかった。私は子宮の中にある卵はほぼ例外なく硬い殻に覆われていることをこの目ではっきりと確認した[6]」と述べている（ハーヴェイについては、次章でくわしく紹介しよう）。

一腹の最初の卵を産むまでの二四時間は、メス鳥は忙しい上に、ストレスも受ける。卵を作るためにはさらに多くの栄養分が必要になるが、とりわけ卵殻の形成に必要なカルシウム量を確保するのに苦労する。鳥はたいてい体内にあまりカルシウムを蓄えていないこともその一因で、必要な量を短期間で確保しなければならないのだ。したがって、カルシウム分の乏しい果実、花蜜や昆虫などを主食にしているフウキンチョウやハチドリ、ツバメのような鳥にとって、この問題は特に深刻である。ツバメを研究している同僚によると、ツバメが主食にしているハエなどの飛翔性昆虫にはカルシウムがほとんど含まれていないので、他にカルシウム源がない場合には、卵を一つ作るために必要なカルシウム量を確保するために、メスは三六時間もハエを食べ続けなくてはならない計算になるらしい（実際にはまず不可能だろう[7]）。

必要なカルシウムの量は種によって異なるが、殻の比較的厚い卵を産む種や、一度に一六個以上の卵を産むことがあるアオガラのように一腹卵数の多い種の方が、明らかにカルシウムの必要量が多い。

アオガラは卵殻形成のために、自分の骨格に含まれている以上のカルシウムを確保しなくてはならないのだ。

それでは、鳥たちはこうした特別に必要となる炭酸カルシウムをどのようにして確保するのだろうか？　当然のことだが、食物から得ているのだ。骨を主食にしているヒゲワシや、獲物を丸のみしている猛禽類やフクロウの仲間、ウミガラスのような海鳥などは、ふだん食べている食物にカルシウムが多く含まれているので問題はない。カルシウムは腸管から吸収されて血流に入り、一時的に骨格に蓄えられるが、その後、子宮の腺に移り、卵殻の形成に使われる。食物から十分なカルシウム量を摂取できない場合は、骨格に蓄えられているカルシウムを引き出して使うこともあるが、そのような種は少数にすぎない。コオバシギは骨に蓄えられたカルシウムを卵殻の形成に利用するが、カルシウムの蓄えは一腹で産む四卵のうちの二卵分しかないので、残りの二卵分は卵殻形成中に入手できる食物から摂取している(8)。

卵殻を形成中のメスはとりわけカルシウムを探し、明らかにカルシウムを選んで摂りたがる。これはすごいことだと感心すると同時に、当たり前のことだとも思う。当たり前と思うのは、カルシウムを摂りたくならなければ、満足な卵殻を生成できないからだ。一方、感心するのは、カルシウム分の多い食物と少ない食物を見分けることができるだけでなく、摂りたくなるのが卵殻が生成される時期に限られており、しかも、たいてい夕方だけだということだ。ニワトリのメスは摂るべきものをよく知っているので、餌を選ばせると、優れたカルシウム源である砕いた牡蠣殻が入っている餌の方を喜んで食べる(9)。

では、カルシウムが豊富に含まれていることがメスの鳥にはどうしてわかるのだろうか？　ニワトリの研究によると、本能と学習の両方が関わっているようだ。しかし、どの感覚を使ってカルシウムを知覚しているのかはわかっていない。匂いでわかるのか？　見てわかるのか？　それとも、味でわかるのだろうか？　そこはまったくわかっていないのだ。セキセイインコやカナリアのような飼い鳥には、カルシウムを補給するために、たいていカトルボーン（イカの甲）が与えられているが、そんなものを見たことは、それまで一度もなかったはずだ。それなのに、卵を産む前にそれを食べ始めるとよいことがどうしてわかるのだろうか？

まだ解明はされていないが、カルシウムを知覚するのに最も役に立ちそうな感覚は、嗅覚と味覚のように思える。人間は匂いでカルシウムを知覚できるが、味でも知覚できることを裏付ける確かな証拠は、最近までほとんど見つかっていなかった。哺乳類や鳥類にカルシウムの味を感じる受容体が備わっているかもしれないということを認めたがらない風潮があるようだ。[10]人間には甘味、酸味、塩味など、数種類の基本的な味を感じる受容体しか備わっていないという定説があって、それを覆すことになるからだと思われる。

H・ヘルヴァルトは一九三〇年代にニワトリを使って、巧妙な実験を行なっている。カルシウム断ちをしたニワトリを二群に分け、一方の群にはただのマカロニを、もう一方には卵殻の味がわからないように穴の中に砕いた卵殻を詰めたマカロニを食べさせた。それから四時間後に、両方の群のニワトリに砕いた卵殻を好きなだけ食べさせて、食べた量を記録した。そうと知らずに卵殻入りのマカロニを食べたニワトリの方が、マカロニだけを食べた個体よりも、後から卵殻を食べた量は少なかった。

この実験結果から、卵殻入りのマカロニを与えられたニワトリは知らずに食べたにもかかわらず、味覚を使うことなく、カルシウムを十分に摂ったのを何らかの方法で「わかっていた」ということになる。しかし、この実験では、ニワトリがカルシウムを味で認識している可能性がないといえないことは明らかだ。チューブを通して経管栄養を摂ったことのある人なら、味がわからなくても、食欲は簡単に満たされることをご存じだろう。いずれにしても、鳥がどの感覚を使ってカルシウムを識別しているのかはこれから解明する必要がある。カルシウムの味を感じる受容体に関わっている遺伝子が哺乳類で最近発見されたが、鳥類にも同じ遺伝子が存在するかもしれない。また、さまざまな種で味蕾（みらい）が異なる役目を担っている場合があることも知られているので、鳥類も口の中にカルシウムを認識する受容体が存在する可能性は十分にある[11]。

私が住んでいるピークディストリクト国立公園の付近では、イスカはそれほど普通に見られる鳥ではなく、頭上を飛び過ぎる姿や針葉樹の梢に留まってマツカサから種子を取り出して食べている姿をときおり見かける程度だが、カルシウムを食べる鳥について調べていたときに、イスカに関する報告が数件見つかった。鳥類学者のロバート・ペインは、カリフォルニアでイスカが地上に降りて、しかもコヨーテの糞をつついて食べているのを目撃して驚いたと報告している。その個体は造巣中のメスで、コヨーテの糞の中に含まれている粉々に砕けた齧歯類の骨のかけらをついばんでいたのだそうだ。また、モルタルを食べている五〇羽ほどのイスカの群れが観察されたという報告もあった。ふだん食べているマツの実だけでは、卵殻の形成に必要なカルシウムを賄えないので、臨時のカルシウム源を探す必要に迫られているのではないかと私には思われた[12]。

北極圏のツンドラ地帯で繁殖している小型のシギの仲間にとっても、齧歯類の骨は重要なカルシウム源になっている。産卵期のメスは死骸やトウゾクカモメが吐き出したペリット〔不消化物の塊〕からレミング類の骨や歯を見つけ出して食べている(13)。

前述したツバメは石灰質の砂粒を食べてカルシウムを摂取しているが、シジュウカラ、キクイタダキ、マミジロキクイタダキ、ホオジロシマアカゲラなど、多くの小鳥は産卵期になると、地上でカルシウムの豊富なカタツムリの殻を探す。このカタツムリ探しはたいてい夕方に行なわれるが、それは夜間に卵殻が形成されることが多いからだ。メスは砂嚢にカタツムリの殻のかけらを詰め込んで塒につくが、夜の間に殻からカルシウムが抽出されて、卵殻の形成に使われるのだ。ニワトリの実験では、牡蠣殻を午前中だけ与えた個体よりも、夕方与えた個体の方が、欠陥のある卵殻を産む率がはるかに少なかった(14)。

この実験結果が示すまでもなく、カルシウム不足が繁殖（卵形成）に深刻な影響を及ぼしかねないことは、養鶏家にもよく知られている。卵殻の欠陥はカルシウム不足が及ぼす影響の一部にすぎない。カルシウムが不足すると、卵殻が形成できずに、卵殻膜に覆われただけの卵が産まれることもある。当然のことながら、そうした卵はそこで終わりを迎えることになる。まったく繁殖できない個体も出てくる。飼育や管理が杜撰だと、家禽や飼い鳥にカルシウム不足を招くことは想像に難くないが、野生の鳥はカルシウムを確実に手に入れることができているのだろうか？

そうではないようだ。たとえば、一九八〇年代に、オランダのペーター・ドレントとヤン・ヴェイボ・ヴォルデンドープは、正常な卵殻を形成できないシジュウカラがいるのを発見し、カルシウムが十分に確保できていないことがわかった。オランダはヨーロッパ屈指の集約農業と工業化で有名だが、その二つが原因となって酸性雨が降るようになった。その結果、土壌の質の低下や森林の消失を招き、カタツムリが激減してしまったのである。[15]

酸性雨とは、大気中に放出された汚染物質が雲の中の水滴に溶けて、雨や雪として地上に降ってくる現象である。石炭を燃料とする火力発電所から放出された二酸化硫黄や窒素酸化物などが主な原因で、一九世紀に初めて観測された。酸性雨が降ると、水域が酸性化するばかりでなく、土壌や植生も影響を受ける。しかし、魚の死滅、歴史的建造物の劣化の加速、土壌からの炭酸カルシウム溶脱によるカタツムリの個体数の激減など、酸性雨が生態系に及ぼす影響の全容が明らかになったのは、一九七〇年代になってからだった。[16]

とりわけ、土地が砂質で痩せていて、カタツムリ以外にカルシウム源がほとんどない地域では、カタツムリが減った結果、シジュウカラなどの小鳥が産んだ卵殻は「非常に薄く、表面がざらざらしていて穴が多く、もろい上に斑紋もない」状態になった。カルシウムの乏しい森では、シジュウカラのメスは必死になってカタツムリを探し回り、見つけられなかった個体や見つけても分量が足りない個体は、切羽詰まって砂粒を食べていた。その結果、卵を産めなかった個体や卵殻に欠陥のある卵を産んだ個体が続出しただけでなく、卵殻のない卵を産んだ個体もいた。[17] 唯一、カルシウム不足の影響を受けなかったと思われたのは、人気のピクニック場になわばりが重なっていて、だらしない行楽客が放置していったゆで卵の殻のかけらが十分手に入ったシジュウカラのメスだけだった！　一方、不思議なことに、同じ森で繁殖していたにもかかわらず、マダラヒタキの産んだ卵には卵殻の異常がまったく見られなかった。当初は、マダラヒタキは渡り鳥なので、アフリカの越冬地から戻ってくるとすぐに卵形成を始めるからだろうと思われていたのだが、後になって、マダラヒタキが探し出して食べているヤスデやワラジムシは外骨格にカルシウムを多く含んでいることがわかった。しかし、シジュウカラがなぜヤスデやワラジムシを食べないのか、その理由はわかっていない[18]。

酸性雨の問題に気づいたのは遅きに失したが、鳥類の卵殻に及ぼす悪影響は産業革命以降ずっと続いていているだけでなく、増大していることがわかった。それを鮮やかに示したのはリース・グリーンという研究者で、ほとんど偶然に発見された。グリーンはケンブリッジ大学と英国鳥類保護協会の両方に所属して、イギリスでクビワツグミが減少している原因を突き止めようとしていた。酸性雨の影響は低地よりも高地での方が強く認められるので、高地地方に生息しているクビワツグミは、オランダのシジュウカラと同様に卵殻が薄くなり、繁殖成功率が低下しているのではないか、その一方で、同じツグミの仲間でも、低地に生息するクロウタドリやウタツグミ、ヤドリギツグミは、クビワツグミほどひどい影響は受けていないだろうと予測していた。そこで、博物館に収蔵されている卵殻のコレクションを使って、一八五〇年にまでさかのぼり、卵殻の厚みの変化を調べてみた。クビワツグミの卵殻は年代とともに薄くなっていたが、他の三種のツグミでも同様のことが起きていたのだ。土壌酸性化による作用、特にカタツムリの激減が、いずれの種にも深刻な影響を及ぼしたようだ[19]。

工業や農業の排出規制に関する法律が変わり、流入する酸性雨が減少すると、カタツムリの個体数とシジュウカラやツグミの卵殻の厚みも回復してきたが、卵殻はいまだに以前の厚さまで戻っていない[20]。

人為的な環境汚染が鳥類にもたらしたカルシウムに関連する問題は、酸性雨にとどまらない。一九四〇年代から七〇年代にかけて、殺虫剤に起因して、酸性雨をはるかに凌ぐ深刻な問題が人知れずに生じていたのだ。一九三九年に発明され、ＤＤＴ（ジクロロジフェニルトリクロロエタン）と呼ばれている有機塩素化合物は、蚊などの昆虫が媒介する伝染病の蔓延防止にきわめて高い効果があったので、第二次世界大戦で連合軍を勝利に導いたといわれている。ＤＤＴの威力は絶大だったので、一九七〇年代までには世界中で使われるようになった。野生動物に与える影響は、野鳥が中毒死するという形で最初から明らかだったが、製造会社はまんまと合衆国政府をだまして、というよりは共謀して、致死量に近いほどのＤＤＴを広大な地域で使用することに成功したのである。一九四〇年代と五〇年代には、サシバエの被害を防ぐために、行政機関が海水浴客でにぎわうビーチにＤＤＴを散布していた。そして、舞い上がるＤＤＴの粉末の中で無邪気にはしゃぎまわる子供たちの映像がその宣伝に利用されたのである。

ＤＤＴは生物の体内に取り込まれると、代謝されてＤＤＥ（ジクロロジフェニルジクロロエチレン）という代謝産物になり、食物連鎖の階層が上がるにつれて濃縮され、次第に体内に高濃度で蓄積されていく。そこで、猛禽類、フクロウやサギの仲間のような高次消費者〔頂点捕食者とも〕は、やがて高濃度のＤＤＥを体内に溜め込むことになった。ＤＤＴがこうした高次消費者へ及ぼした影響は今日ではよく知られている。一九六〇年代になると、猛禽類が産む卵殻が異常に薄くなり、抱卵中につぶれてしまうことがよく起きた。そこで、博物館に所蔵されている標本の卵殻の測定が行なわれ、その結果、卵殻が薄くなり始めた時期とＤＤＴが使われ始めた時期が一致していることが明らかになった。卵殻が薄くなってしまうのは、卵殻の形成に関わっている重要な酵素の働きをDDEが阻害するからなのだが、この生理的機構が解明されるまでにはかなりの時間を要した。卵殻の形成途中で正常な厚さにならないうちに、DDEがカルシウムの分泌を止めてしまうので、殻が薄くなっていたのだ。一九六〇年代に見られた卵殻の異常は、オランダの森で起きていたようなカルシウムの不足ではなく、鳥の体内でカルシウムの利用を妨げていた化学物質が原因だったのである。マーク・コッカーが自著の『クラックストン――小さな惑星のフィールドノート』で述べているように、ハヤブサのような猛禽類の「生存と絶滅は、……厚さ〇・五ミリのカルシウムにかかっていたのだ」[21]。

DDTをはじめとする毒性の強い殺虫剤の使用がイギリスや北米で一九七〇年代に、世界的には二〇〇一年にようやく禁止されると、猛禽類の卵殻の厚みは急速に回復し始めたが、安心している余裕はなかった。絶滅に瀕しているアメリカのカリフォルニアコンドルのつがいがカリフォルニア州沿岸のビッグサーで営巣しているのが二〇〇六年に発見されて、保護関係者を喜ばしたが、それもつかの間、結局、糠喜び（ぬかよろこび）に終わってしまったからだ。産卵後、卵はすぐに巣の中でつぶれてしまったのだ。つぶれた卵の卵殻は非常に薄く、DDEが大量に検出されたので、研究者は検査結果に目を疑った。DDTが禁止されてから四〇年も経っているのに、どうしてこんなことが起きたのか？　しかし、じきにやりきれないような原因が判明した。DDTを製造していたモントローズ・ケミカル社が一九五〇年代から七〇年代に、何百トンにも上るDDTをロサンゼルスの下水道に捨てていたらしい。それが海底に堆積して、そのDDTが人の気づかない間に魚に取り込まれ、そうした魚を食べたアシカの死骸を沿岸部のコンドルが食べていたのである。[22]

レイチェル・カーソンは一九六二年に『沈黙の春』を著して、道義心の欠如した貪欲な殺虫剤メーカーの手から人間や野生生物を救い出してくれた。カーソンは一九六四年に惜しくも癌に倒れてしまったが、環境保護運動の先駆けになった。しかし、その運動はまだまだ終わりが見えたとはいえない。[23]

ウミガラス類の卵殻の不思議

二〇一三年七月に、ウミガラスの卵は自浄機能を備えているというニュースをインターネットで見たといわれた。自浄機能という言葉は聞いたことはあるが、ウミガラスの卵に用いるのは実体とかけ離れた不適切な使い方になる。私はウミガラスを何年にもわたって観察してきたが、汚れていない卵を一度も見たことがないので、その卵が自浄機能を備えていることはありえないと断言できるからだ。しかし気になったので、そのウェブサイトを検索してみた。そこに掲載されていたのは、スティーヴ・ポーチュガルという人物がスペインで開催された学会で発表した論文に関する報告だったが、二つの点で興味を引かれた。一つは、ポーチュガルが査読を受けて出版する前に研究論文を発表した点だ。論文の発表は出版後に行なうのが一般的だからだ。もう一つは、ポーチュガルが発見した内容だ。

ポーチュガルは自分の机の上に置いていたウミガラスの卵の上にうっかり水をこぼしてしまったのだが、意外なことに卵は水を弾いて、表面には銀色の水滴がついているだけだったのである。これはハスの葉の表面でよく見られる現象とまったく同じで、もちろん、ハス以外の多くの植物でも同じ現象が見られる。この現象が卵や葉の表面構造に起因することや、少なくともハスの葉に関しては自浄効果と呼ばれていることをポーチュガルは知っていたのだ。自浄効果と呼ばれているのは、水がほぼ球状の水滴になることで、葉の表面についた汚れを取り込み、葉が傾いたときに、水滴が汚れとともに転がり落ちると考えられているからである。

私はそれまで、ウミガラスの卵殻の微細構造のことは考えたこともなかったので、その記事を読み終わると、すぐに研究室を出て廊下の向かい側にある実験室へ行き、ウミガラスの卵を高倍率の解剖顕微鏡で観察してみた。卵の表面は尖った突起物で覆われ、中国の桂林の山々のように見えた。ついでにオオハシウミガラスの卵も顕微鏡で覗いてみたが、ウミガラスの近縁種であるにもかかわらず、卵の表面は驚くほど異なっていた。イギリスのサウス・ダウンズに見られるなだらかに起伏する丘陵を見ているようだった。卵殻をこのように顕微鏡で観察することをそれまで考えてもみなかったことが自分でも信じられなかった。ポーチュガルはたまたま水をこぼしてしまったおかげで、ウミガラスの卵の尖った突起物に覆われた表面がハスの葉のボツボツした表面によく似ていることに気づき、ウミガラスの卵にも水を弾いて水滴にする機能があると考えたのだ。こうした表面は、専門的にいうと疎水性（撥水性）なのである。

ポーチュガルは、ウミガラスの卵に自浄機能が備わっている理由として、ウミガラスの卵が海水のしぶきや営巣場所の岩棚に他の鳥がまき散らす汚物に対処するメカニズムを必要としていることを挙げている。ちなみに、この汚物とは、海鳥研究者の間では「糞（クソ）」と呼ばれる代物だ。ウミガラスが抱卵している場所はお世辞にもきれいとはいえないが、自浄機能が備わっているという考えには納得できなかった。しかし、オオハシウミガラスとウミガラスの卵の表面が著しく異なっていることがわかってからは、スティーヴ・ポーチュガルが指摘しているように、ウミガラスの卵の表面が粗いのは汚れと関係があるのではないかと思うようになった。オオハシウミガラスはつがいごとに別々の場所で繁殖し、液状の糞は慎重に巣の外へ噴出するので卵が汚れることはないが、一方のウミガラスは病床でおかまいなく失禁する人のようなのだ。

卵の表面を観察する器具として、解剖顕微鏡は最適とはいえない。もっと倍率の高い走査電子顕微鏡を使うと、鮮明な三次元画像を見ることができるので、さらに多くのことがわかる。私は大学の走査電子顕微鏡部門に卵殻の破片を持っていき、表面の写真を撮ってもらうことにした。数時間後に、ウミガラスとオオハシウミガラスの卵殻の違いがもっとはっきりわかる鮮明な画像ができあがってきた。

私はコンピューターの画面に映し出された鮮明な白黒写真を見て、ウミガラスやオオハシウミガラスに近縁のオオウミガラスに思いを馳せた。オオウミガラスは絶滅してしまった大型種だが、大きな集団繁殖地で営巣していたことはわかっている。ウミガラスのようにすし詰め状態で汚物にまみれて営巣していたのか、それともオオハシウミガラスのように糞で汚し合うことがない程度に巣場所の間隔をあけていたのだろうか？　卵殻を見れば、わかるかもしれない。

しかし、そうはいっても、どうすればオオウミガラスの卵殻を調べることができるのだろうか？オオウミガラスはとっくに絶滅してしまっているだけでなく、世界広しといえど、博物館に収蔵されている卵もきわめて少ないのだ。値段もつけられないほど貴重な標本を調べさせてくれる博物館があるだろうか？　二〇年も前のことだが、オオウミガラスの卵を八個所蔵しているケンブリッジ大学の動物学博物館を訪ね、別のプロジェクトのためにそのうちの一つを調べさせてほしいと学芸員に頼んだことがあった。学芸員は了承してくれたが、いざ見せてもらう段になったら、「見るだけで、触らないでください」と釘を刺したのだ。それを聞いて、昔、祖父から女の人について同じことをいわれたのを思い出した。

私が欲しかったのは、走査電子顕微鏡を使って画像が撮れるオオウミガラスの卵殻の破片だった。知られているオオウミガラスの卵は、ほとんど全部が二冊の写真入りカタログに収録されているが、写真を見ると保管されている間に破損した卵が一個ないし二個あることがわかる。ということは、展示ケースの底に破損した卵殻の破片が残っていて、それを使うことができるかもしれない。大英自然史博物館トリング館も含めて、数か所の博物館に手紙で問い合わせてみたが、いずれの博物館からも「破片はありません」という返事が戻ってきただけだった。展示ケースの中に卵殻のかけらがあると、管理が行き届いていないと思われるので、捨てられてしまったようだ。私はかなりがっかりしたが、破損していない卵を解剖顕微鏡で見させてもらえないかと頼んでみるという手も残っていると考えて、気を取り直した。

しかし、ケンブリッジ大学には頼まないことにした。以前断られたことがあったからではなく、博物館が引っ越しの最中だったので、標本はみな梱包されていて、取り出せる状態ではなかったからだ。そこで、まず初めに、大英自然史博物館トリング館の学芸員であるダグラス・ラッセルに問い合わせてみた。ラッセルは条件つきではあったが承諾してくれたので、数日後に解剖顕微鏡、カメラ、パソコンなど大量の器具をレンタカーのトランクに詰め込むと、研究助手のジェイミー・トンプソンを連れて、シェフィールドからトリングへ向かった。博物館に着くと、卵を保管している膨大な数のキャビネットに囲まれた作業台の上に必要な器具を設置して、臨時の実験台を設えた。不測の事態が起こるといけないので、私たちは周囲にバリケードを築いてその中にこもった。ダグラスは焼石膏でできたオオウミガラスの卵を練習用に用意してくれた。こうしたレプリカは珍しいものではなく、本物の卵と見分けがつかないほど模様もよくできているものもある。本番の前に、模擬卵を使って撮影の手順を一通り確認しておくのは賢い考えだった。

私たちが信頼できるとわかって、ダグラスはガラスの蓋のついた保管箱に個別に入っている貴重な卵を六個持ってきた。まさに畏怖の念を抱かせるほどの卵だった。形はウミガラスやオオハシウミガラスの卵の中間くらいだったが、いずれの卵よりはるかに大きかったのだ。保管箱はいずれも卵よりもわずかに大きいだけで、卵の略歴を記したラベルが卵の保護用に敷かれた脱脂綿の上に添えてあった。こうした絶品の卵は稀少なだけでなく、知名度も高いので、それぞれの所有者の変遷が病的なほど几帳面に記録されていた。

私たちは卵を一通り見てから、少々傷がついていた二個は後回しにして、無傷の四個の卵から調べていくことにした。

最初に取り上げた保管箱には、トリストラムの卵として知られている卵が入っていた。卵の収集地は、一八四四年の六月に最後のオオウミガラスが捕殺されたアイスランドのエルディ島と思われる。所有者が何度か変わった後、一八五三年に鳥類学者のキャノン・ヘンリー・ベイカー・トリストラムがこの卵を購入した。親交のあったアルフレッド・ニュートンの影響を受けていたトリストラムは、鳥類やその卵の外見を決める要因として、自然選択にいち早く着目していた。その意味で、トリストラムは進化学の雄になってしかるべき研究者だったのだが、一八六〇年にオックスフォード大学自然史博物館で行なわれた有名な「宗教対進化」論争で、トマス・ヘンリー・ハクスリーがウィルバーフォース主教をやっつけたところを見て、自然選択説を信奉するのを撤回してしまったのである。ダーウィンを弁護するハクスリーと教会を擁護するオックスフォード主教のウィルバーフォースの間でくり広げられたこの論争は、多くの人にとって、自然界を司っているのは神か自然選択かという問題に決着をつける契機になった。一九〇六年にトリストラムが死去すると、オオウミガラスの卵を含めたその膨大な収集品はクローリーという人物に買い取られたが、一九三七年に大英自然史博物館に寄贈され、今日に至るまで博物館に収蔵されている。

慎重にガラスの蓋を外すと、保管箱を解剖顕微鏡の下に据えた。私は息を止めていた。一歩間違えば、鳥類学者としての評判が吹き飛んでしまうからだ。箱がレンズの下に来るように位置を調節して、倍率をいちばん下まで下げると、卵の表面に焦点を合わせ、それから倍率を上げていった。画像は目を見張るものだった。ウミガラスの卵とはまったく異なっていることが一目でわかった。岩山のような尖った突起は一つも見られず、不揃いの平たい石板を敷き詰めたテラスのようだったが、肌理はオオハシウミガラスの卵よりもずっと粗かった。テラスの石板の間には、気孔の開口部が辛うじて見えた。こみ上げてくる満足感を覚えながら、好奇心に駆られて写真を撮り、メモをとった。

次にスパランツァーニの卵を見た。この標本は、一八世紀の神父で科学者だったイタリア人のスパランツァーニにちなんでこう呼ばれている。前述したように、この博物館が所蔵しているおそらく最古の卵標本だろう。スパランツァーニの手に渡ったのは一七六〇年ということになっているが、収集された場所は不明である。やがて、ロスチャイルド卿が一九〇一年に「相当な金額」で購入して所蔵するところとなったが、一九三七年に卿が死去したときに、そのコレクションは大英自然史博物館に遺贈されたのだ。この卵は鈍端（丸い方）にモスグリーンの色鉛筆で書きなぐったような見事な模様がついていて、最も美しいオオウミガラスの卵の一つに数えられている。卵殻の表面はトリストラムの卵と同じように見えた。私はホッとした。一貫性が出てきたからだ。

三番目に見たのは、一九四九年に博物館に寄贈した所有者にちなんでリルフォード卿の卵と呼ばれている標本だが、この卵は模様が前の二つの卵ほど鮮明でないだけでなく、美しさの点でも劣っている。箱の蓋を取って顕微鏡の載物台に載せ、焦点を合わせたとき、わが目を疑った。卵殻の表面はツルツルで、気孔の開口部が斑点のように開いているだけだったのだ。ダチョウの卵殻を見ているような気がした。これには大いに驚いた。というのは、オオウミガラスの卵殻の表面には大きな個体変異があることになるからだ。私はこれほど大きな個体変異をこれまでに見たことがなかったので、「そんな馬鹿な」と思ったが、個体変異以外に理由が思いつかなかった。私は深呼吸をすると顕微鏡を覗き、卵殻の表面全体をくまなく見ていくことにした。ツンドラのように単調な風景がしばらく続いた後、円弧を描いて平行に走る数本の短い線が目に留まった。それが浅くえぐられた溝だとわかるとがっかりしたが、次の瞬間、個体変異の謎が解けた。卵殻の表面にあったはずの石畳が削り取られてしまっていたのだ。私の頭の中ではさまざまな思いが錯綜していたが、卵のコレクターは卵の表面についた糞や汚れ、カビなどを落とすために、腐食剤をよく使うことがあると古い本に書いてあったことを思い出した。

私がちょうどこのことを考えていたとき、ダグラスが「首尾はどうですか？」と顔を出した。私がクリーニングのために表面がこそぎ落とされた卵のことを話すと、ダグラスもがっかりしたのが様子からわかった。ダグラスは部屋から出ていったが、じきに卵の修復とクリーニングに関する本を手にして戻ってきた。「確かに、昔のコレクターは昇汞（しょうこう）（塩化水銀）を使っていたようですね」というと、オオウミガラスの卵はとても稀少だったので、自慢のお宝を見せびらかしたくて仕方がないコレクターたちは、カビ一つ生えないように表面をピカピカに磨いていたのだと説明した。それにしても、大英自然史博物館の所蔵になるオオウミガラスの卵でこんな乱暴な扱いを受けたものがあると、これまで他に誰も気づかなかったというのは驚くべきことだった。[24] 後になって、卵がこのようにクリーニングされていたことを裏付ける証拠文書を見つけた。一八八五年に出版されたオオウミガラスに関する論文で、サイミントン・グリーヴは汚れがひどくて何の卵かわからない卵があったことに言及している。その卵は後の一八四〇年代になって、同定されないままフリードリヒ・ティーネマンに買い取られたのだが、何の卵か気づいたティーネマンはクリーニングを施すと、自分のコレクションに加えたのだそうだ。[25]

他の種の卵だったら、表面のクチクラ層がこそぎ落とされても気にしなかっただろうが、何といっても、貴重なオオウミガラスの卵なのだ！　収集した卵の美しさを称えようとして、目にはほとんど見えないがいちばん大事な部分を不用意に捨ててしまうとは、何という皮肉だろう。

残りの三個のうち、二個は表面がこそぎ落されてしまっていたので、私たちの調査の役には立たなかったが、石板を敷き詰めたような表面が取り除かれていたために、その下にある気孔が丸見えになっていたのが唯一の救いだった。それを利用して、気孔の分布図の作成と数の推定を行なうことができたからだ。卵の表面がこそぎ落されてでもいなければ、このような知見はたやすく得られるものではないので、不幸中の幸いといえるだろう。[26]

私たちが調べた最後の三個の一つには、「この卵は色褪せて破損しているが、元は貴金属商で熱心なコレクターだったウィリアム・バロックが所蔵していた[27]」という最近の記録が残っていた。卵殻の三分の一ほどが失われていたので、ガラスの蓋越しでも、これが破損していることはすぐにわかった。解剖顕微鏡で表面の観察に取りかかる前に、この卵ならば、走査電子顕微鏡で調べるための破片が手に入るのではないかと思わずにはいられなかった。しかし、その気持ちは口には出さないでいた。ダグラスの方から言い出してくれれば大変ありがたいが、申し出てくれなくても、学芸員としての立場を尊重するつもりだったからだ。

私たちはミルトン・キーンズの殺風景な道路網を通って、シェフィールドへ帰った。腐食剤でクリーニングされた卵には振り回されたが、三個あった無傷の卵のおかげで、かなりの成果をあげることができたことに満足していたし、ダグラスの惜しみない協力に心から感謝もしていた。

翌日、博物館で撮った顕微鏡写真のダウンロードを終えて、解析の仕方を考えていると、電話がかかってきた。学芸員のダグラスだった。「良い知らせがあるんです」と、明らかに興奮している様子でいうと、こう続けた。模擬卵をキャビネットの元の場所にしまおうとしたときに、その引き出しに小さな包みが入っているのに気づいたので、それを開けてみると、二〇〇一年一月一九日付けの手紙が添えてあった。ジェイン・サイデルという考古学者から、前任の学芸員だったマイケル・ウォルターズに宛てたもので、オオウミガラスの卵殻の破片を走査電子顕微鏡写真を撮るために使わせてもらったお礼がしたためてあった。ダグラスは一瞬、ショックを受けた。いかに科学のためとはいえ、前任者が写真撮影のためにオオウミガラスの標本を損なうようなことをしたのがどうしても信じられなかったそうだ。その手紙にはさらに、写真撮影はしたが、発表はしていないとも書かれていたということだった。ダグラスの話を聞きながら、私はグーグルで「ジェイン・サイデル」と「オオウミガラス」を検索してみたが、名前は見つかったものの、一三年も経っているのにまだ何も出版されてはいなかった。ダグラスは、その包みの中には卵殻の破片が入っているので、もし自分で走査電子顕微鏡写真を撮りたいならそれを貸してあげられるし、ジェインに連絡をとって、撮った写真をそちらに送ってくれるかどうか問い合わせてみてもよいといってくれた。私はたいそう胸が高鳴ったが、その破片がどの卵のものかと考えた途端に、その興奮は萎えてしまった。ダグラスが標本番号を探して、紙をめくっている音が聞こえた。どの卵か考えていた私は「バロックの卵だろう」と（あるいはそれに類したことを）いったが、図星だった。バロックの卵は表面がこすり取られていた卵の一つだったのでがっかりしたが、考えてみれば、この卵以外のはずはなかったのだ。バロックの卵を見たときにすぐ、私自身もその破片を利用させてほしいと思ったのだから。あのとき、ダグラスに頼み込んで、無理を聞いてもらわなくてよかった。また、ジェインが仕事に追われて、論文の発表まで手が回らなかったのも幸いだった。もしジェインが表層をこすり取られていることに気づかずに論文を発表していたら、私たちは卵殻の表面に見られた不揃いの石畳の解釈を誤ってしまったかもしれない。

気孔の重要な働き

鳥類の胚は硬い卵殻に覆われているが、呼吸はしなくてはならない。私たちは肺を使って空気を吸い込み、二酸化炭素と水蒸気を放出しているが、鳥類の胚は発生段階の大部分で、「拡散」に依存している。つまり、肺を持っていない昆虫と同じように、気体の自然な移動に依存して呼吸しているのだ。実際、昆虫と卵は同じ仕組みを使っている。外界と内部をつなぐ小さな孔と管だ。卵殻の表面には数百から数千に上る小さな孔が一面に分布している。この小さな孔が、細い管を通じて、胚の血流を外界へとつなげているのだ。胚の血管網の一部が外側に露出して、卵殻の内側を走り、酸素の取込みや二酸化炭素の放出を行なっている。この機構には漿尿膜（しょうにょうまく）という難しい名前がついているが、哺乳類の胎盤と同じ働きをしている。[28]

鳥類の卵殻に気孔があることは一八六三年に医師のジョン・デイヴィーによって発見された。ジョンの兄は著名な化学者のハンフリー・デイヴィー卿で、ジョンは科学者としてはアマチュアだったが、兄の実験の助手をしていた。ジョンの「興味はさほど深いものではなかった[29]」が、鳥卵の研究の草分け的存在で、一八六三年にニューカッスルで開催された英国科学振興協会の秋季大会で研究結果を発表している。種によって卵殻の厚みが著しく異なることに感銘を受けたジョンは、卵殻の厚みは抱卵している親鳥の体重と関係があるというきわめて理にかなった結論を導き出した。続いて、このように述べている。

卵殻がどれほど厚くても、常に空気の出入りがある。それは、主に卵殻に微小な隙間（気孔）が

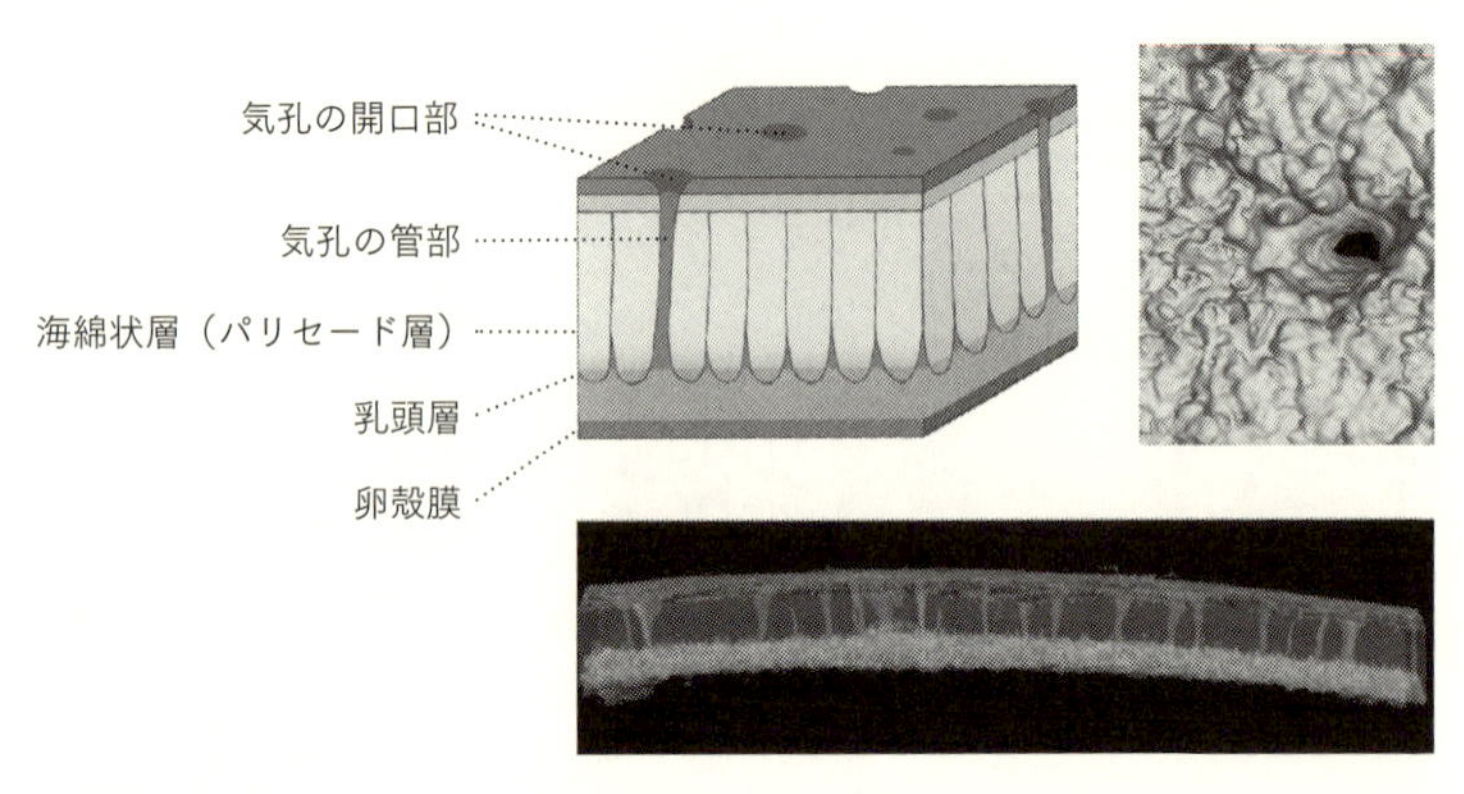

卵殻の詳細構造。（左上）卵殻片の立体図。**（右上）**ウミガラスの卵殻表面に見える気孔の開口部（上から撮影した写真）。**（下）**ウミガラスの卵殻片のX線マイクロCT画像。上が卵殻の外側で、下が内側。漏斗状の気孔の管部が卵殻断面を貫いて、上から下方向に走っているのがわかる。卵殻の厚みはおよそ500マイクロメートル。

あるからだと思われる。……空気を抜いて（真空にした）水の中に卵を入れると、……複数の特定の箇所から空気が立ち上るのが見られるので、そのような孔があることがわかる[30]。

気孔の数は卵の大きさと関係がなくはないが、種によって著しく異なる。たとえば、卵の大きい順に挙げてみると、気孔の数はエミューでは三万、ニワトリは一万、アメリカウミスズメは二二〇〇、ミソサザイは三〇〇前後である。そして、オオウミガラスの卵には、私たちの大まかな推定だが、およそ一万六〇〇〇個あると思われる。ニワトリの気孔の密度は、中央部と鈍端（丸い方の端）周辺は同じくらいで、卵の鋭端（尖った方の端）周辺が最も低い[31]。気孔は卵殻をほぼ垂直に貫通しているので、ふつうその長さは卵殻の厚みと同じである。気孔の形は、ほとんどの種では単純な一本の管状だが、ダチョウの卵殻はとても厚いので、気孔が途中で二本、または三本に枝分かれすることもある。重さが一グラムほどのミソサザイの卵では、気孔の直径がおよそ三マイクロメートルだが、重さ八〇〇グラムに達するエミューの大きな卵では一三マイクロメートルもある[32]。

気孔の大きさと数で、おおむね卵の中に拡散する酸素の量と速度が決まる。発生途中の胚は気孔から不要な二酸化炭素だけでなく、水蒸気も排出する。発生中の胚が生み出す水は代謝水と呼ばれ、食物を代謝する際に生じるものだ。私たちも同様に代謝水を生産しており、呼吸をするときに、その一部を水蒸気として放出している。代謝水の量は食物の種類によって異なる。たとえば、一〇〇グラムの脂肪からは、驚くことに、一一〇グラムの水が生じる。一方、一〇〇グラムの炭水化物とタンパク質からはそれぞれ五五グラムと四一グラムの水ができる。

代謝水の概念がわかりにくければ、キンカチョウの例で説明しよう。キンカチョウは今では飼い鳥としてよく知られているが、元は砂漠のような乾燥環境に適応したオーストラリア原産の小鳥である。小鳥用の一般的な乾燥粒餌だけで、水を与えなくても、少なくとも一八か月は生きていられる[33]。乾燥した種子を消化する際に生じる代謝水を利用することで、一年半も生きていられるのだ。この生理的な離れ業のおかげで、キンカチョウはオーストラリア屈指の乾燥した砂漠でも生息できる。また、この乾燥に強い生理的特性が、一八〇〇年代の早い時期に飼い鳥としてヨーロッパへ連れてこられた理由の一つだろう。乾燥に強くなかったならば、ヨーロッパまで六か月もかかり、満足に飲み水をもらえないことが多かったと思われる船旅を生き延びることはできなかったに違いないからだ。

発生中の胚は成長するにつれて、脂肪分に富んだ卵黄から代謝水を大量に生み出すが、この代謝水は取り除かなければならない。取り除かないと、胚は自分が作り出した水の中でおぼれ死んでしまうからだ。そこで、胚はこの代謝水を気孔から外界へ水蒸気として拡散させて取り除いている。その結果、抱卵中に卵は軽くなっていくのだ。種によって、卵の大きさ（重量で〇・三グラムから九キログラム）や抱卵期間（一〇日から八〇日）、卵黄の相対的な大きさ（卵の一四％から六七％）は著しく異なるが、産卵から孵化までの間に卵から失われる水の量は、どの種でも産卵直後の卵の重さの一五％前後である。抱卵中に代謝水を水蒸気として排出して、卵の含水量の割合が産卵時から孵化時まで一定に保たれるようにしているのだ。つまり、自然選択の結果、孵化時のヒナの組織に含まれる水分量が最適になるように、産卵直後の卵に含まれる水分の割合が進化したのだ。発生中に生じた代謝水を孵化までにすべて排出するように、自然選択によって気孔の適切な面積が調整されてきた。一方、水蒸気を放出することによって、卵の鈍端に卵の容積のおよそ一五％に相当する空間ができる。第8章でくわしく取り上げるが、この気室と呼ばれる空間にヒナが孵化の直前に必要とする空気が確保されているのだ[34]。

気室は産卵時に、内卵殻膜と外卵殻膜の間に形成される。産卵後、卵が冷えて中身が収縮するにつれて、気孔から空気が取り込まれ、卵の鈍端にあるレンズ型をしたくぼみに溜まる。鶏卵を明るい光に透かして見れば、気室が見える。また、固ゆでにした卵をむくと、鈍端の白身（卵白）がへこんでいるので、気室の場所がわかる。ちなみに、卵白がへこんでいるのは気室内の空気が卵白を圧迫していたからだ。一六〇〇年代には、気室の位置でヒナの性別がわかると信じられていたが、その俗信を鵜呑みにしないで、気室の役割を初めて考察したのはウィリアム・ハーヴェイである。発生が進むにつれて、気室は大きくなるので、卵を水に浮かべることによって卵の日齢、つまり胚の発生段階を推定することができる。産卵されたばかりの卵にはほとんど気室がないので沈むが、産卵から日数が経った卵は水に浮くのである。

気体は圧力によってふるまい方が変わるので、気孔の大きさや数（有効気孔面積）は繁殖地の標高によって異なるだろうと予測できる。特に標高が高くなると、気体の排出量は減ると思われる。このことは繁殖地の標高が異なる鳥類を比較して確認されている。標高の高い場所（高地）で繁殖する種は、卵殻の気孔が小さく、数も少ないのだ。つまり、哺乳類では繁殖地が極地に近いほど耳や手足などの体の先端部位が小さくなるのと同じように、鳥類も繁殖地の標高という環境条件に適応して、卵の有効気孔面積が異なるように進化してきたのである。しかし、飼育地の標高が異なっていても、ニワトリの卵の有効気孔面積には同じパターンが見られるという事実があったため、繁殖地の標高に適応しているという説は疑わしいと思われていた。そこで、この標高適応説を厳密に検証するために、ニワトリの同じ個体に標高の低い場所と高い場所で卵を産ませて両者を比較する実験が行なわれた。その結果、鳥類は標高差を感知する能力と、標高に応じて気孔の大きさや数を変更する生理的柔軟性を備えていることがわかった。この知見は卵と卵殻研究の草分け的存在であるハーマン・ラーンらによって一九七〇年代に得られたのだが、鳥類が見せる適応行動の中でも刮目（かつもく）に値するものだろう[35]。標高に応じて気孔の数や大きさを変更するためには、どのようなメカニズムが必要になるか考えてみてほしい。大気圧を感知し、それを脳を通じて、卵殻が形成される子宮に伝え、適切な数の気孔を備えた卵殻を作り出せなければならないのだ。驚くべきメカニズムだ！

また、孵化が近づくと、胚は気孔のおかげで、少なくとも音や匂いによって外界を感じ取ることができる。ニワトリを使った実験で、孵化間近の胚が卵殻膜に穴を開けて嘴を気室に差し込んだとき、胚は卵殻を破る以前にすでに、さまざまな匂いを感知していることが明らかにされている（第8章）。この段階の胚が特定の物質の匂いにさらされると、孵化後にその匂いのする食物を好むことも示された。[36] もっとも、少なくとも私には、この実験は少し現実離れしているだけでなく、解釈も変だと思われる。抱卵している親鳥に日常食べている食物の匂いがついているというのは考えにくいからだ。胚が抱卵している親鳥の体臭を覚えて、孵化後に自分の世話をしてくれる親鳥について歩くために、その匂いを鳴き声などの手がかりとともに利用していると考える方が現実的なのではないか。まだ検証されてはいないが、ウミガラスではありうると思う。

卵殻の構造の話はこの辺にして、今度は卵の形の謂（いわ）れを探ることにしよう。

第3章　卵の形の謎

卵の形にはたいてい意味がある。
O・ハインロート『鳥の生態』（一九三八年）

あたり一面に卵が転がっているのが見える。青、緑、赤、白のものもあるが、いちばん多いのは目立たない黄土色である。ほとんどの卵は無傷だったが、中には割れて橙色の卵黄が岩の上に流れ出ている卵や、血にまみれた発生途中の胚が無残な姿をさらしている卵もあった。そこここの片隅に山積みになっているものもあれば、糞だまりの中に転がっているもの、岩の割れ目に挟まっているものもあった。数百とも数千とも思えるウミガラスの卵が、産み落とされた場所から転がり出て、見捨てられ、冷たく横たわっているのだ。

私は海鳥の集団繁殖地として知られている、カナダのラブラドール沖にあるギャネット・クラスター諸島に来ている。一九八〇年代に、夏の間ここの離島に滞在してウミガラスなどの海鳥の調査をしたことが三回あるが、一九九二年に久しぶりに島を訪れたら、繁殖地が大変なことになっていたのだ。ホッキョクギツネが数頭島に住み着き、ニシツノメドリを捕食したり、ウミガラスやオオハシウミガラスを驚かしてコロニーを放棄させてしまったりしていたのである。本土の住民の話では、冬季にホッキョクギツネを見かけることはよくあるが、春になって海氷が北へ退くと、いつもは一緒に帰っていくとのことだった。この年は数頭のキツネが海氷に乗り損ねて取り残され、食物には事欠かないものの、小さな島から出られなくなってしまったのだ。

ギャネット・クラスター諸島は六つの小島からできており、そのうちの五島にウミガラス、ハシブトウミガラス、オオハシウミガラス、ニシツノメドリ、ハジロウミバト、ミツユビカモメ、フルマカモメなど、数万羽の海鳥が繁殖している。ここの島は平坦で、崖がほとんどないので、ウミガラスは海に近い平らな岩の上に足の踏み場もないほどびっしりと繁殖している。キツネが見られたのは二島だったが、奇妙なことに、ウミガラスの卵が破壊されていた島ではなかった。私の推測だが、この島にいたキツネは数十メートル離れた島と島の間を流氷伝いに移動して渡ってきたが、その後、別の島に移ってしまったのではないだろうか。手当たり次第に捕まえて食べようとするキツネの歯牙から逃れようとして、パニック状態で散り散りになるウミガラスたちの姿が目に浮かぶ。奇跡的にも、修羅場と化した営巣場所に戻ってきた二、三羽のウミガラスが自分の卵を見つけて、再び抱卵を始めていたが、その姿は少々哀れだった。捕食性のカモメの仲間やワタリガラスから集団で身を守るウミガラスは、まわりに仲間がいないと、無事にヒナを育て上げられる可能性はごくわずかしかない。

ウミガラスの卵がこれほど大量に見捨てられているのを見たことがなかったので、この惨状を目にしたときは、息をのんでしまった。しかし、この悲惨な光景はその一方で、奇妙に思えるほど円錐形に近いウミガラスの卵の形について思いをめぐらすきっかけにもなった。ウミガラスの卵は他の鳥には例が見られないほど極端な形をしており、洋ナシ形と呼ばれている。[1]しかし、洋ナシにはさまざまな形や大きさがあるだけでなく、ウミガラスの卵を彷彿させるような洋ナシを今までに見たこともないので、洋ナシ形と呼ぶのは適切だとは思えない。ウミガラスの卵は洋ナシ形、円錐形、尖頭形など、さまざまな言い方ができるかもしれないが、いずれにしても、一方の端が極端に尖り、もう一方の端が丸みを帯びて尖っていない特殊な形の卵をウミガラスが進化させたのは、卵が岩棚から転落するのを防ぐためであると一般に信じられている。[2]しかし、ラブラドール沖の島で散乱したウミガラスの卵を目にして、この俗信は当てにならないのではないかと思うようになった。

卵のさまざまな形

鳥の卵は種に特有な形があり、鳥類学者は卵の形を卵形、球形、双円錐形、洋ナシ形など、さまざまな用語で記載しているが、こうした形状は大雑把に分類されているだけで、厳密さを欠いている。楕円的卵形とか、やや楕円形といった中間型もよくある。

本章の原稿を書き始めたとき、卵の形状の中でどれがいちばん一般的なのか、明らかにした人はまだいないのではないかと思った。卵形といえば、たいていの人は鶏卵の形を思い浮かべるのではないか。つまり、一方の端が尖り、もう一方の端が丸みを帯びていて、丸い方の端に近い部分が幅がいちばん広い卵の形だ。驚いたことに、鳥類のすべての科について、卵の形状を定量的に研究した人はい

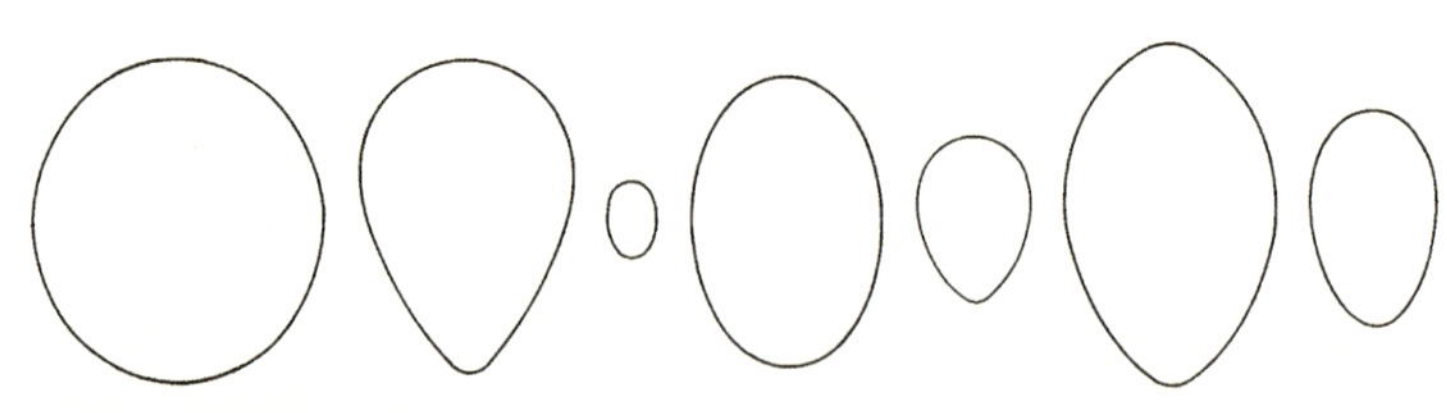

鳥卵のさまざまな形状
（左から右へ）ムラサキエボシドリ（球形）、エリマキシギ（洋ナシ形）、ハチドリ類（長卵形、あるいは楕円形）、ササフサケイ（長卵形、あるいは楕円形）、アフリカツグミ（卵形）、ミミカイツブリ（双円錐形、あるいは長楕円形）、シロハラアマツバメ（楕円的卵形、あるいは長卵形）。Thomson (1964) より再描画。

ないようなのだ。その一因は、いうまでもなく、形状を示す単純な指標を見つけるのが難しいことにある。これまでに卵の形状に関して複雑な記載方法がいくつか考えられてはきたが、すべての形を網羅できる方法は一つもない。そこで、卵の形状を扱った書籍は、本書と同様に、たいていさまざまな卵形のタイプを輪郭やシルエットで示しているだけなのだ。

卵の形は種だけでなく、科にも特有であることがわかっている。たとえば、フクロウの仲間は球形、渉禽類は洋ナシ形、サケイ類は卵形または楕円形、カイツブリの仲間は双円錐形の卵を産む[3]。

卵の形はどのようにして作られるのかという疑問と、卵の形が異なるのはなぜなのかという疑問が生物学者としての私の脳裏に浮かんだ。最初の疑問は卵生成の仕組みに関するもので、二つ目は卵のさまざまな形の適応的意義に関する疑問である。

卵の形はどのようにして作られるのか

メスの鳥がどのようにして特有の形の卵を作るのかを考えたとき、卵の形は卵殻で決まるのではないか、つまり卵殻ができるときに卵の形状が一緒に決まるのだろうと思っていた。しかし、意外なことに、卵を酢に漬けた実験でわかったように、卵の形は卵殻ではなく、その内側にある薄い卵殻膜によって決まるのだ。このことがわかれば、卵の形状が決まる過程を理解するのはさほど難しくない。

一九四〇年代の後半にジョン・ブラッドフィールドは、卵生成についてＸ線を用いた独創的な研究を行ない、鶏卵の形は卵が卵殻腺（子宮）に入る以前、つまり、卵殻が形成される前に決まっていることを明らかにした。卵の形が決まるのは卵殻腺の直前にある、卵殻膜が形成される峡部という卵管の部位であることがわかったのだ。さらに、峡部のうち、卵殻腺に隣接する側は膨大部に隣接する側よりも「収縮性に富み、括約筋に似ている」ことも確認できた。ブラッドフィールドはこうした研究結果に基づいて、「卵は狭い峡部を押し広げながら通過しなければならないので、峡部の収縮した部位に位置する卵の先端の方が、親鳥の頭部側の先端よりも尖った形になることは予測できる」と述べている。一方、このことは推測の域を出ていないので、「この問題はまだ決着がついていない」と付け加えている。[4]

卵の形状がウミガラスと対照的な鳥は、ほぼ球形の卵を産むフクロウやシギダチョウ、ノガンの仲間だが、こうした鳥の卵はどうして球形なのだろうか？　ブラッドフィールドがニワトリで確認したような括約筋が峡部にないのだろうか？　それとも、卵殻膜が形成されている最中は、括約筋から受ける圧力が卵全体で均一になるように卵が絶えず回転しているのだろうか？　残念ながら、理由はまだわかっていない。

人間の場合は、出産時の胎児の大きさは産道の大きさ、つまり骨盤（腰帯）の内径で制限されている。帝王切開術が発達したおかげで、現代はこの制約はなくなったが、帝王切開が一般的ではなかった二〇世紀以前は、体や頭部の大きすぎる胎児は無事に産道を通過できずに死亡してしまい、母親も一緒に命を落とすことが多かった。実に強い選択圧だ。お産の時点では胎児の頭骨はまだ癒合していないので、多少ではあるが頭骨に柔軟性がある。そのおかげで、出産時に頭骨は変形することができ、比較的に頭の大きな胎児でも無事に生まれることができるのだ。

卵の形状は卵の体積とも関係があるかもしれない。卵管や総排泄口（総排出腔）の拡張にも限度があるので、鳥卵の直径も、人間の胎児の場合と同様に制約を受けているとしたら、卵の体積を増やすためには、卵を細長くすることが一つの方法になるからだ。

そうした体積増大効果を検証するためには、ミズナギドリの仲間が打ってつけだろう。ミズナギドリは体の大きさの割には驚くほど大きな卵を産むからだ。二〇一〇年に亡くなったミズナギドリ研究の大御所のジョン・ウォーラムが著したミズナギドリに関する百科全書的な著書には、比較するのに必要な情報がすべて載っている。それに基づいて検証を行なった結果、私の推測は間違っていた。成鳥の体重の二〇％を超える相対的に大きな卵を産むミズナギドリの種の方が、相対的に小さな卵を産む種よりも、卵の形が丸いのだ[5]。

忘れてはいけないことは、卵の絶対的な大きさは小型の鳥の方が確かに小さいのだが、一般的には小型の鳥の方が体に比べて相対的に大きな卵を産むということだ。たとえば、キクイタダキは体重が五グラムほどだが、その卵は〇・八グラムほどで、体重の一六％に相当する。ヨーロッパ最小の海鳥であるヒメウミツバメに至っては、卵は六・八グラムで、メスの体重（二八グラム）の二四％に相当する。その一方、現存種でいちばん重いダチョウの成鳥は体重が一〇〇キログラムあり、数百年前までマダガスカルに生息していたゾウチョウ（エピオルニス）の成鳥は四〇〇キログラムあるのに対して、両者の卵はたしかに非常に大きいのだが、親鳥の体重のわずか二％にすぎないので、体重に対する卵重の比は最も小さいのだ。この四種の卵はどれも形が鶏卵によく似ていて、形の上では区別がつかない。

鳥卵の大きさや形状は、制約のされ方が人間の胎児の場合と異なるのは明らかだ。出産時の胎児の平均体重は、妊娠前の母親の体重の六％に相当する三・四キロ前後である。人間がヒメウミツバメのように、体重の二四％に相当する子供を産むとしたら、子供の体重はなんと一四キロになってしまう。鳥類が相対的に大きな卵を産むことができるのは、骨盤が哺乳類と異なり、完全に閉じて環状になっていないからなのだ。

とはいえ、鳥の骨盤と卵の形状の間にまったく関係がないというわけではない。一九六〇年代にマイケル・プリンは、卵の形はその卵を産む鳥の形に似ていると推測した。たとえば、アビやカイツブリなどの潜水性鳥類の卵は細長く、体を垂直にして木の枝にとまるフクロウの仲間の卵は丸い。プリンは鳥卵のコレクターで、テレビのクイズ番組に出演して、割れた卵殻を修復痕がわからないように修復する才能を披露し、束の間の名声を博した人物だ。プリンは科学的知識はほとんど持ち合わせていなかったが、それよりも二〇年ほど前にベルンハルト・レンシュというドイツ人の動物学者が似たような指摘をしていたのをもしかすると知っていたのかもしれない。ただ、レンシュは卵の形と鳥の形ではなく、骨盤の形との類似性を指摘していたのだ。レンシュは、カイツブリ類の骨盤は平たく、細長い卵を産むが、猛禽類やフクロウ類は立体的な骨盤をしていると述べていた。レンシュよりも後にチャールズ・ディーミングは、骨盤の形によって卵の形が決まったり制限されたりすることはないと思われるが、相対的に大きい卵や円錐形の卵を産卵前に子宮内の所定の位置に保持するのに役立っているのではないかと推測している。[6]

卵の形の適応的意義

卵の形状の適応的な意義はどうなのだろうか？　熱狂的なコレクターたちが数世紀にわたって卵を収集していたにもかかわらず、洋ナシ形の卵を除き、卵がなぜそのような形をしているのか、その理由についてはあきれるほどわかっていない。鳥類学者や鳥卵学者は、洋ナシ形以外の卵形には進化的意義はほとんどないと考えているようだ。[7]

ウミガラスの仲間や渉禽類以外では、一方の端が文字通り尖った卵を産む鳥はコウテイペンギンとオウサマペンギンだけである。この二種のペンギンが洋ナシ形の卵を産む理由はわかっていないし、私の知るかぎり、理由について考えた人もいない。この二種が人が近づきがたい南極で繁殖していることは、こうした情けない状況の言い訳にはならない。両種のペンギンとその卵は、一〇〇年以上も前から探検家や研究者に知られているからだ。ロバート・ファルコン・スコット隊が南極点を目指した「テラ・ノヴァ遠征」は悲劇的な南極探検として知られているが、その遠征中に起きた出来事のために、卵の形に対するペンギン研究者の関心が薄れてしまったのではないかと思われる。一九一一年に、鳥類学者のエドワード・ウィルソンはヘンリー・〝バーディー〟・バワーズとアプスレイ・チェリー＝ガラードとともに、エヴァンス岬に設置したスコット隊の基地から九七キロ離れたクロージア岬にあるコウテイペンギンの集団繁殖地へ、発生途中の卵を採集するために出かけた。ペンギンの胚は、爬虫類から鳥類に至る進化の過程を解明するカギを握っていると信じられていたからだ。コウテイペンギンは南極の真冬に繁殖するので、基地と繁殖地の行き来は生易しいものではなかった。基地に戻る途中で暴風雪に襲われてテントが吹き飛ばされ、食料もギリギリになった。太陽が一日中昇らず、気温が零下六〇度に達する暗闇の中で、三人が生還できたのはまさに奇跡だった。ガラードは後に著書『世界最悪の旅』でこのときの体験について著している。採集された五個の卵のうち二個は暴風雪に遭ったときに失われてしまったが、残った三個の胚は大英博物館に届けられた。しかし、これだけの苦労をしたにもかかわらず、ペンギンの胚には謎を解く科学的なカギが見当たらなかっただけでなく、胚を取り出した卵がなぜこれほど尖っているのか、疑問に思った研究者もいなかった[8]。

イソシギ、ダイシャクシギ、チュウシャクシギの卵に関しては、一八三〇年代に円錐形をしている理由の説明がなされている。イソシギも渉禽類の例にもれず、必ず卵を四つ産むが、ウィリアム・ヒューイットソンはそのイソシギに言及して、「タゲリの卵を記述したときに述べたように、イソシギは抱卵する親鳥が最小限での面積で覆うことができるように、卵の巣内の配置と形が見事な適応を遂げている。渉禽類以外の卵と比べると、イソシギや他の渉禽類の卵は親鳥の体の大きさの割には著しく大きいので、こうした適応は不可欠だ」と述べている[9]。

渉禽類はどの種も一腹で卵を四個産み、巣の中心に尖った方の端を向けて並べる。こうすると、卵が親鳥の抱卵斑にきれいに収まり、そこに接する卵の面積が最大になるので、抱卵効率が最大になるのだ。ちなみに、抱卵斑とは腹部の羽毛が抜けて皮膚が露出した部分で、その部分では血流が増し、

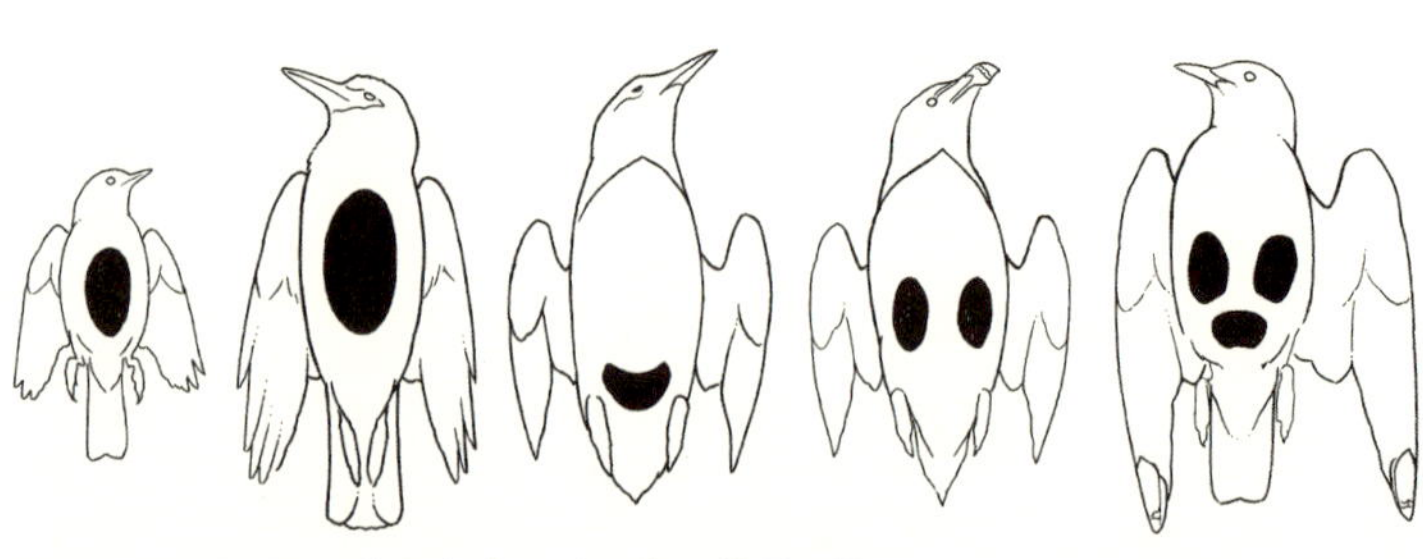

さまざまな鳥類種の抱卵斑（黒い部分）の位置と数
（左から右へ） クロウタドリ（１つ）、ミヤマガラス（１つ）、ウミガラス（腹の中央に１つ）、オオハシウミガラス（２つ。卵は１個しか産まないが、抱卵斑は横に２つ並んでいるので、どちらの側でも抱卵できる）、セグロカモメ（３つ。効率よく３個抱卵できる）。

卵に熱を効率よく伝えることができる。
後に行なわれた検証でも、尖った卵の方が丸い卵よりも親鳥の抱卵斑と接する面積が大きいので、抱卵効率が高まるというヒューイットソンの説を裏付ける説得力のある証拠が得られている。卵が尖っていれば、「同じ面積の抱卵斑で丸い卵よりも八％大きな卵を抱卵できる」。つまり、渉禽類は尖った卵を産むことで、丸い卵の場合よりも、卵を八％大きくすることができたのである。卵を大きくすれば卵黄も大きくすることができ、したがって胚も大きく成長させて、発生の進んだ段階でヒナを孵化させることができるので、大きな卵を産むことは重要なのである。[10]

ウミガラスの卵の形は転落防止のためか？

ウミガラスの卵の形状に生存価〔生物の生存と繁殖を助ける特性〕があるという話は特筆に値する。一六三三年五月のことだが、ウィリアム・ハーヴェイはスコットランドの王位を継承したイングランド王チャールズ一世のお供をして、ロンドンからエディンバラへ赴いた。ハーヴェイは国王の主治医で、血液循環を解明したことで名声を博していたが、このときは受精の謎を解き明かすことに取り組んでいた。卵がそのカギを握っていたので、翌六月のある日、ハーヴェイはエディンバラから一人で船に乗り、東のフォース湾へ出かけた。海鳥の集団繁殖地で、卵が豊富に採れることで知られていたバスロックという小島を訪れるためだった。

バスロックは火道内のマグマが硬化して海上に突き出た柱状の岩頸（がんけい）で、海から一〇七メートル突き出した姿は壮観である。感動したハーヴェイは、「白い釉薬（ゆうやく）をかけたように輝き、純粋な白亜でできた山のようだった」と記している。バスロックはドームのような形をした元来は黒い岩だが、膨大な数の海鳥、とりわけシロカツオドリのカルシウム分が多いグアノ〔糞が堆積硬化したもの〕に覆われて白く輝いていたのだ。ハーヴェイはバスロックをカルシウムの卵殻に包まれた巨大な卵にたとえた。

当時は純白に輝くシロカツオドリの集団繁殖地として名高い島だったが（今でもそうだ）、ハーヴェイの心を捉えたのは別の海鳥だった。その日バスロックに案内してくれたガイドから、シロカツオドリよりもっと驚くべき鳥の話を聞いたのだ。その鳥は尖った岩に大きな卵を一つだけくっつけるのだという。ハーヴェイは、「尖った岩の先端にたった一つ卵を産んで固定する鳥が、中でも私の目を引いた」と記している。それはウミガラスだった。ハーヴェイは、シロカツオドリに混じって、落ちそうな狭い岩棚で抱卵しているウミガラスの姿を見たに違いない。さらに、巣を作らないウミガラスがそのような険しい岩棚で抱卵することができるのは、岩棚に卵を貼りつけているからだと、ガイドから説明されたに違いない[11]。

そうした考えは私たちが一笑に付すほど馬鹿げたものではない。産んだ卵をヤシの葉に貼りつけて抱卵するヤシアマツバメという鳥が少なくとも一種いるからだ。しかし、ハーヴェイがガイドから聞いた話は間違いである。親鳥が放棄したウミガラスの卵は、グアノに覆われて岩棚に貼りついていることが多いので、そうした俗説が生まれたのだろう。狭い岩棚で卵を落とさずに抱卵できるからくりは、そんな平凡なものではないのだ。

ハーヴェイが短く言及した後にも、何人かの人がウミガラスの卵に関する記述を残しているが、卵の謎が解けるまでには長い時間がかかった。デンマーク人のルカス・ヤコブソン・デーベス神父は一六七三年に、フェアロー諸島にある海鳥の巨大な集団繁殖地に関する記述の中で、ウミガラスは卵を一つしか産まないが、「それぞれの卵は指三本分くらいしか離れていなかった。……親鳥が飛び立つとき、海に転落する卵が後を絶たなかった」と記している。しかし、卵の形にはまったく触れていない[12]。一六九七年にスコットランド沖のセント・キルダ群島を訪れたマーティン・マーティンが、ウミガラスの卵の独特な形状に初めて言及した人物のようだ。「ウミガラスの卵は大きさはガチョウの卵と同じくらいだが、一方の端が尖り、もう一方は丸みを帯びている」と形について述べ、さらに色についても「緑と黒がきれいに混ざっている卵の他に、赤や茶色の縞模様のついた淡い色の卵もあるが、きわめて稀である。海鳥の卵は地元住民などの食料源になっているが、この島ではウミガラスの卵がいちばん好まれている[13]」と記している。

有名な博物学者のギルバート・ホワイトは観察記録を綴った書簡を送り続けたが、その文通相手の一人がトマス・ペナントだった。ペナントは一七六八年に著した『英国の動物学』の中で、ウミガラスは断崖の狭い岩棚で巧みにバランスをとって卵を落とさずに抱卵する技を身につけているという考えを示し、「不思議でならないのは、ウミガラスがつるつるした岩の上に絶妙なバランスをとって、転がらないように卵を固定していることだ。一度手に取った後で、また元通りに置こうとしても、元のようにバランスをとるのは、不可能ではないにしてもきわめて難しい」と述べている。ペナントは岩に貼りつけられているのではなく、絶妙なバランスを保って置かれていると指摘した。[14]

チャールズ・ウォータートンという人物は、ヨークシャー州ウェイクフィールド近くのウォルトンホールの大地主で、奇人と悪評が高いが善意の人であり、自然保護論者の草分け的存在だった。ウォータートンは一八三四年にベンプトンを訪れて卵採りと交渉し、ウミガラスが繁殖している岩棚に降ろしてもらう手はずを整えた。ウォータートンは高い場所を全然怖がらなかった。その二〇年前には高さが一三〇メートルほどあるローマのサン・ピエトロ大聖堂に上り、屋上に設置された避雷針に手袋を名刺代わりに残してきたことがある。ウォータートンの厚かましさに激怒したローマ教皇は手袋を取ってくるように命じた。もちろん、ウォータートンは教皇にいわれた通り、手袋を取ってきた。ウォータートンは、ベンプトンの体験談を綴った短い小論の中で、こう書き記している。

水平だが、幅はせいぜい一五センチ程度しかないむき出しの岩棚にウミガラスの卵が産んであった。岩棚に平行、またはほぼ平行に置かれている卵もあれば、尖った端が海の方を向いている卵や、逆に丸みを帯びた端が海の方を向いている卵もあった。粘り気のある物質や異物で岩に固定されているのではなかった。手の平に載せた卵と同じように、むき出しのまま、ただ岩棚に置かれていた。[15]

ハーヴェイがガイドから聞いた「卵が岩に貼りついている」という俗信をウォータートンも知っていたのは明らかだが、ウォータートンは俗信を鵜呑みにせず、自分の目で確かめたのだ。さらに、巧みにバランスをとっているのではないことにも気づいた。それ以後は、こうした接着説やバランス説を唱える者はほとんどいなくなった。しかし、意外なことに、ウォータートンは卵の形状に関しては、変異が大きいことにしか言及していない。「卵は大きさや色彩や形状の変異が信じられないほど大きい。大きな卵もあれば、小さいものもある。一方の端がひどく尖っている卵があるかと思えば、丸いものもある」[16]と述べているだけなのである。

一八〇〇年代に入ると、卵の収集熱が高まり、蝶と鳥卵のコレクターだったウィリアム・ヒューイットソンによって、鳥卵の色が正確に描かれた本が初めて出版された。ヒューイットソンはこのように記している。

ウミガラスの卵が一般的な鳥の卵と同じような形をしていたら、転げ落ちる卵が後を絶たないだろう。海鳥の中でも類を見ないその独特な形が卵を守っているのだ。座りがいいだけでなく、転がる空間がある場合は、丸みを帯びた端が尖った端を中心にして円を描くように回るので、元の場所から離れてしまうこともない。テーブルの真ん中に置いて転がしてみても、遠くまで行くことはない。

「丸みを帯びた端が尖った端を中心にして円を描くように回るので、元の位置から離れてしまうことがない」という箇所をもう一度読み返してほしい。これは、卵を軽く突くと、長軸を半径としてその場で回転するという魅力的な説なのだ。「はじめに」で言及したテレビの出演者がやって見せたのと同じで、ヒューイットソンもあの人物と同様に、中身を抜いた空の卵を用いて、この現象を確認したのではないかと思う。[17]

一九世紀に鳥類学を広く普及させたフランシス・オーペン・モリス師は、ヒューイットソンの説を剽窃（ひょうせつ）して再び唱えた。一八五〇年代はカラー印刷が商業的に成り立ち始めたころで、モリスはベンジャミン・フォーセットという印刷業者とアレクサンダー・ライドンという挿絵画家と一緒に、魅力的な博物学の書籍を続々と出版し、好評を博した。しかし、モリスの鳥類やその他の博物学的知識は限られたものだったので、後に「本人のためにならないくらい精力的で、危険なほど安易に本を書く人物」と評された。『英国の鳥類史』でモリスは、「ウミガラスの卵は一方の端が細くなっているおかげで、風に煽られたりして転がっても、その場で円を描いて回り、元の位置を変えないので、海に転落しないのである」[18]と述べているが、どう考えてもヒューイットソンの説を言い換えただけのように思える。

モリスの著書が出版されたのと同じ一九世紀中盤に、当時の鳥類学者の中でも特に明晰なウィリアム・マクギリヴレイは、ウミガラスについて、「岩床にほんのわずかな凹凸があるだけで卵は安定するし、洋ナシに似た形状で転落が防止されている。とはいえ、一般的に考えられているほどの効果はない」[19]と著書で述べている。マクギリヴレイは困ったことに、「一般的に考えられている」ことも、自分の反対意見も明らかにしてくれていないが、モリスが安易に剽窃したヒューイットソンの「その場で回転する」説のことをいっているのではないかと思う。

ヴィクトリア朝の鳥類学者ヘンリー・ドレッサーが、「鳥は鳥猟者に卵を採られるくらいなら、自分で卵を蹴落とすという俗説は、シェットランドではいまだに広く信じられている」[20]と指摘しているのも、ウミガラスの卵の尖った形状は転落防止にはほとんど役立たないという考えの傍証になっている。

ロシア人の海鳥研究

一九世紀と二〇世紀の大半にわたり、ウミガラスの卵は容赦なく乱獲されてきた。北米やロシアの北極圏にあった巨大な集団繁殖地では、地元民は何世紀にもわたって卵を捕っていただろうが、こうした地域が南方からの探検家に開かれると、新たに卵や親鳥に対する収奪が加わり、多くの地域で持続不可能なほど大量に採られるようになった。ロシアの北極圏にあるムルマンスクやノヴァヤ・ゼムリャにあった集団繁殖地では、一九世紀中ごろ以降、その地域を通過する人たちによって、毎年何万個にも上る卵が採られた。二〇世紀初頭までには、数十万個の卵が主に石鹸を製造するために乱獲されただけでなく、数万羽の親鳥も食料として捕殺された。

一九一七年のロシア革命により、ソヴィエト連邦が成立すると、ボリシェヴィキは北極圏にある海鳥の集団繁殖地を政府以外が商業的に利用することを禁止した。さらに、ソヴィエト連邦の一党独裁支配の一環として、集団繁殖地の調査を始めた。[21]革命政府の行なった先見の明のある調査のおかげで、生物学者が次々と調査に従事し（困難きわまる状況だったに違いない）、北極圏に生息する海鳥に関する膨大な量の生態的知見が蓄積された。調査の目的は海鳥を「保全して利用する」ために、「それぞれの種の生態的特性」を特定することだった。つまり、海鳥の卵と成鳥を最大限に収穫する方法が知りたかったのだ。[22]

こうした調査に携わった最も有能な生物学者の一人にレフ・ベロポリスキーがいた。ベロポリスキーはロシア西部のムルマンスクから極東のウラジオストクへ向かう遠大な北極圏調査の一員に二十代の若さで抜擢されたのだ。調査団を乗せた民間蒸気船チェリュースキン号は、一九三三年八月にムルマンスクを出港したが、九月にはベーリング海峡で氷に閉ざされ、とうとう一九三四年二月一三日に沈没してしまった。[23]ベロポリスキー含め一〇〇人余りの乗組員は一名を除き、ほぼ全員が氷上に脱出して、応急のキャンプと仮設の滑走路を設営した。滑走路は一三回も作り直すことになったが、乗組員は四月にロシア空軍に救出された。文明社会に帰還すると、調査隊の隊長や救出した空軍のパイロット、そしてベロポリスキーを含む乗組員の一部は英雄として迎えられ、数々の特典とともにソ連最高位の勲章を授与された。ベロポリスキーは特典の一つとして、バレンツ海にあるセブンアイランズ（海鳥）保護区の所長に任用された。この野生動物保護区が設立されたころ、遠洋漁業も始まったので、商業漁業を発展させるために海鳥の生態に関する知見を活かすことがベロポリスキーの重要な職務になった。[24]

ここまではよかったが、第二次世界大戦が始まると、ベロポリスキーに専用の船が与えられ、海鳥の知識を活かして卵と親鳥を取ってくる実用的な任務が課せられることになった。ムルマンスクは辺（へん）

鄙なところにある上に、少ない食料は軍に優先的に回されたので、住民は深刻な食料不足に直面していた。そこで、海鳥は地域住民の食料の足しにされた。ベロポリスキーはこのときの功績によって、戦後も北極圏に生息する海鳥の生態研究を続けることができた。

人間の食料として収穫できるウミガラスの卵の数をできるだけ多くするためには、営巣場所の岩棚から転落する卵を最小限に抑えることが必要になる。したがって、ベロポリスキーにとって最大の課題は、採集時に岩棚から転落して無駄になる膨大な数の卵をいかにして減らすかということだった。そして、研究者たちは、(ラブラドール沖の集団繁殖地を荒らしたキツネのように) 岩棚に上ってウミガラスを驚かせ、卵を散乱させたり転がしたりするなど、現代の基準から見ればきわめて原始的と思われるようなやり方で研究したのだった。

ベロポリスキーは、自分自身の観察とユーリー・カフタノフスキーというロシア人海鳥研究者の観察結果から、ウミガラスの卵がコマのようにその場で回転するという説は誤りだとよくわかっていた。「そのように述べている一般書もあるが、ウミガラスの卵が押されたり、風に吹かれたりしても、転がらずにコマのようにその場で回転するだけだというのは間違いである。……しかし、とりわけ平らでない岩棚では、洋ナシのような形状をした卵の方が、そのような形をしていない卵よりも明らかに転落しにくい」と、カフタノフスキーは一九四一年に記している。[25] ベロポリスキーはカフタノフスキーの見解を認めてはいるが、その説明に満足しているわけではなく、「洋ナシ形の卵の方が座りがいいのはなぜか? また、真に安定するのはどのような条件のときか、言い換えれば、どのようなときにバランスを崩して転がりやすくなるのか?」[26] と問いかけている。

ベロポリスキーが研究を始めたきっかけは、岩棚から下の岩へ転落して壊れたウミガラスの卵には、たいてい発生が始まったばかりの小さい胚が入っていることにたまたま気づいたことだったようだ。転落した卵の胚が小さいことから、産卵後まもない卵の方が抱卵が進んだ卵よりも岩棚から転落しやすいのではないかと考えたベロポリスキーは、自分の推測を検証するために、抱卵日数が数日にすぎない卵をそっと押してみる実験を同僚と一緒に行なってみた。その結果、そうした卵はどれも岩棚から転落してしまうことがわかった。ベロポリスキーらはさらに、抱卵日数が「もっと長い」卵でも同じ実験を行ない、「抱卵日数の長い卵はたいてい文字通り円弧を描いて転がり、岩棚から転落しないこと」[27]を明らかにしたのだ。

現代の基準でいえば、実験に関する記述がきわめて曖昧なので、この実験結果に説得力があるとは言いがたい。とりわけ、詳細な記述がほとんどないので、実験の方法や実験に用いた卵の数が明確にわからないからだ。

ベロポリスキーは、自分が「大規模実験」と名づけた実験を行なってほしいと同僚のサーヴァ・ウスペンスキーに頼んだと述べている。産卵したばかりのウミガラスを銃声で驚かせて、営巣場所の岩棚から飛び立たせるように頼んだのだ。銃声に驚いた親鳥が飛び立つと、卵が「雨のように降ってきた」とベロポリスキーは記している。当たり前だ。ベロポリスキーらは孵化が近づいたころに再び同じ営巣地を訪れて、同じ実験を行なった。銃声が響き渡ると、「おびただしい数の鳥が空中に舞い上がったが、卵は一つも岩棚から落ちてこなかった」[28]。

ここでも詳細がよくわからないので、この「実験」結果を評価するのは難しい。しかし、ベロポリスキーは、二回目の実験で卵が「岩棚から落ちてこなかった」のはなぜか、わかりきった理由を論じていない。一回目の実験で転がりやすい卵はみな落ちてしまったのだから、二度目のときには落ちる卵がなかったのは当然のことではないのか。

興味深いことに、ベロポリスキーはこの当たり前な理由には触れずに、次のように説明しているのだ。ウミガラスの抱卵が進むにつれて、卵の鈍端にある気室が大きくなるとともに重心が移動し、産卵されてまもない卵と比べると、鈍端が地面から上がった状態になる。そのため、抱卵の進んだ卵の方が、産卵したばかりの卵より描く円弧が小さくなり、（多少は）岩棚から転落しにくくなるのである（気室に関しては第2章70ページを参照してほしい）。

ベロポリスキーはこの重心の移動は卵の安定性を高める適応だと考えたのだ。しかし、卵の形状に関係なく、どの鳥類種の卵にも発生による変化は生じるので、安定性が高まったのは適応というより、重心が移動した結果だろう。しかし、重心の移動が及ぼす影響は尖った卵の方が大きいので、安定性が増すことは十分ありうる。

ウミガラスの適応に関するベロポリスキーらの見解には、営巣場所の岩棚に上がったり、銃声で驚かせたりして、抱卵中のウミガラスを大混乱に陥れるといった調査方法の弊害が表れている。平常時にはウミガラスはパニックに陥ったり、卵を放り出して岩棚を離れたりすることはほとんどない。そうなるのは、ホッキョクグマやホッキョクギツネのような捕食者や人間がやってきたときぐらいのものだ。そんなときには、相当な数の卵が岩棚から転落すると思われるが、ウミガラスはそうした捕食者が近づきにくい場所で抱卵しているので、実際にはそのような事態が起きることはめったにない。

とはいえ、ベロポリスキーらの見解がダーウィン的進化論に基づいていたこと自体が驚くべきことかもしれない。スターリン時代のロシアでは、農学の指導的地位にいたトロフィム・ルイセンコが強引に推し広めていた、ラマルクの誤った進化説が国内を風靡していたからだ[29]。

ベロポリスキーは長年にわたる海鳥研究の結果を『バレンツ海のコロニー性海鳥の生態』というかなり分厚い著書にまとめ、一九五七年に出版した。さらに、一九六一年にはその英語版が出版された。私が研究生だった一九七〇年代にはこの本は重要な情報源だったが、製本の質が悪い、図が小さい、写真が不鮮明、翻訳が少々心もとない、紙が薄くて質が悪いという欠点があって、私にはその科学的価値があまり感じられなかった。しかし、最近この本を読み直して、考えが変わった。当時は今とは研究のやり方が違っていたことと、ベロポリスキーの業績は特筆に値するだけでなく、当時のどの海鳥研究よりも進んでいたことがわかったからだ。生物学以外でとりわけ印象に残ったことは、ルイセンコとソヴィエトの政治体制に対する批判的な意見だった。

ベロポリスキーの過去を調べて初めてその理由がわかった。被害妄想に陥ったヨシフ・スターリンが共産党幹部の反逆行為を疑ったいわゆるレニングラード事件で、一九四九年にベロポリスキーの兄と妻と父が逮捕されたのだ。レニングラードの若き共産党員を妬み、疑ったスターリンが濡れ衣を着せたのである。共産党幹部が利用するリゾート地の管理責任者だったベロポリスキーの兄は、英国のために諜報活動を行なったという事実無根の罪で告発され、銃殺刑に処せられた。それから三年後の一九五二年には、おそらく身内だからという理由でベロポリスキー本人が疑われ、共産党から除名された。チェリュースキン号による北極圏調査で国民的英雄になっていたので、免責特権を与えられているはずだったが、ソヴィエト政府にはそれに対処する術があった。つまり、法廷に召喚して、その免責特権を放棄させたのである。ベロポリスキーは特権をすべてはぎ取られて、シベリアのノヴォシビルスク地方（オムスクの東で、現カザフスタン共和国の首都アスタナから北東に五〇〇キロほど離れたところ）にある強制収容所へ五年間送られた。当局はこれでも軽い量刑だと考えていたが、そもそもベロポリスキーの罪状とは、スパイ容疑で逮捕・銃殺された兄がいたということだけなのだ。幸いにもスターリンが一九五三年に死去し、ベロポリスキーは釈放されて、名誉も回復された。一九五六年には鳥類の主要な渡り経路上にあるバルト海沿岸のクルシュー砂州に、リバチ生物学研究所という鳥類観察所を設立した。そして、一九九〇年に八二年または八三年の生涯を閉じた。[30]

ウミガラスの卵はなぜ尖っているのか？

ロシア人研究者が行なったウミガラスの卵の形状研究は中途半端なものだったが、ウミガラス研究は一九五〇年代に新しい時代を迎えた。生物の教師だったスイス人のビート・チャンスは一九五六年に、別の生物教師とスイスのベルンにある自然史博物館の学芸員と一緒に、海鳥の生息地として知られているノルウェー沖にあるロフォーテン諸島のヴィエヤ島を三週間訪れた。その島でウミガラスに魅せられたチャンスは、三十代の半ばになっていたにもかかわらず、大学の博士課程に入って、ウミガラスの行動研究を行なうことにしたのだ。残念ながら私はチャンスと面識はないが、海がなく海鳥もまったくいない国の人物がウミガラスを研究しようと思ったことに興味をそそられた。[31]

チャンスが興味を引かれたのは、ウミガラスが危険な断崖の岩棚で巣も作らずに、類い稀なほど密集して繁殖していることだった。チャンスが解明したかったのは、ウミガラスがこのような並外れた繁殖環境にどのように対処しているのか、もっと正確にいえば、そのような環境で繁殖するために、ウミガラスはどのような適応を遂げたのかということだった。

一九五〇年代の後半は、適応の研究が脚光を浴び始めて、エスター・カレンによる断崖営巣性のミツユビカモメの適応に関する同じような研究がすでに始まっていた[32]。ちなみに、カレンはオックスフォード大学で教鞭を執っていたニコ・ティンバーゲンの教え子の一人だった。ティンバーゲンはコンラート・ローレンツとカール・フォン・フリッシュとともに、動物行動学の発展に尽くした功績によりノーベル賞を受賞した研究者だが、当時はカモメ類の視聴覚的誇示行動の研究を数年にわたり行なっていた。ミツユビカモメは、ティンバーゲンとその学生が研究した数多いカモメのうちの一種だが、断崖で営巣する種はミツユビカモメだけだった。カレンはその行動を地上で営巣する他のカモメと比較して、狭い岩棚の営巣を可能にしているミツユビカモメの適応を明らかにしたのである。

チャンスのウミガラスの研究は数十年に及ぶが、主眼を置いた研究は（1）自分の卵の識別（第5章）、（2）自分のヒナの識別（第8章）、そして（3）卵の形状（本章）の三点だった。このうちの（1）と（2）は密集した繁殖に関わる問題で、（3）の卵の形状は巣を作らずに狭い岩棚で産卵・抱卵を行なう繁殖様式に関連している。一九六〇年代半ばに、チャンスは英国にティンバーゲンを数回訪ねている。その間に、卵とヒナの識別研究に感銘を受けたティンバーゲンに誘われて、一緒にユリカモメの実験を行なったこともある。ティンバーゲンが比較研究法を用いたように、チャンスもウミガラスの適応を特定するために、オオハシウミガラスやニシツノメドリ、ハジロウミバトといったウミガラスの近縁種との比較を行なった。これまで見てきたように、ウミガラスの卵の形状に関しては、すでに数多くの研究がロシア人研究者によって行なわれているが、チャンスは自分なりの研究を行ない、ロシア人研究者の研究結果を検証し、発展させたいと考えていた[33]。

ウミガラスの卵の形状に関するチャンスの最初の研究結果は、一九六九年に出版されている。この研究はパウル・インゴルトとハンスユルク・レンガヒャーと共同で行なったもので、尖った卵の形状には適応的意義があることを明確に裏付けている。一八三四年にウォータートンが指摘したように、ウミガラスの卵は形状の変異がきわめて大きいので、チャンスらは卵の尖り具合を低度、中度、高度の三段階に分け、それに応じて卵を三つのグループに分類した。そして、各グループの卵に関して、押したときに岩棚から転落するかどうかを検証したのだ。さらに、比較のために、近縁種のオオハシウミガラスのもっと丸みを帯びた卵でも同様の実験を行なった。その結果、尖っている卵ほど岩棚から転落する傾向が低かった[34]。

こうした結果について、オランダ人鳥類学者のルディ・ドレントは後にこう記している。

こうした検証の結果が自然の状態にも当てはまることは、ウミガラスの親鳥に石膏で作った模擬卵を岩棚で抱卵させせて、時間の経過に伴う卵の減少率を記録することで立証された。一連の最も大規模な調査で、ウミガラスの模擬卵の方がオオハシウミガラスの模擬卵よりも残存率が有意に高いことが明らかになったのだ（ウミガラスの模擬卵の残存率は五〇分の四二（八四％）、オオハシウミガラスの模擬卵は五〇分の三五（七〇％））。

こうした研究結果は、ウミガラスの卵が尖った形をしているのは、繁殖場所の岩棚から転落しにくくする適応であることを明確に裏付けているように思える。

ドレントは洞察力の鋭い生物学者だが、チャンスの研究結果をほとんど鵜呑みにしているようだ。しかし、ドレントが何といおうとも、この残存率の差は、統計的に有意ではないのである。ドレント以外の生物学者ならば、この差に生物学的意味を認めることにもっと慎重を期しただろう[35]。

研究者は慎重になった方がよいのだ。チャンスとパウル・インゴルトも後に、この実験結果は疑う余地のない明確なもののように見えるが、そう見えるだけで実際には説得力のあるものではないことを自分たちでも認めている。その理由として、第一に、石膏でできた模擬卵は本物の卵とはふるまい方が異なることが挙げられる（模擬卵は本物の卵より軽いだけでなく、重量の分布もかなり異なっているからだ）。第二に、チャンスとインゴルトは、岩棚の状態が卵の転がり方に大きな影響を及ぼすことに気づいた。第三に、卵を岩棚にとどめておく上で、親鳥が重要な役割を果たしていることにも気がついたのである。

インゴルトは実験を初めからやり直した。その論文は四七ページに及ぶ長いものだが、手短にいうと、本物のウミガラスとオオハシウミガラスの卵をさまざまな自然の岩棚で転がして、そのふるまい方を比較した結果、ウミガラスの卵の方がオオハシウミガラスの卵よりも転落しにくいということはなかったのだ。比較的滑らかな人工の表面では、傾斜角度にかかわらず、ウミガラスの卵の方が尖った形をしているので、オオハシウミガラスの卵よりも小さな弧を描いて転がった。しかし、もっとでこぼこした自然の岩棚では、両種の卵の転がり方に違いは見られなかった。それは、オオハシウミガラスの卵の方がウミガラスの卵よりも軽いためだった。したがって、ここがわかりにくいが重要な点なのだが、ウミガラスの卵（一一〇グラム）がオオハシウミガラスの卵（九〇グラム）より大きくて重いことを考えると、もし両者の卵の形が同じならば、ウミガラスの卵の方が転落する危険性が高くなる。つまり、現在の大きさの卵であれば、ウミガラスの卵の尖った形は転落の防止に多少は役に立っているのだ。

また、当然のことながら、インゴルトは岩棚の斜度や表面の状態（滑らかか、小石が多いか）が卵の転がりやすさに大きな影響を与えることを明らかにした。さらに、両種の抱卵行動が著しく異なることにも言及している。ウミガラスの方がオオハシウミガラスよりも抱卵に精を出し、休憩の回数も時間も少なかった。しかし、抱卵行動の違いが、抱卵交代時に卵が転落する事故を防ぐ適応かどうかはまだわかっていない。

ウミガラスよりもさらに狭い岩棚で繁殖するハシブトウミガラスという種がいて、卵が転落する危険性が高いと思われるにもかかわらず、その卵の形はウミガラスほど尖ってはいないことを私は常々不思議に思っていた。実際、ハシブトウミガラスの卵の形はオオハシウミガラスに似ているのだ。インゴルトは、転がりやすさは卵の重さの影響を受けるということに気づき、この疑問に対する答えを思いついた。ハシブトウミガラスはウミガラスよりも小さいので、卵（およそ一〇〇グラム）も小さく、そのために尖った形をしていなくても転落しないのではないか、と推測したのだ。

インゴルトの推測が正しければ、円弧回転仮説を検証する方法はある。ウミガラスとハシブトウミガラスのさまざまな個体群の間で、卵の形状、とりわけ卵の尖り具合を比較すればよいのだ。円弧回転説が正しければ、大きくて重い卵の方が尖っているはずだ。ウミガラスの仲間も他の多くの鳥類種と同様に、高緯度の寒冷地で繁殖している種ほど体が大きく、卵も大きくて重い。緯度が高くなるにつれて体が大きくなることは、ベルクマンの規則と呼ばれている。大きい動物ほど体の体積に対する表面積の割合が小さいので、寒冷地でも体温を維持できると提唱した、一九世紀のドイツ人解剖学者で医師だったカール・ベルクマンにちなんでつけられた名だ[36]。

博物館には緯度の異なるさまざまな地域から収集された両種のウミガラスの卵が大量に収蔵されているので、この円弧回転説を検証するのはさほど難しいことではないと思われた。そこで、私は研究助手を連れて、数か月にわたりヨーロッパの主要な博物館を訪れ、一〇〇〇個を超えるウミガラスの卵の測定と写真撮影を行なったのだが、インゴルトの推測を裏付ける証拠はほとんど得られなかった。今回の調査で、これまで知られていたようにハシブトウミガラスの卵の方がウミガラスの卵よりも尖り方がはるかに小さいことが改めて確認できたが、一方、両種の卵の体積がまったく同じこともわかった。つまり、両種の卵が新鮮な状態のときには、その重さには事実上差がないと考えられるのだ。すると、インゴルトの推測はすでにこの時点で成り立たないことになる。次に、両種とも大きい卵の方が尖っていることがわかった。これはインゴルトが予測した通りだが、その差はごくわずかで、生物学的な意味はないと思われる[37]。これらの結果から、ウミガラスの卵が尖っているのは円弧を描いて転がるためではないことが強く示唆される。こうして、ウミガラスの卵が尖っている理由は、興味をそそる生物学の謎として残されたのである。

ウミガラスの奇形の卵

ラプトンをウミガラスの卵の虜にしたのは、主にその比類なき色彩と模様だったが、形状や大きさも無縁ではなかった。ラプトンのコレクションの中には矮小卵や巨大卵が数多く含まれていた。矮小卵が人に知られるようになったのはニワトリを飼い始めた昔にさかのぼるが、稀にしか生じないのでさまざまな迷信が生まれた。たとえば、矮小卵は雄鶏が産んだ卵だと考えられたり、メスの卵管の中に吹き込んだ風で受精した卵だと考えられたりして、「雄卵」や「風卵」と呼ばれたこともあった。しかし、風が受精させたという迷信は二重に間違っている。卵が風で受精するわけがないことはいうまでもないが、矮小卵はすべて無精卵だからだ。矮小卵にはたいてい卵黄が入っていないが、それは卵巣から放出された卵子を漏斗部が受け取り損ねたときに生じるからだ（44ページの図を参照）。かさばる卵黄がないと、卵管は卵黄のない小さな卵を生成する。また、卵管壁からはがれ落ちた小さな組織片が卵管に卵の生成を開始させてしまうことがあり、この場合も卵黄のない矮小卵ができる[38]。

その一方で、頻度はもっと少ないが、卵黄が二つ入っている巨大な卵が生まれることがある。二黄卵は卵黄が二つ入っているので大きくなるのだ[39]。二黄卵が生じるのは、卵巣の中で二個の卵子が同時に発育して、同時に放出されるときである。私はラブラドールでウミガラスの二黄卵を見つけたことがあるが、四〇年にわたる野外調査で、二黄卵を見つけたのはこのときだけなので、非常に稀な出来事だ。しかし、ベンプトンではウミガラスの二黄卵はそれほど珍しいものではなかったようなのだ。リッカビーの日記には、同じ崖から同日に二個も採集されたという記述を含めて、二黄卵の話が数回出てくる。[40] 二黄卵を特に好んだラプトンはなんと四四個も収集したが、とりわけ自慢にしていた二黄卵は、ベンプトンで営巣しているウミガラスの卵の平均重量（一一〇グラム）をはるかに超える一七〇グラムもあった。一七〇グラムのウミガラスの卵は人間ならば五・四キロの赤ん坊に相当するので、不可能ではないかもしれないが、難産になるだろう。

二黄卵では胚が二つ発生することは珍しくはないが、双子のヒナが孵化して成長した記録は皆無に近い。卵白の絶対量が足りないのだ（第６章を参照）。

ニワトリでは二黄卵が生じる確率は一〇〇〇個に一つくらいだ。[41] 実際のところはわからないが、ウミガラスの二黄卵の発生率がニワトリと同じで、ベンプトンで毎年採られていたウミガラスの卵が一万個前後だったとすれば、一年に一〇個くらいの二黄卵が見られていたかもしれない。

ラプトンのコレクションには、巨大卵や矮小卵の他に、自然界でどの鳥類にも見られないような奇形卵もいくつか含まれていた。こうしたウミガラスの奇形卵には、球形に近い矮小卵、細長い管状の尖った卵、細長い左右対称の卵、左右非対称のマンゴーのような形をした卵などがあった。このようにさまざまな形をした奇形卵を産む鳥は、ウミガラスの他にはニワトリしか知られていないが、世界中で六〇億羽のニワトリが毎年一兆個の卵を産んでいることを考えれば、驚くには当たらないだろう。

ラプトンが所蔵していた珍しい形をしたウミガラスの卵は、鳥の卵管は（特定の条件のもとでは）丸みを帯びた形ならばどんな形状の卵でも生成できる能力を秘めていることを示している。問題は、こうした奇妙な形をしたウミガラスの卵が採集されずに、親鳥に抱卵されていたら、ヒナが孵化したかどうかだが、それは何ともいえない。しかし、私の推測にすぎないが、孵化を迎えるまで発育した卵はほとんどなかったのではないか。さらに、ラプトンが所蔵していた奇形卵が生じたのは、卵採りたちが頻繁に営巣場所の岩棚を訪れたからではないかとも思っている。ベンプトンで繁殖していたウミガラスの卵の大きさや形状や色彩に類を見ないような異常が生じたのは、卵採りたちにも原因があったのではないかと思っているのだ。頻繁に撹乱を受けたために、卵生成が乱された可能性があるからだ。私は比較的撹乱の少ない繁殖地でウミガラスの研究を行なってきたので、矮小卵は二度しか見たことがないし、球に近い卵や左右が著しく非対称な卵は一度も見たことがない。

ラプトンが所蔵していた奇形卵の中でいちばん興味を引かれたのは、両側がやや平たく、独特な丸みを帯びたマンゴーの形をした卵だった。岩棚から転落しにくい卵の見本のような形をした卵だ。ウミガラスのメスがこのような岩棚から転落しにくい非対称の卵を産むことができるにもかかわらず、その卵がこのような形になっていないという事実は、こうした卵が自然選択によって生き残らない、すなわち、ヒナが孵化しないことを示唆している。

なぜ「卵形」なのか？

最後に普通の卵形の卵を見てみよう。たいていの種では卵の形状に自然選択上の利益がほとんどないと思われる、と述べている鳥類学者もいるが、本当にそうなのだろうか？

昔は、卵の形はそこから孵化するヒナの形に何らかの方法で規定されていると考えられていた。たとえば、一六〇〇年代にファブリキウスが「実は、ほとんどの鳥の卵は完全に丸いわけではなく、やや長い形をしている。……これはヒナの体が縦に長いからだ。しかし、卵は完全な卵形でも、均一に細長いわけでもない。一方の端がもう一方の端より丸みを帯び、幅と厚みがある。……ヒナは頭部と胸部がある上半身の方が幅が広いからだ[42]」と述べている。ファブリキウスはさらに、卵の形状と中にいるヒナの雌雄の関係に関する古い考えを取り上げて、鶏卵の形状の変異について論じ、比較的幅が広い卵からはメスが生まれると述べている。ニワトリも人間の女性と同様に、メスの方がオスよりも腰の幅が広いと間違って信じられていたからだ。ウィリアム・ハーヴェイは、「ファブリキウスが挙げた卵の形状に関する理由はどれも根拠がないので、ためらうことなく無視する[43]」と述べて、恩師を見限っている。

どんな生物でも、卵は卵管の中で形成されて移動するので、断面が円に近い形になるような強い制約を受けているのはいうまでもない。だが、長軸に対して対称である必要はあるだろうか？

鳥に関しては「卵形」が「球でない」ことは重要なのである。魚やカエル、ウミガメなどは球形の卵を産むことを考えると、鳥類と、ヘビやトカゲ、ワニなどの爬虫類が球よりは多少長めの卵を産むことには、自然選択が有利に働く何らかの利点があると思われるからだ。そうした利点はいくつか考えられる。

第一に挙げられるのは、立体の中では、球体が体積に対する表面積の割合がいちばん小さいということだ。卵の形状が球形から遠ざかると（つまり、楕円に近づくと）、球形に比べて表面積が増す。鳥は抱卵斑を介して卵を温めるので、表面積が増えて卵に熱を伝える効率が高まることは、鳥にとって重要な意味を持っていると思われる。もちろん、球形ではない卵は、抱卵されていないときには、冷えるのも速いだろう。したがって、ほとんどの鳥の卵が円と楕円の中間形（いわゆる卵形）をしているのは、抱卵効果を高めることと冷却速度が増すことの間を取った折衷案なのかもしれない。折り合いという点では、一腹の平均卵数や抱卵斑の数と形も卵の形状に影響を与えているかもしれない[44]。

第二に、爬虫類の多くは抱卵斑を介して卵を温めることをしないが、そうした爬虫類の卵も細長めな形をしているので、抱卵以外の要因が重要かもしれないということも挙げておこう。いちばん可能性がありそうなのは、「体型による制約」に関わる要因だ。ヘビやトカゲ、ワニなどはかなり胴体が細長いので、体型から考えると一定以上の大きさの卵を作れないという制約がある可能性はあるものの、確かなことはわかっていない。しかし、大型のワニの仲間は小さめで細長めの卵を産むので、卵の最大直径が胴体の大きさに制約されているとは思えない。

第三に、鳥の卵は卵殻の強度に制約があるはずだ。卵殻は抱卵している親鳥の体重を支えられる強度とともに、孵化を迎えたヒナが破ることができるもろさも備えていなければならない。ここでも、抱卵している親鳥の体重を支えるためには球形の卵の方が適しているが、やや長めの形状の卵の方が足を伸ばせる空間が広いので、ヒナが卵殻に加えられる力が大きくなり、殻を破りやすいのではないか[45]。

これまで数十年にわたり、これほど多くの卵の研究がなされてきたにもかかわらず、いまだに解明されていない疑問がこれほどあるのは驚くべきことだ。

それでは、鳥の卵の色彩に関する理解の方が進んでいるかどうか、次章で見てみよう。

第4章　卵の色——色がつく仕組み

しかしいまだ生まれ来ぬ情熱は
月の音色が小夜啼鳥の
無地の卵の中で眠りにつく
そんなところに隠れているのだろう

アルフレッド・テニスン卿『エルマーの野』（一七九三年）

鳥卵の調査で大英自然史博物館トリング館を訪れた折に、ウミガラスの卵が保管されている戸棚の前にジョージ・ラプトンと並んで立っている自分の姿を想像してみたことがある。私がラプトンに何が見えるかと尋ねると、ラプトンは「惚れ惚れする美しさだ。形や大きさ、とりわけ、多様でありながら調和が保たれた色彩と模様の美しさは格別だ」と答える。今度はラプトンが私に何が見えるかと尋ねる。私は、「データといいたいところだが、失われたデータだ」と答える。目の前の戸棚に収納されている卵は、データカードのついていないものがほとんどだったからだ。そして、こう付け加える。「卵の美しさに関心がないわけではないが、私は科学者なので、まず第一に、データカードがついていれば、ここにある卵がウミガラスの生態について語ってくれただろうことを考えてしまうのだ。

でも、データカードのない卵を調べ尽くしたわけではないので、博物館の卵にはまだまだ教えてもらえることがあるかもしれないとも思う」。ラプトンは私に向き直ると、「データとは？」と聞き返す。ラプトンも科学的なデータを残していたコレクターを知っていたはずだから、その質問は言葉の綾にすぎない。しかし、そう聞かれて、私は考え込んでしまった。私がデータと呼んでいるものは何なのだろうか？

私のいうデータとは、自然界を解釈するために利用する情報のことである。自然界を解釈することこそ科学者の仕事であり、目標である。フクロウの卵が白い理由、ウミガラスの卵の色彩が多様な理由、ツグミの卵が青い理由、シギダチョウの卵が鮮やかな青緑色をしている理由を知りたいのだ。私たち科学者は、観察すること（すなわち、想像の中のラプトンと私が保管棚に入った卵を見ていたように、対象をよく見ること）と、「なぜ？」という問いかけを行なうことによって、理解を深めていく。ラプトンは「そんなことは自分もやってきた」というので、ラプトンも科学者といえると思う。しかし、ここが同じ科学者でもラプトンと異なる点なのだが、私にとっては問いかけだけでは十分ではないのだ。さらに一歩でも二歩でも先へ進まなくてはならない。「なぜこうなのか？」という問いかけをして、「おそらくこれが理由だろう」と、「その理由」を説明する仮説を立てるのである。

シギダチョウは釉薬をかけた陶器のような並外れて美しい卵を産み、卵の色も青、緑、ピンク、紫色など種によって異なる。もし、私がシギダチョウの卵の色彩に関して、なぜそうなのかと問い、その問いに本気で答える気になったら、シギダチョウの卵を徹底的に調べ上げて、自分の仮説を検証する方法を考え出そうとする。そのときに私は、自分の仮説を覆すものは何だろうかと自問自答するが、仮説を裏付ける証拠だけを探すことは絶対にしない。仮説が厳しい検証に耐えられたならば、その仮説でシギダチョウの卵がそういう色をしている理由を説明できるとみなされるようになる。

理にかなった仮説を立てるためには、シギダチョウの卵を識別できても、中米に行って巣を見たことがないので、優れた仮説を考え出せるとは思えない。私は野生のシギダチョウを見たことがあるし、自分の研究室にはシギダチョウの生態に関する知識が必要になる。ジョージ・ラプトンはシギダチョウを研究した学生もいたので、卵が地上の湿った落ち葉の上に産卵され、親鳥が抱卵していないときは（ちなみに、抱卵は通常オスが行なう）、森の木もれ日の中で明るく輝いていることも知っている。しかし、なぜあれほど目立つのだろうか？　仮説を一つ挙げるなら（実をいうと、ラプトンに提唱できるのはこの仮説しかないのだが）、シギダチョウの卵は不味くて食べられたものではないので、光り輝くのは「食べるなよ、腹をこわすぞ」と警告するためであるというものだ。この仮説を検証するのはさほど難しくはない。腑に落ちない様子で、ラプトンは考え込むようにうなずくと、「ふーむ、そうかもしれないな」とつぶやき、少し間を置いてから、「シギダチョウの卵の色が鮮やかで光沢があるのは、他の鳥の卵とは異なる種類の炭酸カルシウムでできているからではないのか[1]」と付け加える。

今度は私が黙る番だ。ラプトンの説明（あるいは仮説）は、私の仮説とは根本的に異なるものだ。代替案ではない。両者の違いはわかりにくいが、科学者が世界を解釈する方法を理解する上で、きわめて重要である。両者の仮説はどちらも理にかなっているが、多少異なったレンズを通して世界を見ているようなものだ。私の仮説は卵の色彩の進化上の意義（適応的意義）に関するもので、光沢のある鮮やかな色彩をしたシギダチョウの卵殻が、どのようにして卵の生存率を高めるのか、その仕組みを説明している。言い換えれば、シギダチョウはなぜこのような卵を産むのかという理由を説明しているのである。一方、ラプトンの問いは、シギダチョウはどのようにしてあのような完璧な光沢を作り出すのかというものだ。つまり、ラプトンの仮説は卵殻を生成する仕組み（メカニズム）や過程に関するものなのだ。両者の考え方はどちらも理にかなっているが、著しく異なるので、少なくとも最初は別々に考える必要がある。両者を一緒にすると、混乱するだけだ。私の仮説では「シギダチョウがそのような卵を生成する仕組み」は説明できないし、ラプトンの仮説では「そのような卵を生成する理由」を説明できない。また、仕組みに関する疑問は進化に関わる疑問を解明するときに大いに役に立つが、その逆は必ずしも真ならずである。

だから、生物学者は自然界を理解するこの二つの手法を区別することにこだわるのだ。もちろん、私たちが「なぜ」という「理由に関する疑問」を深く考えられるようになったのは、ダーウィンが進化の機構として自然選択を提唱した一八〇〇年代半ば以降のことである。ダーウィン以前にもこのような考え方をした洞察力のある人物がいないわけではなかったが、最終的には神の知恵を持ち出して説明しようとしていた(2)。また、どちらの種類の問いも同じように理にかなっており、たいていの生物学者は自然界を十分に理解するためには仕組みと理由について知る必要があるとわかっているが、科学が大きくなりすぎてしまった現状では、研究を進めるために専門化せざるを得ないということもいっておいた方がよいだろう。そして、専門化するとたいてい、仕組みか理由かのどちらかに重点を置くことになる。さらに、この二種類の問いは時代によって流行り廃れがみられた。一九六〇年代の後半から一九七〇年代の初めにかけて、自然選択の理解に劇的な変化が生じて、「利己的遺伝子という考え方」が重視されるようになってからは、「仕組みに関する疑問」よりも「理由に関する疑問」の方が研究者の間で人気を博するようになった。(3)その結果、最近は理由を解明する研究に対する研究費の方が潤沢になった。また、仕組みに関する疑問はすべて解明された感もあるために、まだ解明されていない理由に関する疑問に取り組む方が生産的で、やりがいがあり、面白いと思われているのだ。

私はこの両方の疑問を解明すべきだと固く信じているので、本章と次の章で卵に色がつく仕組みと理由をそれぞれ説明しようと思っている。本章では「仕組み」に関する疑問を取り上げ、次の章で卵がそういう色をしている「理由」を説明していると思われる仮説を検証することにする。

卵の色素

私はシェフィールド大学に長年勤めているが、卵の色素の化学的性質に最初に取り組んだ研究者の一人が、同大学の創立にも尽力したと知って驚くとともにうれしくなった。一九世紀の科学者の多くがそうだったが、ヘンリー・クリフトン・ソービーも悠悠自適に暮らせるだけの資産があった。ソービーは博識家としても知られているが、その名声を最も高めたのは鋼（はがね）に炭素を加えると強度が増すのを発見したことだろう。シェフィールドが「鉄鋼の町」と呼ばれるようになったのはソービーの発見のおかげである。ソービーは海洋生物学にも興味を持っていたので、蠕虫（ぜんちゅう）、クラゲ、クシクラゲなどの海生生物を形状や構造を壊すことなく、二次元のスライドを使って幻灯機で投影する独創的な方法を考案した。

さらに、色彩にも興味を持っていたソービーは、一八七〇年代に顕微鏡を用いて卵殻の色素を特定する方法を開発し、卵殻の他にも、数十種類に上る有色の生体物質の分析を手掛けた。原理は炎色反応試験と似ている。私も学校で行なったことがあるが、炎色反応試験では、物質を炎の中に入れて熱すると、炎が物質ごとに異なる色を示すという現象を利用して、物質を特定する。物質ごとに燃焼時の炎の色が異なるだけでなく、光の吸収の仕方も異なることに気づいたソービーは、これが物質の特定に利用できると見抜いたのだ。

一八六〇年代には、スペクトル分析（分光法）を利用して新たに二つの元素が発見されたことで、その有用性が立証され、科学分野で注目を集めていた。ソービーは分光法が顕微鏡にも応用できると気づいたのだ。「溶液や透明な物質を光源と組み合わせたプリズムの間に挟むと、挟んだ物質が光を吸収することによって生じた黒い線がスペクトルの特定の部分に現れるが、この黒い線は識別に利用できるのではないか」[4]とソービーは記している。

ソービーは卵殻の破片を溶液に入れてカルシウムを溶かして除去すると、溶液の中に卵殻の色を抽出して残すことができた。その溶液に光を当てると、光が吸収された部分が黒い線として現れるので、それを分析すれば、色素の組成を推定できたのである。

ソービーより前の時代には、卵殻の色彩は、産卵過程で生じた子宮壁の出血や胆汁色素の付着などによる偶然の副産物だと考える研究者がいた。それどころか、卵の色彩や模様は卵が総排泄口を通過する際に、たまたまついた糞の汚れだと考える研究者さえいた。[5]この汚れ説は一八〇〇年代の初めに唱えられたのだが、その後も一世紀にわたり、その信奉者は後を絶たなかった。一八五〇年代にエドゥアルト・オペルがカッコウを、一八七〇年代にヘンリー・ドレッサーがウミガラスを解剖して、卵管の中に彩色が完了した卵があったと報告している。つまり、総排泄口に入ってすらいないのに、卵に色がついていたのだ。それにもかかわらず、この汚れ説が根強く残っていたのは驚くべきことである。[6]

ソービーは入念に分析を行ない、卵殻の色彩を決めているのは血液や胆汁にも含まれている物質であるが、そうした色の生成過程はこれまでの通説とは異なることを明らかにした。ソービーは七種類の色素を特定して、「現在得られている知見から判断できるかぎりでは、卵殻の色は紛れもなく生理的生成物によるもので、機能がまったく異なる物質によって偶然に汚染されたのではない[7]」と述べている。基本的には、ソービーが以前に植物の色彩について推定したことが卵にも当てはまり、卵の色彩を決めるのは「明確に識別できる少数の物質の相対的な量と総量[8]」である。

ソービーは発見した七種類の卵殻の色素を、主に卵を意味する「オウオウ（oo）」という接頭辞をつけて命名した。すなわち、オウオウロデイン〔卵とび色色素〕、オウオウシアン〔卵青緑色素〕、バンデッド・オウオウシアン（黒色帯卵青緑色素。黒色帯とは、分析中にスペクトルで見られた帯のことである）、イエロー・オウオウキサンチン〔黄色卵キサンチン〕、ルーファス・オウオウキサンチン〔赤褐色卵キサンチン〕、アンノウンレッド〔未知の赤色素〕、リクノキサンチン〔地衣類に見られる黄色色素の古名〕である。論理的で意味がわかるとはいえ、ひどい名前をつけたものだ。

ここで紹介した名前のことは気にしなくても大丈夫だ。その後の研究で名前が変わったり、同じように難解な名前がつけられたりしたが、実際のところ、卵殻の色素はプロトポルフィリンとビリベルジンの二種類しかないからである。赤血球は赤い色がついているが、その色の源泉は鉄を構成要素とするヘムという物質であり、上述の二つの色素はヘムの材料や分解産物である。この二つの色素名もわかりやすいとは決していえないが、この二つだけなのだ。

プロトポルフィリンは赤褐色の色素のもとで、一般にプロトポルフィリンIXと呼ばれている。（ちなみに、「IX」は化学構造の種類を表している）。IXをつけるのは、生体に広く存在して、「生命の色素」とも呼ばれている他のポルフィリン類と区別するためだ。[9]

ビリベルジン（胆緑素）はソービーがオウオウシアンと呼んだもので、青緑色の色素である。この物質はヘモグロビンが分解してできるもので、ぶつけたあざが青緑に見えることがあるのはこの物質のせいだ。[10] この二つの色素が組み合わされると、卵にすばらしい色合いが生まれ、目を奪うような自然の芸術品が生み出されるのだ。

興味深いことに、ソービーの説が動物学の文献で広く認められるまでには長い時間がかかり、ソービーの発見から四五年も経った一九二〇年代になっても、J・アーサー・トムソンは、卵の色彩は卵に付着した老廃物なので、適応の結果ではないと頑なに信じていた。トムソンは自著の『鳥類の生態』の中で、次のように述べている。

卵管壁からは重要な栄養物が分泌されるが、それとともに排出される、重要でない代謝の副産物や老廃物によって、卵に色がついた可能性が高い。[11]

さらに、トムソンは自分の主張を裏付けようとして、植物との類似性を挙げている。

枯れかけた葉の色素はとても美しく、ひときわ目を引くが、知られているかぎり、生物学的重要性はまったくない。緑の葉に不可欠な一連の化学反応の最終産物や副産物であるにすぎない。[12]

卵の色彩の多様性については、次のように論じている。

万が一、たとえば、ウミガラスやカッコウの卵が特定の色に落ち着いた場合に生存価となるのならば、素材には事欠かないのだから、自然選択が働いてもおかしくないはずだ。[13]

最後にトムソンは、こう締めくくっている。

鳥類の卵に特有な色彩の有用性を真剣に探究しても意味はない。卵の色は単に代謝の副産物であり、模様の恒常性は構造の秩序を表しているだけなのかもしれないからだ。[14]

卵殻色素の研究はギルバート・ケネディとグウィン・ヴィーヴァースのおかげで、一九七〇年代になって一歩前進した。ケネディとヴィーヴァースは卵殻に含まれる二大色素の相対量を一〇六種の鳥類で算出したのである。色がついているようには見えない白い卵の研究結果はとりわけ示唆に富んでいる。フルマカモメ、ムナジロカワガラス、ホンセイインコの卵殻にはどちらの色素も含まれていなかったが、ペンギンの数種とモリバトの卵殻には両方の色素が含まれていたのだ。一方、シュバシコウ、コノハズク、ニシブッポウソウにはプロトポルフィリンだけで、ビリベルジンは含まれていなかった。[15]

現在では、卵殻を形成する層のいずれにも色素が存在しうることがわかっている。卵殻膜にも色素が含まれている種がいる一方、カルシウム層だけに色がついている種や、ニワトリのように色素が最も外側の薄いクチクラ層に限られている種もいる。さらに、猛禽類も含めて、外から見えないほど卵殻の奥に埋め込まれた色素斑がある種もいる。研究者によると、卵殻の表面を溶かすと、色素斑が「次第に姿を現し、やがて分解して溶け出していった」[16]とのことだ。

ニワトリと比較的に系統の近いライチョウとカラフトライチョウでは、産卵直後の卵は表面全体が濡れている。カナダでライチョウの仲間を研究していた同僚のボブ・モンゴメリーが話してくれたことだが、母鳥の羽が産卵直後の卵に触れると、卵に羽の跡が残ることが珍しくないだけでなく、手に取ると表面に指紋がついてしまうのだそうだ。さらに、赤みを帯びた地の色と斑紋は酸化されて、産卵後二四時間から四八時間で茶色っぽく変化するらしい。

興味深いことに、ヴィルヘルム・フォン・ナトゥージウスは一八六八年の研究報告で、産卵直後のウミガラスの卵はライチョウと同様に濡れていて、触れると跡がつくと述べているが、どうしてわかったのだろうか？　このことに言及している文献は他に見当たらないので、ベンプトンの卵採りたちから聞いたのではないかと思われる。私自身もそのことには気がつかなかった。[17]

通常は色のついた卵を産む種でも、子宮内で白い卵が見つかることがこれまでもときおりあった。フリードリヒ・クッターも一八七八年にチョウゲンボウを解剖しているときに、そうした卵を見つけている。クッターは子宮の表面に小さな赤褐色の斑点があることにも気づいた。このとき、クッターは白い卵と子宮の斑点を結びつけて、卵はこれから着色されるところで、色素が生成されるのは子宮だと推測したのではないかと思われるかもしれないが、クッターはそうは考えなかった。色素は卵巣から移動してきたのではないかと考えたのだ。その後、クッターの説に同調する研究者も現れたが、見てきた通り、一九世紀には卵の彩色に関してさまざまな説が提唱された。一九四〇年代になってようやく、アレックスとアナスタシア・ロマノフが鳥卵学のバイブルともいうべき著書の『鳥類の卵』で、「色素を分泌する部位が子宮であることはあらゆる証拠が示している」と記し、アラン・ギルバートという卵の専門家も一九七〇年代に著した総説で、「色素を分泌する腺が子宮にあることは現在では明らかだが、まだ確認されていない[18]」と述べている。

実は、一九六〇年代に日本のウズラ研究者が子宮の内面を覆っている上皮細胞を顕微鏡で観察し、色素の小滴が細胞内に並び、放出されるのを待っているのを確認している。さらにこの研究で、色素の生成と放出はタイミングがぴったり合っていることもわかった。色素が放出される直前でなければ、上皮細胞には色素がまったく存在しないのだ[19]。

卵に色がつく過程がよくわかっていないのは、すべてニワトリのせいである。ニワトリは無地の卵を産むので、家禽の研究者が卵の斑紋の生成や定着過程を研究しても助成金が出なかった（つまり、研究する機会があまりなかった）からだ。さらに、英国では茶色、北米では白というように、消費者

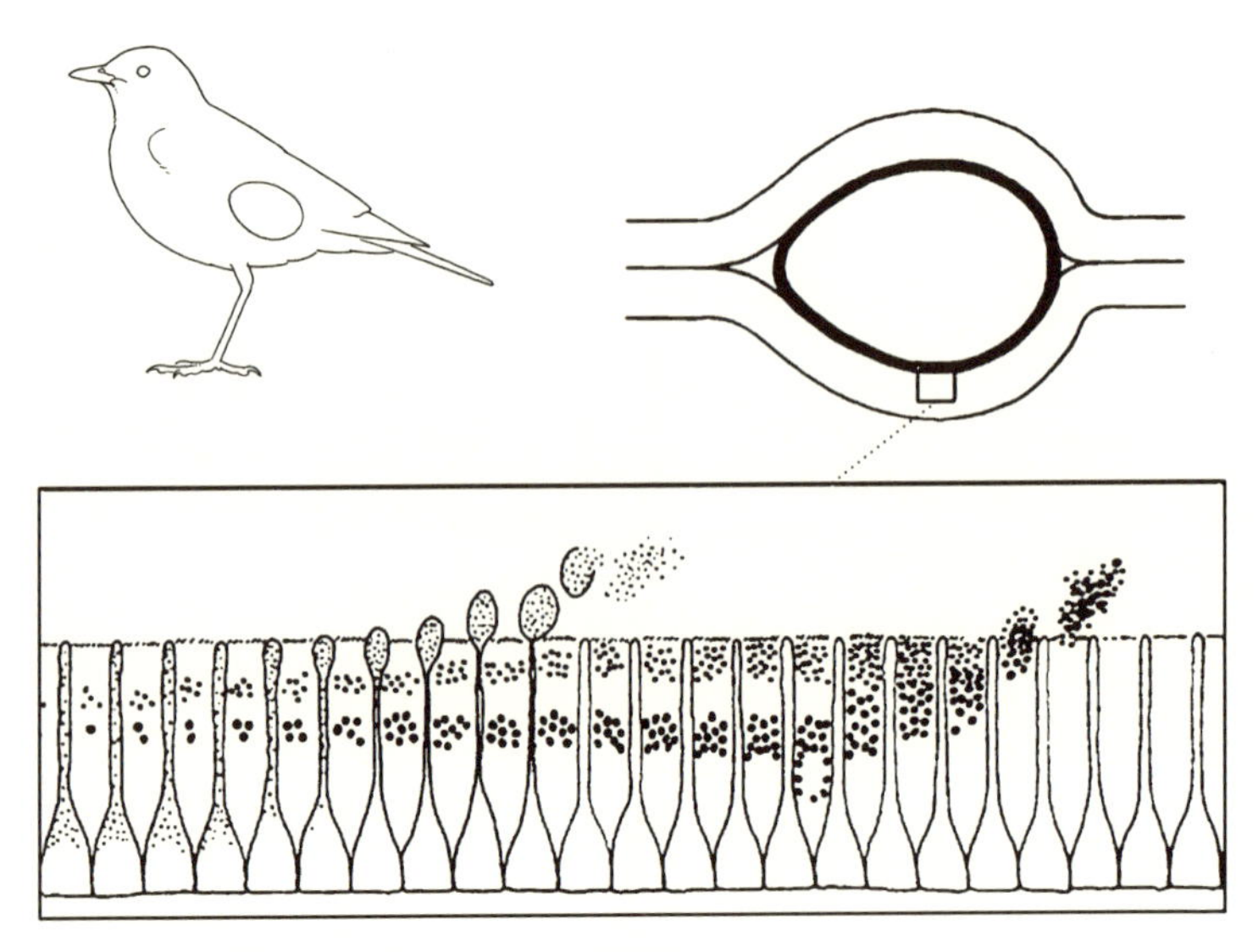

鳥の子宮で卵殻に彩色が施される過程の模式図
（左上）鳥の体内の卵がある場所　（右上）子宮に入った卵
（下）子宮の内面を覆う上皮細胞のうち、色素を生成するのは粘液細胞（下側の基底部が広い細胞）と繊毛細胞（上側が広い細胞）である。色素を生成して卵管と卵殻に放出する過程は左から右へ進行する。Tamura and Fujii (1966) より再描画。

は特定の色の卵を好むので、研究者の関心は地の色に向いていた。その結果として、地の色が異なる原因について研究が行なわれ、地色の違いは遺伝によることが判明したのである[20]。

一九七〇年代にスコーマー島でウミガラスの研究をしていたとき、ウミガラスの集団繁殖地まで歩いて行く際、途中でカモメの集団繁殖地を数か所通り抜けなければならなかった。当時はセグロカモメとニシセグロカモメがいたるところにいたので、避けて通ることができなかったのだ。カモメは黄土色の地にまだら模様がついた卵を二、三個産むのが典型的だが、カモメの営巣地を通り抜ける際に、いちばん小さくて淡い青色をした卵を見かけることが珍しくなかった。それは最後に産卵された三つ目の卵だったのだ。似たような現象はハイタカでも報告されている。ハイタカは一回の産卵数が七卵を数えることがあるが、その最後の一卵か二卵はそれよりも前に産卵された卵よりも斑紋が少なく、色も薄いことが多い。さらに、ハイタカは最初に産んだ一腹の卵が失われると、再産卵することがあるが、二回目の産卵で産んだ補充卵はどれも色が薄くなる[21]。

そうなるのはメスが色素を使い尽くしてしまったからだと考えられているが、もしそうならば、今度は卵の色彩の重要性が問題になる。一方、最後の卵や補充卵の卵の色が薄いことには適応的意義があると考えることもできる。実際に、適応説はいくつか提唱されている。最後の卵は価値が低いので、捕食者に対しておとりの役を果たしているという説や、先に産卵された卵は親鳥に数日間は抱卵されないので捕食されやすいために、カムフラージュの必要性が高いという説がそうした適応説の例だ。しかし、いずれの説もあまり説得力があるとは思えない。また、最後の卵が変わった色をしているのは、カッコウのような托卵者に、この巣は一腹の産卵が完了したので、托卵しても無駄だと伝えるためなのだという説も提唱されているが、この説も説得力があるようには思えない。托卵者が宿主（仮親）の卵を捕食したり壊したりしてしまえば、宿主に補充卵を産ませることができ、托卵者は利益を得られる[22]。

卵殻を通して中まで光が入ると、発生中の胚が好影響を受けるという点に基づいた仮説も提唱されている。少々驚くことだが、ニワトリやウズラでは、胚が卵殻を通してある程度の光を感知できると、孵化が早まるのだ[23]。他の鳥類種もそうなのかどうかはまだわかっていないが、後から産卵された卵の方が模様が少ない理由の説明にはなるかもしれない。色の薄い卵の方が胚に届く光の量が多いと思われるので、発生を促進することになり、最後に産卵されたカモメの卵や、ハイタカの補充卵はその恩恵にあずかれるかもしれない。しかし、淡色卵の進化的適応説を実証するためには、(1) 斑紋の少ない卵の方が早く孵化するのか、(2) 胚に多くの光が届くと、必然的に発生が早まるのか、(3) 節約できた時間は生存率に影響を及ぼすほど長いのか、という点を検証する必要がある。これは樹洞で営巣する鳥に白い卵を産む種が多い要因にもなっているかもしれない。さらに、上部が覆われていない椀型の巣を作る鳥(ツグミ類など)に、淡い青色の卵を産む種が多い理由は長年の謎だったが、樹洞性の鳥の場合ほど明確ではないにしろ、これでその説明がつくかもしれない。ニワトリでは、青い光が胚の発達を促進する効果が最も高いのだ。卵殻の色によって胚に届く光の波長が決まるので、青色の卵殻は胚に届く青色光の量を最大にして、抱卵期間を最短にし、卵が捕食される危険性を最小限に抑えているのかもしれない[24]。

鳥類は一万種ほどいて、その卵も多彩だが、ほとんどすべての色彩や模様のパターンがウミガラスの卵だけで見られるのは驚嘆に値する。ウォレスはウミガラスの卵は常軌を逸していると述べているが、けだし至言である。ジョージ・ラプトンと同時代の鳥卵コレクターだったジョージ・リッカビーは収集実績を日記に記しているが、そこにはウミガラスの卵を代表する一二種類の斑紋のイラストが描かれていて、ペッパーポット、ショートハンド、スクロール、ノーズキャップなどという斑紋の特徴を表す名前がつけられていた(第1章27ページ)。ウミガラスでは、こうした斑紋は地色に関わりなく見られる。しかし、ハシブトウミガラスの卵について、色と斑紋の種類を分析した結果では、地色と斑紋は無関係ではなく、薄い地色の卵と比べて、暗い地色の卵では斑紋がより大きい傾向があった[25]。リッカビーの日記に記されている卵の斑紋の分類は、手軽に参照できるように、卵採りやコレクターの間で開発されたものに違いない。ウミガラスの卵に見られる多様な変異をわずか一二のタイプで表せるのならば話は簡単だが、実際はリッカビーが指摘しているように、斑紋の変異は無限に近いのだ。グリーン・ペタル、シックブラウン・アンダーマーク、スーパーレッド、ブルーペッパー・アンド・ソルト、ペンシル・イン・シェルなど、さらに多くの名称がコレクターたちによって使われていることからも、それが窺える[26]。

卵殻の斑紋ができる仕組み

ニワトリの卵殻形成や構造の研究には莫大な費用がつぎ込まれてきたが、他の鳥類種に関しては、卵殻の斑紋生成の仕組みは最近までほとんどわかっていなかった。ウズラは斑紋の密集した卵を産むが、研究の結果、その斑紋は産卵の三〜四時間前に卵殻につけられることが明らかになった。一方、猛禽類やウミガラスのような種では、卵殻の奥深いところについている斑紋もあるので、もっと早い段階で斑紋が生成されると思われる。一八〇〇年代にナトゥージウスが指摘しているように、ウミガラスの卵は色素斑の上を覆っているカルシウムや地色の層が厚いことが多い[27]。

第2章で述べたように、子宮（卵殻腺）には膨大な数の腺が備わっていて、スプレーのように卵殻に色素を吹きつける。このように述べると簡単明瞭に思えるかもしれないが、考えてみればみるほど、この説明に納得がいかなくなる。ウミガラスの卵に見られる色彩や模様、斑紋の配置は類い稀な複雑さだ。その並外れた複雑さを実感するためには、ウミガラスの卵の写実的な絵を描いて彩色してみるのがいちばんなのだが、試してみると、これが一筋縄ではいかないのだ。実験のために、ウミガラスの模擬卵に彩色を施さなければならないこともあったが、本物の卵に見えるように彩色するのは思ったよりもずっと難しかった。昔の鳥卵学の本には、ウミガラスを含めて鳥類の卵が写実的に描かれた絵が載っているが、こうした画家（多くは名前が記されていない）に敬服している。さらに、ウミガラスの模擬卵に彩色を施してみることは、本物の卵に色がつく過程を推測するのに役に立つ。

ウミガラスの卵の中には、リッカビーがブラックキャップと呼んだ斑紋のように、鈍端が大きな黒い斑点で覆われているだけの、彩色過程を推測しやすいものもある。卵殻腺の中で卵がじっと動かず、鈍端に向いた大口径ノズルのスプレーからその端がすっかり覆われてしまうまで色素が吹きつけられているところが目に浮かぶ。また、卵殻が小さな有彩色の斑紋で一様に覆われているペッパーポットと呼ばれている卵はもう少し複雑だが、これも彩色過程は比較的単純である。こちらは、卵殻腺の中に一様に配置された何千もの微小なスプレーがほんの一瞬だけ色素を吹きつけて、単純だが美しい斑紋を生み出しているのを想像できる。

一方、斑紋が互いににじみ合ったり、混ざり合ったりしている模様のくどい卵は、彩色過程の推測がはるかに難しい。こうした模様の卵はオオハシウミガラスではそれほど珍しくはないが、ラプトンのコレクションでわかるように、ウミガラスではめったに見られない。このような卵は色素が層状に重なり合い、各色素の層の上にカルシウムの層が覆いかぶさっているので、色がにじんだように見えるのだが、それだけではなく、にじみ具合には技巧が凝らされているようにも思える。さまざまなスプレーが色を吹きつけている間に、卵が卵殻腺の中で少し回転して、塗り立てのペンキを指でそっと撫でてにじませたような効果が現れたのかもしれない。

数ある模様の中でも、奇妙で興味をそそられるだけでなく、示唆にも富むと思われるものは、リッカビーがショートハンド（速記）やスクロール（走り書き）と呼んだ斑紋だろう。私はこうした斑紋をペンシリング（鉛筆模様）と呼んでいる。白やクリーム色、淡い青色の地に、茶色や黒の落書き文字のような模様がランダムに果てしなく続いているように見える卵だ。吹きつけに使われたスプレーが一本だけのように見えるものや、数本あるように思われるものもある。

このような模様ができあがる過程を想像してみるのは大変だったが、スプレーが吹きつけ始めると、卵が卵殻腺の中で回転し、落書き文字のような模様がランダムにつくと考えるのが最も理にかなっているだろう。抽象画家のジャクソン・ポロックが絵の具をたっぷり含んだ筆を持ってカンヴァスの上に絵の具をポタポタ垂らしているところや、酔っ払いが穴の開いたペンキの缶を二つ三つ持って、滑らかなコンクリート敷きの中庭を千鳥足で歩いているところを想像してもらうとよい。ただ、もしペンシリングがこのようにして施されるとしたら、それぞれのスプレーが吹きつけた模様の間にある程度の一致が見られるはずだ。このような卵の斑紋を統計的に検証した例はまだないが、はっきりとわかる一致はほとんど見られない。この検証を行なえる人がいれば、ぜひとも協力したいと思っている。検証するためには、卵を「むいて」、斑紋のついた殻を平らに広げ、さまざまな線の位置関係を明らかにして、類似性を調べる必要があるだろう。そうすれば、斑紋の生成過程を解き明かせるかもしれない。

私は数学者でないし、検証してもらえる人もまだ見つかっていないので、他のことをやってみた。話を単純にするために、ニワトリの卵の卵殻腺にある彩色スプレーを三本と仮定して、色の異なる三本のフェルトペンを内側に向け、三センチほどの間隔をあけて、実験用のクランプに固定した。卵の鈍端を掴むと、卵がそれぞれのペン先に触れる位置に保持し、回してみた。期待通りに、鉛筆で書いたような線が卵殻の上に描けたが、予測に反して三色の線の間に「一致」は見出せなかった。

本物の鉛筆で描いた線ならば、線の幅は均一（およそ一ミリ）で、境目はくっきりしているはずだ。オオハシウミガラスの卵の色が指でこすられたようにぼやけて見えることは前述したが、ウミガラスの卵の鉛筆模様は境目が鮮明でにじんでおらず、地色に溶け込むようなことはまったくない。スプレーを使って同じような模様を描こうと思ったら、速乾性がきわめて高い塗料が必要になるだろう。また、缶スプレーや水分の多い塗料をたっぷり含んだ太い筆ではなくて、フェルトペンのような筆記具も必要だろう。もしウミガラスの卵が卵殻腺の中で実際に回転しているのならば、色素がすぐに乾かないと、線がにじんだりぼやけたりするのを避けるのは難しいだろう。

鉛筆模様の卵を産む鳥は他にも数種いる。熱帯地方に生息しているバンに似たレンカク、オーストラリアやニューギニアで繁殖しているアズマヤドリの仲間のマダラニワシドリやオオニワシドリ、キバラニワシドリがそうだが、特にキバラニワシドリは目を奪うほど見事な模様が施された卵を産む。ヨーロッパに生息する鳥では、以前は「スクリブリージャック」と呼ばれていたキアオジが、黒鉛筆で描いたような線のある卵を産む。線の幅は個体によって異なるが、ウミガラスの模様とは対照的に、線の境目はたいてい地色に溶け込み、フランスにあるフォン・ド・ゴームやニオー、ルフィニャックの洞窟壁に血と土を混ぜて作った顔料で描かれた動物画を彷彿させる。詩人のジョン・クレアがその模様を見事に表現している。

インクに浸したペンで走り書きしたような殻の卵が五つ、
その走り書きを想像して読んでみれば、
自然の詩か、田園のまじないのようだ、
それはキアオジの卵だ、彼女が棲んでいるのは[28]……

ウミガラスとキアオジの卵は彩色される際に、卵殻腺の中で激しく動き回るのではないか。両種の卵の一部に見られる模様を生み出すためには、卵はきわめて複雑な動きをするだけでなく、あらゆる方向へ動く必要もあるだろう。あるいは、卵が卵殻腺の中で回転するのではなくて、スプレーの方が動くのかもしれない。卵殻を自由自在に動き回りながら彩色する機構があるのだろうか？　または卵殻に色素が沈着しやすい部分（線状か、あるいはその他の形状で）があるのだろうか？　いずれもありそうもないが、現段階では先入観を持たずにあらゆる可能性に目を開いておく必要がある。

うまく行かないシステムを研究することで、多くのことが学べる場合もある。ラプトンが夢中になって収集したいくつかのタイプの中には、今ではニワトリの研究から彩色の欠陥だとわかっている斑紋もある。その一つは、ラプトンのような鳥卵コレクターがバンデッド（帯模様）と呼んだ斑紋で、淡色か無色の帯が卵の中央に見られるものだ。他の鳥もそうだと思われるが、ニワトリは卵殻に彩色が施されている最中に何らかのショックを受けると、卵にこうした帯が生じる。ウミガラスの卵に二～三センチ幅の帯が生じるということから考えると、彩色や模様づけは卵全体で同時に行なわれるのではなく、長軸に沿って順番に行なわれるようだ。

一方、リッカビーがノーズキャップと呼んだ斑紋は、通常とは反対に卵の鋭端が黒くなっているものだ。こうした模様の卵を産む個体は、黒い色を吹きつけるスプレーの配置が入れ替わっている可能性がある。あるいは、こうした卵は産卵の直前に回転し損ねたのかもしれない。産卵直前に卵を回転させないことが知られている鳥類種もいるからだ（第8章を参照）。もし、卵殻腺の一方の端に黒い色を吹きつける大口径ノズルのスプレーが備わっているために鈍端が黒くなるのならば、卵が回転し損なうと「反対側の」端が黒くなるというのは簡単に想像できることだ[29]。

鳥類のうちいくつかの種の卵に見られる複雑な模様の生成過程の解明は、今後の課題である。

第5章　卵の色——なぜ進化したのか？

これまでにこの問題を論じた人は多いが、色のついた卵のほとんどが保護色でないという理由を、どうあがいてもうまく説明できなくて困っているようだ。このような場合、ほとんど例外なく、卵が産卵されている巣自体がかなり目立つことも珍しくない。

W・P・パイクラフト『鳥類の歴史』（一九一〇年）

卵の色彩の進化に関する研究の草分けはダーウィンと思われるかもしれないが、実はアルフレッド・ラッセル・ウォレスなのだ。ウォレスは自然選択説をダーウィンとともに提唱したが、いつもダーウィンの後塵を拝していた。二〇一三年にウォレスの没後一〇〇周年を記念して、科学会議やテレビ番組でウォレスの功績を再評価する取り組みがなされた。それがどのくらい功を奏したかは定かでないが、少なくとも、ウォレスの知名度は以前よりは高まった。

ウォレスとダーウィンが自然選択説を提唱したことで、生物の世界を解き明かす斬新な方法がもたらされた。ダーウィンが初めて自然選択に気づいたのはビーグル号の調査航海を終えて帰国した一八三〇年代のことだが、自然選択説を提唱することを決意するまで、それから二〇年にわたりその影響を慎重に考えていた。一方、ウォレスが自然選択に思い至ったのはもっと遅く、一八五八年のことだった。

今ではよく知られているように、当時、インドネシアで動植物の調査・研究を行なっていたウォレスは、自然選択の着想をダーウィンに書簡で送った。大きなショックを受けたダーウィンは自分の先取権のことが非常に心配になり、親しくしていたチャールズ・ライエルとジョゼフ・フッカーに助言を求めた。二人はダーウィンが自然選択の問題に以前から熱心に取り組んでいたのを知っていたが、現状では、自然選択説を二人が共同発表するのが最も妥当だと判断した。そこで、一八五八年七月一日にロンドンのリンネ協会の会合で、ダーウィンの考えの概要とともにウォレスの論文を両方とも読み上げる手はずを整えた。

私どもがリンネ協会に提出する栄誉に浴した同封の論文はどちらも、変種、品種および種を生み出すことに関与する法則という共通のテーマを論じており、チャールズ・ダーウィン氏とアルフレッド・ウォレス氏の二人の博物学者がたゆまず取り組んできた研究の結果が述べられております(1)。

共同発表ではあったが、どちらの主役も出席しておらず、意見を述べる者もほとんどいなかった。読み上げられた論文の重要性を認識した参加者はほとんどいなかったようだ。しかし、ダーウィンにはそれが幸いした。一息つく時間がもたらされたからだ。ダーウィンはこれを契機にためらいを吹っ切ると、『種の起源』の執筆に取りかかった。そして、『種の起源』は翌年に出版された。
一方、ウォレスはダーウィンの影に隠れた存在で満足していたようで、残りの生涯で自然選択の規模と重要性の研究を行なった。ウォレスの研究対象は広範囲にわたり、数多くの研究結果や仮説を一〇冊にも及ぶ著書に著した。中でも興味をそそる著書は、ダーウィン没後七年経った一八八九年に出版された『ダーウィニズム』だろう。ちなみに、この書名はダーウィンに敬意を表してつけられたものだ。

ウォレスは自然選択の有効性についてはダーウィンと意見が一致していたが、ダーウィンの性選択という奇異な考えには異議を唱えていた。外見や行動が雌雄で異なっていることが多いという事実を不思議に思っていたダーウィンは、性選択という独創的な考えを思いついたのだ。つまり、派手な羽衣をしていると目立つので個体の生存率が低下するとしても、その羽衣がメスに好まれれば、繁殖成功度が高まってそれを相殺できる。その場合には、オスの鳥に派手な羽衣が進化しうるのだ。言い換えれば、派手な長い尾羽を持っているセイランのオスは捕食されやすくなるかもしれないが、その尾羽にメスがたまらない魅力を感じるのであれば、尾羽が地味なオスよりも多くの子孫を残せるのだ。進化的成功は子孫の数で測られるのである。

ダーウィンは性選択が働く仕組みを、メスの気を惹くためのオス同士による競争と、メスによるオスの選り好みという二つの過程で考えた。[2] ダーウィンはまた、性選択の出発点は、マガモなど多くの鳥のメスに見られるような地味な羽衣であり、多少でも目立つ色彩を備えたオスの繁殖成功度が高まっていったと考えていた。つまり、ダーウィンは性選択がオスの派手な羽衣を進化させたと考えたのだ。

しかし、ウォレスはそうは考えなかった。ダーウィンほど性選択を重視しなかっただけでなく、ダーウィンとは反対に、派手な羽衣が出発点にあり、徐々にメスの目立たない羽衣を進化させていったと考えたのだ。ウォレスとダーウィンの見解が異なったのは、ウォレスがオスの派手な色彩は、他のオスより生命力が強いことの証だと考えたからだ。ウォレスは、オスの鮮やかな色彩はこの強い生命力の副産物にすぎず、また抱卵中は目立たない羽衣の方が捕食者に見つかりにくいので、自然選択によって地味な隠蔽色の羽衣を備えたメスが進化したと考えていたのだ。

ウォレスは性選択について、「色彩や装飾は健康や生命力など、生存のための全般的な適応性と厳密に相関していると考えないかぎり、観察されている事実を説明できない[3]」と述べている。

ウォレスとダーウィンは性選択と派手な色彩の進化について、長年にわたり紳士的な論争を行なった。ダーウィン説が後に一般の認めるところとなったが、ウォレスもいくつか重要な発見をしている[4]。

一例を挙げると、芋虫の色彩に関する発見だ。芋虫の色彩はダーウィンにとって、頭の痛い難問だった。芋虫はたいてい派手な色彩をしているが、成虫の蝶や蛾にならなければ繁殖できないので、派手な色彩が性選択で進化したはずはないとダーウィン自身も認識していたからだ。ウォレスは一部の芋虫に見られる派手な色彩は味が悪いことを捕食者の鳥に知らせて、捕食から身を守るために進化したと述べているが、この推測は的を射ていたのである[5]。

また、ウォレスは鳥卵の色彩の謎にも取り組んでいる。ダーウィンは、祖父のエラズマス・ダーウィンが自著の『ズーノミア』の中で鳥卵の色彩について論じていたにもかかわらず、この問題を考察していなかった[6]。卵の色の謎とは、「目立つ色をした卵はよく見られるが、なぜそうした色が適応的なのか？」という点であり、ウォレスがこの問題を詳細に検討したところ、「卵の色には捕食者から卵を保護する機能がある」というエラズマス・ダーウィンが示唆した説も含めて、いくつかのタイプがあるのが見えてきた。ウォレスによると、まず卵は二つのグループに分けることができる。白色や基本的に色のついていない卵と、色のついた卵だ。卵殻の主成分は炭酸カルシウム（ウォレスは炭酸石灰と呼んでいた）で白色なので、祖先の爬虫類の卵と同じように、「原始的な」鳥卵の色も白だったはずだ[7]。さらにウォレスは、フクロウの仲間、カワセミ、ハチクイ、キツツキ、キヌバネドリのように、外から見えない場所に産卵する鳥の卵はどれも白いことを指摘した。そして、卵が外から見えず、したがって自然選択の圧力を受けない状況の下では、白い卵が不利になることはないので、祖先と同様に色のついていない状態が維持されてきたのだという説を提唱している。樹洞営巣と白い卵の関連を指摘したのはウォレスと思われがちだが、私の知るかぎり、この関連性に最初に言及したのはヒューイットソンなので、ウォレスはその指摘から着想を得たのではないかと考えている[8]。

白い卵に関するウォレスの説明には、卵が見える場所では、卵に色がついている方が適応的であるという含みがある。だが、ウォレスはそのことを論じる前に、自分が提唱した説と食い違う、覆いのない巣で白い卵を産む鳥の問題に対処しておかねばならなかった。コミミズクや数種のハトやヨタカの仲間は覆いのない巣で繁殖し、白い卵を産むが、産卵後は親鳥が巣を離れることがほとんどない上に、親鳥自身が保護色をしているので、卵は捕食者から安全に守られているのだとウォレスは述べている。理にかなっているように思えるが、それでも稀とはいえ、親鳥が巣を空けることになったときには、卵が隠蔽色をしていた方が適応的なのではないか（もちろん、白い卵は適応的な利点がないという前提に立っての話だが）。この問題は後ほどまた検討することにする。

さらにウォレスは、「一方、色や斑点がふんだんについている卵が数多く見られる。そうした色彩や模様の多くは明らかに卵の保護に役立っているのだが、そこには説明するのがさらに難しい問題が潜んでいる」と述べた上で、コアジサシやハジロコチドリなど、産卵場所の小石にそっくりな卵を産み、カラスやキツネのような捕食者の目を欺いている鳥類種をいくつも挙げている。

ウォレスは、派手な目立つ色彩をしているのに捕食される危険性がない（とウォレスには考えられる）という点で、正反対の事例としてウミガラスの卵を挙げ、このように述べている。

ウミガラスの卵に見られる色彩や模様が並外れて多様なのは、ウミガラスが営巣している切り立った断崖が天敵を寄せつけないからだろう。……卵の色が目立つようになり、斑点模様が並外れて多種多様になったのは、選択圧がかからなかったせいで、個体変異が思う存分に威力を発揮できたからだろう。(9)

つまり、ウミガラスの卵は選択圧にさらされていないので、色彩に現在見られるような並外れた多様性を進化させることができたとウォレスは考えたのだ。「思う存分に」と表現しているのは、ウォレスが羽衣と同様に卵の色彩も「生命力」で決まり、さまざまな種が生み出す卵の色は生命力のちょっとした副産物なので、ハジロコチドリやコアジサシほどの捕食圧がかからないときには、色彩は自由にふるまって多彩になると考えていたからだ。ここでのウォレスの自然選択に対する見方は、親が見ているところではおとなしくしているが、目の届かないところではしゃぎまわる子供を彷彿させる。ウォレスは非凡な才能の持ち主ではあったが、これから見ていくように、こうした自然選択に対する見方は誤っていた。また、樹洞で営巣する鳥の卵が白いのは選択圧がかからないからだという考えも誤りだった。さらに、ウミガラスの繁殖地には捕食者がいないので、卵に自然選択が働いていないという考えも誤りであることが後に示された。自然選択が働かないと、色のついていない卵が進化する場合と、色彩豊かな卵が進化する場合があるとウォレスは考えたのだが、私にはウォレスが鳥卵学上の相反する難問を一刀両断に解決したかったように思える。少なくとも、ウミガラスの方が樹洞で営巣する鳥よりも生命力があると論じることができたのに、ウォレスはそうしていない。

科学者以外の人にとって（科学者の中にも多少はいるが）、自然選択という概念が大変わかりにくいのは、一つにはそれが働くところを見ることが難しいからである。たとえば、前の章で紹介したJ・アーサー・トムソンは、一九二〇年代に白い卵に関するウォレスの説を再検討して、以下のように記している。

> 白い卵の問題を深く考察すると、卵殻に色素がないのは爬虫類で見られるように原始的特徴であり、いまだに白い卵を産む鳥類は、隠蔽された場所で営巣したり、しっかり覆われた巣を作る必要があったといえるだろう。[10]

自然選択と遺伝学の「現代的総合」がまだなされていなかった一九二〇年代には、生物学的現象を説明するために、このような進化論的な見方を用いるのが普通だった。しかし、トムソンの考察は現代の基準から見ると、少しばかり筋が通っていないように思える。卵の色彩は「固定」されているが、営巣場所の選択はそうではないという前提に立っているのだ。つまり、営巣場所の選択の方が卵の色彩よりも自然選択の影響を受けやすいということを前提としているのである。現在では、このような前提を設けることはないだろう。

現在では、自然選択が働く対象は卵の色彩などの変異だということと、こうした変異は遺伝子にコードされているはずだということがわかっている（そうでないと、進化による変化はありえない）。さらに、遺伝子に生じた突然変異の結果として、変異（個体間の形質の差異）が生まれることもわかっている。現在なら、トムソンは白い卵に関する先の考察を、（1）卵の色は自然選択が働く対象だが、いくつかの鳥類種では、卵の色に差異を引き起こす遺伝子の突然変異がまったく生じなかった可能性がある、（2）そうした種では卵の色の代わりに、隠蔽度の高い営巣場所の選択、隠蔽色をした成鳥の羽衣、親鳥による巣の防衛行動の強化といった他の形質が自然選択によって進化したはずだ、と言い換えるだろう。

白い卵と隠蔽された営巣場所の関係に関する仮説はいくつも唱えられている。たとえば、一八八〇年代にアレクサンダー・モリソン・マッカルドウィーは、卵殻の色素は太陽光線から発生中の胚を守る役割を果たしているので、暗い樹洞で営巣する鳥には不要なのだという説を提唱している[11]。

ウォレスが指摘しているように、初期の鳥類は祖先の爬虫類と同様に、無地の白い卵を産んでいたと思われる。爬虫類は卵を地中や穴、植物の下などに隠すので、捕食者や太陽光線から比較的安全に守られており、卵に彩色を施す必要がないのである。鳥類が進化して、さまざまな営巣場所を利用するようになると、当然のことながら日光にさらされるようになり、したがって捕食者に狙われやすくなっただろう。そのような状況では、エラズマス・ダーウィンとウォレスが指摘しているように、茶色い卵や斑紋のある卵の方が目立たないので、捕食される危険も少ないと考えるのが理にかなっているだろう。

彩色や模様が施された卵の方が無地の白い卵よりも捕食される危険が少ないというウォレスの仮説を検証するには、二つの方法がある。さまざまな生息環境で産卵された卵の色彩を比較して、一般的な傾向が見つかるかどうかを確認する方法[12]と、実験による方法だ。最もわかりやすいのは、卵の色を塗り替えて、捕食される頻度が高まるかどうかを確かめるという実験である。そうした実験はくり返し行なわれており、たいていは鶏卵を白色か隠蔽色かのどちらかに塗って、捕食されやすい人工巣に入れておき、観察して捕食率を調べるというものだ。こうした実験はやる前から結果がわかっているようなもので、行なうまでもないと思えるかもしれない。だが、何度も行なわれてきたにもかかわらず、こうした実験からはウォレスの仮説を裏付ける結果がほとんど得られていないのだ。ほとんどの実験結果が、白い卵の方が捕食されやすいわけではないことを示している。この結果は、ウォレスが間違っていたことを意味するのだろうか？　おそらくそうだろうが、実験の方が間違っていた可能性も否定できない。たとえば、実験で色を塗った卵は外見だけでなく、匂いも自然の卵とは異なっていた可能性があるので、主に嗅覚で獲物を探す哺乳類の捕食者は実験卵に惹きつけられたのかもしれないのだ。また、鳥類の視覚は人間とは異なるので、研究者が細心の注意を払って隠蔽色を塗っても、カラスやカササギのような鳥類の捕食者にはたいして効果がなかった可能性もある。さらに、こうした実験の多くでは色を塗った卵は人工巣に置かれたが、人工巣そのものが目立っていた可能性も考えられる。

卵の色には捕食される危険を少なくする効果があると考えたい者にとって、茶色い巣の中で（少なくとも人間の目には）際立って見えるウタツグミやコマツグミの卵のような青い卵は常に問題だった。エラズマス・ダーウィンは、「小枝細工の巣」と呼んだ巣の中にある青い卵は、下から見上げると巣の隙間から青い空を背景にして目立たなくなるので、青い色は隠蔽色になると思われると述べているが、この考察には事実の誤認や想定の誤りがある。たとえば、ウタツグミやコマツグミのような種は巣の中に泥を敷きつめるので、見上げても巣の隙間から卵が透けて見えることはない。また、主な捕食者は下から巣を見上げて狙うものと決めてかかっている。

卵の色彩に関する進化論的な説明は、カムフラージュ（隠蔽）や目立たせるため、托卵されるのを回避するため、個体識別するためという三つのカテゴリーに大別することができるので、一つずつ検討していくことにしよう。

卵の色模様はカムフラージュのためか？

サンドイッチアジサシの群れが大騒ぎしている砂利の浜辺を歩いたことがある人ならば、砂利にそっくりなアジサシの卵を踏みつけないようにすることがいかに難しいかわかるだろう。足の下で卵が割れてしまうあの嫌な感覚を経験する不運に見舞われたことがあるかもしれない。アジサシやシギ・チドリの仲間やウズラのように地上で営巣する鳥の卵は見事なカムフラージュが施されているので、誤って踏み潰してしまうことは残念ながらよくあるのだ。卵が背景にそっくりになったのは、何世代にもわたり自然選択が働いた結果だということは想像に難くない。背景に似ていない卵は捕食者に気づかれて食べられてしまうので、そうした卵を作り出した遺伝子は次の世代に引き継がれることなく姿を消してしまうからだ。同じ現象がオオシモフリエダシャク（*Biston betularia*）という蛾でも起きており、自然選択が働いている事例として有名だ。産業革命がもたらした大気汚染で樹木が黒ずんだために、暗色型のオオシモフリエダシャクの方が捕食者の鳥に見つかりにくくなり、生存率が高まった結果、白色型より個体数が増えたのだ。その後に行なわれたオオシモフリエダシャクや他の蛾の研究で、カムフラージュの重要な別の側面が明らかになった。つまり、自然選択によって、世代を経るにつれてカムフラージュが洗練されていっただけでなく、カムフラージュ効果が最大になる場所に留まる個体の方が、自然選択が有利に働いたこともわかったのだ[13]。アジサシやシギ・チドリの仲間のような鳥も、カムフラージュの効果が最大になる場所を営巣地に選んでいるのだろうか？　ウズラの卵ははっきりした斑紋に覆われているものが多いことは紹介した通りだが、メスは自分の卵の色模様を「知っていて」、その色模様にいちばんよく似た場所を営巣場所に選ぶらしいことが最近の研究でわかってきた。こうした行動によりカムフラージュの効果は飛躍的に高まるが、メスは自分が産む卵の色模様をどうやって知るのかという肝心な問題はまだ解明されていない。初めての繁殖の際に学習するのだろうか？　それとも、こうした知識は生得的なもので、卵の色模様と似た営巣場所を本能的に選ぶのだろうか？[14]

暗い樹洞で繁殖する鳥の卵についている斑紋は何のためなのだろうか？　実は、その答えを見つけたと考えている研究チームがいる。この研究チームは、ポルフィリンを主成分とする色素斑が卵殻の薄い部位に集中していることに気づいた。そして、色素斑がその部位に集中しているのは、卵殻の薄い部位はカルシウムの含有量が少ないので、それを補って卵殻の強度を高めるためなのではないかと推測している。しかし、他の研究者が行なったその後の研究では、この推測を裏付ける結果は得られていない。暗い営巣場所で繁殖する鳥の卵に見られる斑紋の役目は、いまだに闇の中だ。[15]

一方、派手な色彩は目立つために進化したという説がある。この説が初めて提唱されたのは一九〇〇年代の初頭で、提唱者のチャールズ・スウィナートンは熱心な卵コレクターであり、卵の色彩に関するウォレスの説にはおおむね異議を唱えていた。スウィナートンは、派手な色の卵は不味いので、有毒な昆虫と同様に、捕食者の目を引いて避けてもらえるように進化したのではないかと推測した。スウィナートンはこの推測を検証するために、さまざまな鳥の卵をネズミ、ガラゴ（小型のサルの一種）、ハイイロマングースといった飼い馴らした哺乳類の捕食者に与えてみた。さらに、被験者として人間にも卵を試食してもらい、味に関して意見を聞いた。スウィナートンと書簡をやり取りしていたH・M・ウォリス氏は、コレクションの卵を保存するために、通常は中身を吹いて取り除くが、ときには中身を吸い取ることがあり、そうしたときは卵によって味が著しく異なることに気づいたと述べて、「たとえば、ヨーロッパコマドリやサヨナキドリ、ツバメはひどい味だが、ヒメヨシゴイの白い卵はクリームのように甘くてまろやかだ」と記している。スウィナートンの人に馴れたマングースも特定の卵を旨いと思ったようで、ヨーロッパカヤクグリやクロウタドリの青い卵はむさぼるように食べたが、ミソサザイやシジュウカラの白い卵には手をつけなかった。

スウィナートンは鋭い観察眼の持ち主で、感心なことに、目立つ色をした卵は不味いという自説の正しさを証明することではなく、検証することに熱心に取り組んだのである。聡明なスウィナートンは数多く行なった実験の限界も認識していたので、最終的に卵の色彩と味を結びつける証拠はほとんど得られなかったという結論を出した[16]。

スウィナートンが自説を否定する結論を出しているにもかかわらず、その三〇年後の一九四〇年代に、ヒュー・コットという動物学者が派手な色の卵は不味いという説を蒸し返した。卵と鳥肉の両方について、派手な色と味とを関連づけようとして必死だったが、気の毒なことに、実験の下手なコットは情熱に振り回されて、判断力を失ってしまったのだ。一九四〇年代には、科学実験の方法も、「証拠」とみなされたものも現代とは異なっていたとはいえ、コットが行なった鳥肉の旨さ（卵ではない）の研究には欠陥があり、後に誤りだったことが明らかにされた。コットは卵についても、派手な色の卵は隠蔽色の卵よりも不味いという結論に達したが、この研究にも欠陥があった。実験では、軽く調理したさまざまな鳥類種のスクランブルエッグを人間の被験者に試食してもらったのだ。しかし、調理した卵を食べたことのある捕食者がいるとでもいうのだろうか？　クロウタドリの青い卵も含めて、スズメ目の卵はどれも隠蔽色をしていると考えていた点など、コットの研究には他にも方法論上の問題があった。結局、ほとんどの研究で卵殻の目立つ色彩が不味さを示しているという証拠は得られていないのである[17]。

自然選択の働きは、特に選択の対象がはっきりしない場合には、謎めいて見えることがある。選択の対象については想像をほしいままにどんな仮説でも作れるので、卵の色模様の適応的意義のような問題に取り組んでいる研究者（たいていは行動生態学者）は、想像力に富んだ説を提唱するのを誇りにしている。目立つ色模様をした卵を説明するそうした仮説は、これまでに三つ提唱されている。

一つは、「脅迫（ブラックメール）仮説」と呼ばれる説で、オス親を脅して子育てに協力させる（抱卵の分担や、抱卵しているメスへの給餌をさせる）ためだというものだ。つまり、目立つ色の卵は巣の中に放置された場合、捕食者を惹きつけて捕食され、繁殖に失敗する可能性が高まる。そうした事態を回避するには、オスも抱卵や抱卵中のメスに給餌を行なわざるを得なくなる。そこで、メスは派手な卵を進化させたというわけである。そんなものだろうか？

二つ目は、卵の派手な色彩はメスの資質を映す鏡なので、卵の色が派手なほど、オスはそのメスとその卵に献身的になるという説だ。具体的にいうと、抗酸化作用のあることが知られているビリベルジンの含有量は、メスとおそらくその子孫の資質を示す指標となるので、ビリベルジンの含有量が多い色の卵を産めるメスほど、つがい相手のオスから尽くしてもらえるだろうというものだ。ニワトリはストレスを受けたり、病気にかかったりすると、色素の少ない卵を産むことがつとに知られているので、この説は理にかなっていなくはない。[18] 興味深いことに、マダラヒタキの研究で、この仮説が唱えている両方の点を裏付ける証拠が得られている。つまり、資質の良い（すなわち、健康状態の良い）メスの方が青みの強い卵を産み、鮮やかな卵を産むメスの方がつがい相手から尽くしてもらっているのである。[19] しかし、マダラヒタキのような樹洞で営巣する鳥の卵の色が、巣の中でどのくらいわかるのかと、この説に疑問を呈している研究者もいる。[20] 一方、覆いのない椀形の巣で繁殖するコマツグミを対象に、それぞれの巣に産卵された卵を人工卵（薄い青か、鮮やかな青のもの）に入れ替え、抱卵期間の最後にヒナをランダムに入れて、各巣のオス親がヒナに運んできた食物量を比較する実験を行なった。その結果、ヒナに対する給餌量は、色鮮やかな卵のある巣の方が色の薄い卵のある巣よりも多かったという結果が出ている。[21] 両者の研究結果はこの仮説を裏付ける明らかな証拠を示しているように思われるが、結論を出すには時期尚早だ。さらに多くの種で検証する必要があるし、いかなる研究でも、再現されるまでは結果に真の信頼は置けないからだ。

三つ目は、派手な色彩の卵や、特に覆いのない巣で地上営巣する種の白い卵は、太陽の日射や紫外線を防ぐので適応的だという説だ。実験の結果、少なくとも太陽の日射は問題になることが裏付けられている。一九七〇年代にニワトリの卵を黄土色に、ワライカモメの卵を白く塗り、午後の日差しにさらしておく実験が行なわれたところ、黄土色に塗られた鶏卵の内部温度は、白く塗られたワライカモメの卵よりも三度高くなっていたのだ。さらに、ダチョウの卵でも似たような実験が行なわれ、同じような結果が得られている。ダチョウの卵は本来は白またはクリーム色をしているが、その卵をクレヨンで茶色に塗り、ケニヤの日差しにさらしておいたところ、茶色に塗った卵は白い卵よりも三・六度高くなり、内部の平均温度は四三・四度に達していた。ちなみに、この内部温度は胚が生存できる限界温度（四二・二度）を超えている。[22] そうならば、なぜワライカモメの卵は黄土色をしていて、ダチョウの卵は白いのかと、疑問に思うのではないだろうか。それは、ワライカモメが繁殖している地域は、日中の気温がケニヤほど高くならないからである。さらに、ワライカモメの卵はカラスやワタリガラスに捕食されやすいので、親鳥が抱卵の途中で巣を離れるようなことはめったにしないために、卵が日射にさらされることもほとんどない。そこで、日射による温度上昇の対策よりも捕食を防ぐ方が優先され、暗い隠蔽色の卵が進化したのだ。一方、ダチョウは抱卵の途中で巣を離れることがよくあるが、捕食される危険があるのは親鳥が簡単に追い払うことができるエジプトハゲワシだけなので、捕食よりも日射にさらされた卵の温度上昇を防ぐ方が優先され、卵は目立つが淡い色になったのである。ここで、捕食と熱ストレスはトレードオフの関係にあり、どちらかを犠牲にせざるを得ない。ワライカモメの場合は捕食対策が優先され、ダチョウでは熱ストレス対策が優先された結果、現在の卵の色になっていると考えられる。

卵の色模様は托卵を防ぐためか？

卵の色を説明する二つ目の仮説は、托卵されるのを防ぐためというものだ。カッコウのような托卵鳥はどのようにして、宿主の卵にそっくりな卵を進化させたのだろうか？　カッコウのメスが宿主の卵を見て、その色や模様を記憶し、それが子宮に送られて、産卵しようとしている卵の表面に複写されると昔は考えられていた。複写機やスキャナーにはできるが、カッコウには無理だろう。この俗説を信じている人もいたが、卵のコレクターや鳥類学者の中にはそのような人はほとんどいなかった。カッコウのメスはそれぞれ常に決まった色の卵を産み、色を変えることはしない（というより、できない）ことを知っていたからだ。[23]

そうならば、宿主の卵と似ているのはどうしてだろうか？　諸説があるが、その一つに、カッコウは自分の卵に似た卵を産む宿主を探し出すからだという説がある。この説を検討するために、カッコウを離れて、あまり馴染みはないかもしれないが、カッコウハタオリという托卵鳥に目を向けてみよう。

気温は四〇度に上り、暑くて息苦しいほどだ。あたりには草いきれが満ちている。私がロンドンから乗った飛行機を降りたのはその日の朝方で、今、ザンビアのチョマにいる。托卵鳥の研究をしている同僚のクレア・スポッティスウッドを訪ねてきたのだ。私たちは買い物をすませると、未舗装の道路を通って町外れのみすぼらしい地域を抜け、私には未開の奥地（ブッシュ）のように見えるが、現地の人は農地と呼ぶ場所へ向かう。数キロほど行くと、ジョン・コールブルック＝ロブジェント少佐という元英国人のタバコ農場に着いた。そこで働く黒人たちは、「コンパウンド」と呼ばれる地域に、小さな土の小屋や、わずかだが自家製の煉瓦の小屋を立て、最低の生活環境の下で暮らしている。以前にもここを訪れ、男たちに会ったことはある（でも妻たちにはほとんど会ったことがない）が、その仕草や身なりが人によって著しく異なることには来るたびに驚かされる。ディナーに招きたいと思うような人物もいれば、顔見知りでなければ日中でも避けたいと思うような人物もいる。この男たちは巣探しの名人なのだ。少佐とクレアのために、鳥の巣を（とても効率よく）見つけ出すのである。少佐は托卵鳥の卵を収集して、丹念にコレクションの目録を作っており、クレアは研究のために少佐のコレクションを調査している。

少佐は二〇〇八年に妻のロイスを後に残して七二歳で死去したが、私はロイスに会ったことがなかった。その日、私たちが到着したときロイスは庭にいて、遠くから見るととても若く見えたので驚いた。しかし、それは遠目にそう見えただけのことで、近くで見ると、ロイスが金髪のかつらをつけていたことがわかった。それはロイスの大量の装身具コレクションのうちの一品である。次に会ったときにはかつらをつけていなかったので、年相応に見えた。

一九三〇年代にロンドンで育った少佐は、当時の人たちの例にもれず、若いころは卵の収集に熱を上げていた。少年時代の趣味が嵩じて執念のようになり、少佐は「二〇世紀屈指の鳥卵コレクター」になった。[24] 学校を出ると陸軍に入り、いくつかの部隊に配属された後、一九六三年にアフリカへ転属になった。一九六九年に退役すると、農業の経験があったわけではなかったが、ザンビアに落ち着き、タバコ農場を始めることにしたのだ。

農業への興味はじきに鳥に対する情熱に取って代わられ、ロブジェントは農場の少年たちに巣探しや剝製の製作、標本のラベル貼りを教え込んだ。一〇歳から仕込まれて、長じて達人の域に達したラザロ・ハムシキリは、なくてはならない存在であったが、お荷物にもなった。ラザロは成功報酬を現金でもらっていたので、大人になるともらったお金は酒に使ってしまい、何日も姿を現さなくなることがよくあったのだ。私がラザロに初めて会ったのは二〇〇八年にロブジェントが死去したすぐ後だったが、そのときラザロは四十代前半だった。

ロイスはクレアと私を家に招き入れ、亡き夫のコレクションが保管されているキャビネットを見せてくれた。卵は膨大な数に上ったが、その後、大英自然史博物館トリング館で見ることになったラプトンのウミガラスの卵とは対照的に、几帳面にラベルがつけられていた。

ロブジェントは家からほど遠からぬブッシュに葬られたが、その評判は太陽の位置によって向きを変える彗星の尾のように揺らめいていた。一方から見れば、ロブジェントは成功者ともいえるし、ただの犯罪者にすぎないともいえる。どちらに見えるかは、見る人の見方によるのだ。卵に対するロブジェントの収集欲は、鳥類学者や環境保護活動家の間に知れ渡っていた。実際、ロブジェントは一九八八年一〇月六日の日記に次のように記している。「汚職防止委員会の副委員長が率いる一団が今朝、うちに『訪問』にきた。委員会の職員四名にリヴィングストン博物館の学芸員二名、国立公園野生生物局の係官二名だ。……ファイルや手紙、記録簿、リスト、日記が……押収された」。熱心な自然保護活動家の内報によって、ロブジェントは所有免許証や許可証なしに卵を所有していた罪で、ザンビア野生生物管理局から告発されたのだ。裁判はその年の一二月二二日にチョマで開かれた。日記に記されているように、大勢の地元住民やロブジェントの友人が公判を傍聴し、友人の一人は罰金刑が下ったときのために札束まで用意していた。「すばらしい友情の意思表示だ」と日記に記されている。公判は一一時に始まり、一二時半には終わった。ザンビアの鳥類学に対する少佐の功績について数人が証言した後、判事は「法廷に向かって、私の研究は鳥類学やとりわけザンビアやザンビアの人々に大いに役に立っていると考えられるし、私がザンビアの子供たちや子供たちのその子供たちのためになる有益な仕事をしていると述べた。……私は無条件の釈放を与えられ、放免された」。さらに、判事は野生生物管理局に対して、ロブジェントに「収集許可証を交付して……あらゆる便宜を図るように」と述べた。

しかし、理由は不明だが、許可証が交付されることはなかった[25]。

ロブジェントが丹念に目録を作成した卵や剝製のコレクションは大英自然史博物館にも知られてお

り、ロブジェントの死後、トリング館に移す手はずが整えられた。ザンビアは一九六四年に独立したが英国の旧植民地なので、両国政府の友好的関係から、必要なのは事務処理程度で、移管作業は円滑に進むだろうと思われていた。しかし、そうは問屋が卸さなかった。公判の後で、野生生物管理局が必要な許可証をロブジェントに交付しなかったことが災いして、いまだにロブジェントのコレクションを英国に移す目処が立っていないのである。今にして思えば、ロブジェントの死の直後にトリング館で卵を研究しているダグラス・ラッセル学芸員がザンビアに赴いて、コレクションの目録を作成して梱包し、紛失しないように別の農場へ移しておいたのは幸いだった。数年後にクレアと私が一緒にザンビアを再び訪れたときは、ロイスはすでに亡くなっており、屋敷は施錠されて一応見張りがついてはいたものの、家の中はすっかり荒らされてしまっていたからだ。卵の収集に対する見方は人それぞれだろうが、ロブジェントのメモ帳や他の所持品の多くが、生前住んでいた自宅の床に埃にまみれて散らばっていたり、失われてしまったりしたのは悲しむべきことだと思える。ラプトンのウミガラスのコレクションでは、データカードがないために、卵とデータとの関連が失われていたが、それと同じように、歴史の重要な一部が失われてしまった[26]。

ロブジェントは托卵鳥とその宿主、とりわけ、マミハウチワドリやアカガオセッカなど、ごくありふれた茶色い小鳥の数種を主な宿主にしているカッコウハタオリに強い興味を持っていた。カッコウハタオリは托卵性ハタオリドリとしても知られており、オスはサフランのような美しい黄色をしているが、メスはハタオリドリ類の例にもれず、まだら模様のある地味な茶色である。アノマロスピザという学名が示す通り、「奇妙なフィンチ」である[27]。

ロブジェントがカッコウハタオリに惹かれたのは、カッコウハタオリの卵と宿主のマミハウチワドリの卵の色模様が並外れて多様なだけでなく、同じ巣に産卵された両種の卵が見まがうばかりに似ているからだった。托卵鳥と宿主の卵がそっくりなことは、世代を超えて鳥卵コレクターを虜にしてきた。こうしたコレクターの中で最も有名というか、悪名高いのは、裕福な英国人実業家のエドガー・チャンスだろう。チャンスは二〇世紀初頭に、一六〇〇個にも上るカッコウの卵と托卵された宿主の卵を収集したのだ。チャンスは違法な卵のいかがわしい取引に関わったために、鳥類学の世界で村八分にされていたが、洞察に満ちた観察を行ない、重要な著書を二冊著して、カッコウの生態に関する理解を深めることに大きく貢献した。[28]

ロブジェントは自分が収集したコレクションから、カッコウハタオリのメスには異なる「タイプ」があり、各タイプのメスはそれぞれ特定のタイプの卵を産み、特定の種の宿主（マミハウチワドリかアカガオセッカのどちらか）の巣だけに托卵していることを知っていた。[29]

ロブジェントはとうとうカッコウハタオリに関する著書を書かずじまいになった。しかし、亡くなる前にロブジェントを訪ねてコレクションを見せてもらったクレアには、カッコウハタオリの個体数が予想していたよりもはるかに多いと考えられるので、ロブジェントが雇っている巣探し名人たちの助けを借りれば、研究は十分に可能だと思えた。カッコウハタオリに夢中になったクレアは、それから数年の間、少佐の農場で巣探し男を雇って研究を行ない、目覚ましい業績をあげたのだ。

マミハウチワドリのような宿主はカッコウハタオリに托卵されると、カッコウハタオリのヒナを育てることに忙殺されて、自分のヒナは一羽も育てられない。カッコウハタオリのメスは、たいてい宿主が一腹卵（二〜四個）を産み終わる前に、自分の卵を一つ托卵する。カッコウハタオリの卵は宿主の卵よりも一日か二日早く孵化して、宿主が運んでくる食物を独り占めするので、宿主のヒナは孵化してもすぐに餓死してしまう。進化的に見れば、カッコウハタオリに托卵されたマミハウチワドリは文字通り完敗だ。したがって、宿主がカッコウハタオリの卵を識別して巣から放り出すことができれば、そうした能力のない個体より繁殖成功度が飛躍的に高くなるはずだ。しかし、マミハウチワドリのような宿主が托卵された卵を識別して放り出せるようになればなるほど、カッコウハタオリにかかる選択圧が強まり、カッコウハタオリは宿主に識別できない卵を産むようになる。つまり、卵を識別して排除するという宿主の托卵防止力のせいで、カッコウハタオリのような托卵鳥の卵は宿主とますますそっくりになっていったのである。

これは軍拡競争になぞらえることができる。宿主が卵の識別と排除に長けてくればくるほど、カッコウハタオリは宿主の目を欺くような卵を産む必要性が高まる。宿主の卵の多様性が増すのは、こうした軍拡競争の結果の一つであり、マミハウチワドリの卵がまさにそうなのだ。マミハウチワドリのメスはそれぞれ異なる地色の卵を産み、その色は淡い青やオリーブブラウンからキツネ色がかった赤まで多岐にわたっている。その上に黄土色や黒、赤の斑点や曲線模様が施されていることもある。

クレアが野外調査を始めると、カッコウハタオリとマミハウチワドリの軍拡競争を裏付ける証拠が出てきた。クレアが見つけたカッコウハタオリの卵は地色が青いものが多かったが、一九八〇年代に同じ場所で収集されたロブジェントのコレクションの卵は、大部分が赤い地色をしているのだ。何かしらの変化が起きたように思える。

クレアが行なった綿密な分析の結果、わずか四〇年の間にカッコウハタオリの卵の色が変わっただけでなく、宿主の卵の色も変わっていたことが明らかになった。両者の卵の色は、ほぼ並行して変化していたのだ。宿主が極端な色彩の卵を進化させると、カッコウハタオリもその後を追って、卵の色を変化させているようだった。「マミハウチワドリの卵に多く見られる色彩と模様が托卵防止効果を発揮できるのは、カッコウハタオリが宿主の卵にそっくりな卵を産めるようになるまでの間だけだとすると、この分析結果は納得できる。追いつかれた時点で、カッコウハタオリの卵を目立たせるような斬新な色彩や模様の卵を産むマミハウチワドリのメスが現れれば、自然選択はそうした個体に有利に働き始めると思われる[30]」とクレアは述べている。宿主と寄生者の間に見られる共進化的軍拡競争の事例として、これに勝るものを見出すのは難しいだろう。

色彩や模様の変異が並外れて大きいマミハウチワドリの卵は、ウミガラスの卵のミニチュア版といえる。両種の卵にこれほど変異が大きいのは厳しい選択圧があったからである。そうした選択圧をもたらした原因は、マミハウチワドリでは托卵だが、ウミガラスの場合は個体識別なのだ。

卵の色模様は個体識別のためか？

ウォレスは、ウミガラスの卵に鮮やかな色彩や手の込んだ模様があるのは、ウミガラスが持つ生命力のおかげだと考えた。私はその説は好きだし、ウミガラスが活気にあふれているのは確かで、大好きな鳥である理由でもあるのだが、残念ながら、ウミガラスが見事な卵を産むのは生命力にあふれているからではない。

ウミガラスは卵の色模様の変異が桁外れに大きいおかげで、自分の卵を見分けられるのではないかと提唱したのは、一七〇〇年代後半のトマス・ペナントが初めてのようである。ペナントの説はもちろん推測の域を出ていないし、そう推測した根拠も示されていない[31]。それから一世紀経った一八七八年に、銀行家でアマチュア鳥学者のジョン・ガーニーがフランバラで行なった卵の採集について記し、その中でレング氏という人物から似たようなことを聞いたと述べている。「(レング氏は)ウミガラスは自分の卵を見分けていると断言しているが、私(ガーニー)も同感である。そうでなければ、あれほど多様な模様は何のためについているのか[32]?」

一八八〇年代にヘンリー・ドレッサーが著した『ヨーロッパの鳥類史』という複数巻からなる大著の中にもっとくわしい記述が出てくる。それによると、グレイ氏は「アルサ・クレイグ島の楽しい話の中で、……『あれほど多くの卵がひしめき合っている繁殖地で、自分の卵を見分けることができるのは、色模様の多様性がきわめて豊かだからではないか』と穿(うが)ったことを述べているが、その後、雨天のときには卵が汚れるので、その可能性は疑わしいと前言を翻している[33]」。つまり、卵の色模様が多様だと、自分の卵を見分けて世話をすることができるので、色模様の変異は密集した繁殖に対する適応であると、グレイ氏は考えているのである。

科学の進歩は、仮説を検証することで成し遂げられる。その手段に実験を用いることが多いが、その結果、仮説を裏付ける証拠が得られる場合もあるし、得られない場合もある。すでに紹介したが、ビート・チャンスは一九五〇年代の後半にこの仮説を検証するために実験を行なっている。

読者のみなさんならば、どのような実験を行なうだろうか? たとえば、岩棚へ取りついて、抱卵しているウミガラスを脅かして飛び去らせ、別の色の卵と取り換えて、戻ってきた親鳥がそれを受け入れるかどうかを確認するという実験が考えられる。実際に、一九五〇年代にレスリー・タックというウミガラス好きのカナダ人が、カナダ野生生物局の委託を受けてファンク島でこの実験を行なっている。その結果、「ウミガラスは営巣地へ戻ってくると、すり替えられた卵を拒むことなく、同じ場所で再び抱卵を続けた」ことが明らかになった。タックはこの単純な実験結果から、色模様の変異は個体識別とは関係がなく、色模様はカムフラージュの役目を果たしているという結論を出している[34]。

タックの実験はあまりに単純すぎる。鳥類に関して生物学的に適切な実験を計画するためには、実験対象の鳥類の生態に関する知識や常識が必要になる。読者のみなさんがウミガラスになったと思ってほしい。誰かがやってきて、抱卵しているあなたを脅かして追い払ったとする。あなたは海の方へ飛び出し、大きく旋回してから卵を置いてきた営巣場所へ戻ってくる。そこには卵が一つあるが、元の卵とは違うようだ。あなたには、その卵を受け入れて抱卵を続けるか、あるいは抱卵を放棄するか、二つの選択肢がある。放棄すれば、その年の繁殖成功率はゼロ、つまり繁殖できないことになるが、受け入れれば、見かけが多少は異なっていても自分の卵である可能性もあるので、繁殖成功率はゼロより大きくなり、うまく行けば子孫を残せるかもしれない。何といっても卵は正しい場所にあったわけだし、泥をかぶって見た目が変わることもあるわけだから、総合的に判断すると受け入れる方が妥当な選択といえるのではないか。

タックが行なった実験の問題点を改善することを考えてみてほしい。ウミガラスが自分の卵と隣接するつがいの卵とを区別できるかどうかを検証するためには、当然のことながら、ウミガラスに選択肢を与える、いや、自ら選択させる必要がある。営巣場所は人の手の平の半分ほどの広さしかないが、とても重要なので、営巣場所に対する執着と卵に対する執着とを峻別する方法を考え出すことが必要になる。生物学的に現実的な状況を設定して実験すれば、うまく行くだろう。たとえば、卵を少し転がったかのように元の場所から数センチ動かし、さらに別の卵を同じくらい離れたところに置けば、営巣場所へ戻ってきた親鳥は、どちらかの卵を選んで取り戻し、抱卵をしなければならなくなる。

実は、これはチャンスが行なった実験なのだ。そして、ウミガラスは間違いなく卵を見分けて、自分の卵を再び抱卵した。また、チャンスの研究で、ウミガラスが自分の卵の色を学習するということも示された。産卵直後に、見かけの異なる別のウミガラスの卵と取り換えると、親鳥はそれを受け入れることがわかったのだ。自分の卵の色模様を学習している最中で、まだ覚えていなかったからだと思われる。抱卵後期になると、見慣れない卵を受け入れたがらなくなる。しかし、卵が泥や糞で汚れてくるときのように、卵の色を少しずつ変えていけば、親鳥は色の異なる卵も受け入れると思われる。各個体が産む卵の色模様は生涯にわたり変わらないことを考えると、自分の卵の外見を毎年どの程度記憶しておけるのだろうか。ウミガラスのオスはつがい相手が産んだ卵を識別できるようにならなければならないので、対処すべき問題が少々異なる。オスは一生の間に二羽以上のメスとつがいになることもあるだろうから、メスよりも学習能力の柔軟性が求められるだろう。

さらに、ウミガラスの卵は形状も個体変異が大きい。メスはそれぞれ違った形の卵を産むが、同じメスはいつも同じ形の卵を産む。そこで、チャンスはウミガラスが自分の卵を識別する際に、形を参考にしているかどうかも確かめたが、その証拠は得られなかった。サイズが適切で、「正しい」色と模様が施されてさえいれば、立方体でも、直方体でも、頭を切り詰めたピラミッド型でも、親鳥は元の場所に戻して抱卵しようとしたのだ[35]。

　チャンスが卵の識別実験を行なったのは一九五九年だったが、トニー・ガストンらが一九八〇年代の後半から九〇年代の初めに、ハドソン湾の北部にあるコーツ島でハシブトウミガラスに対してその再現実験を行なっている。ハシブトウミガラスも卵の色や模様に大きな変異が見られ、密集して集団繁殖をしている。しかし、密集の度合いはウミガラスほど高くはなく、平らな広い場所で繁殖することはない。ガストンらの実験で、本来の抱卵場所から数センチ離れたところに自分の卵と見慣れない卵が置かれていると、親鳥はたいてい自分の卵を識別するが、その場に座って抱卵を始めてから卵を元の場所へ押し戻す個体と、すぐには抱卵を始めずに立ったまま嘴と足を使って卵を元の場所へ戻す個体がいることがわかった。この実験結果は、ハシブトウミガラスもウミガラスと同様に自分の卵が識別できることを明らかに裏付けている。

　しかし、ガストンらはハシブトウミガラスの方がウミガラスよりも見慣れない卵を受け入れる確率が高いことも指摘し、それは、ウミガラスの方が繁殖している岩棚の幅が広いので、撹乱のせいで元の場所になくなった自分の卵をより熱心に、より遠くまで探そうとするからだろうと述べている。ウミガラスは元の抱卵場所から四メートルも離れたところから卵を戻したことが観察されているが、ハシブトウミガラスの場合は抱卵場所の岩棚沿いに最大で数センチ離れるのがせいぜいだ。ハシブトウミガラスは営巣場所に戻ってきたときに卵がなくなっていると、隣のつがいの卵を盗んで抱卵することがあるが、これはウミガラスほど卵の識別能力が高くないからではないか。ちなみに、ウミガラスではこのような行動は知られていない[36]。

ウミガラスやハシブトウミガラスのように、巣材を使った巣を作らずに近接して繁殖する鳥はきわめて稀である。アメリカオオアジサシやオニアジサシのように近接して繁殖するアジサシの仲間もいるが、巣場所は明確に決まっている。さらに、ウミガラスとは異なり、違いが特にはっきりしている場合にしか、自分の卵と他の卵を識別できない。アジサシの卵の模様は個体識別のためではなく、主にカムフラージュのために進化したようだ。

かつては、カッコウの宿主である小鳥も、自分の卵を見分けることができると考えられていた。托卵されたカッコウの卵を放り出すことが知られていたからだ。しかし、研究件数自体がきわめて少ないのだが、初期の研究結果の中には、宿主は自分の卵の外見を知っていて、それに基づいて判断するのではなく、単純にカッコウ卵が自分の卵とは違うというだけで区別しているにすぎないことを示唆しているものもある。この知見は、一九二〇年代にベルンハルト・レンシュが行なった実験で得られたものだ。レンシュはニワムシクイが産卵すると直ちに、その卵をコノドジロムシクイの卵と取り換えた。ニワムシクイが四つ目の卵を産んだときには、そのまま巣の中に残しておいたが、ニワムシクイは自分の卵であるにもかかわらず、その卵を取り除いた。レンシュは四つ目の卵が巣にあった他の卵と外見が異なっていたからだと推測しているが、産卵を始めてから数日の間に、ニワムシクイが巣内にあって自分の卵と思い込んでいたコノドジロムシクイ卵の外見を学習していた可能性も同じようにある。実際に、その後に北米で行なわれたコウウチョウに托卵されるネコマネドリの研究で、卵の識別と托卵鳥の卵を排除する行動では、学習がきわめて重要な役割を果たしていることが示されているのだ[37]。

カッコウやコウウチョウが行なうのは異種の巣に卵を産む種間托卵だが、おそらくもっと狡猾で見つけるのが難しいのは、同種の他の個体に托卵をする種内托卵である。この托卵行動はハタオリドリの仲間、ホシムクドリ、オオバン、バンなど数種で知られている。托卵されたことを見抜き、それに対処できる宿主が有利になることは明らかだ。もちろん、托卵個体からすれば、そうした宿主は最悪の相手である。そこで、両者の間でカッコウハタオリとマミハウチワドリの場合のように、軍拡競争が起こる。

最も研究が進んでいる種内托卵鳥はアメリカオオバンである。カリフォルニア大学サンタクルズ校のブルース・ライアンがカナダのブリティッシュコロンビアで調査を行なったアメリカオオバンの個体群では、一つの巣にある卵のうち、平均して一三%が托卵された卵だった。托卵された卵から孵化したヒナは宿主のヒナを犠牲にして成長するので、宿主の繁殖成功度に著しい悪影響を及ぼすことになる。したがって、オオバンはその損失を最小限に抑える方法を進化させていると思われる。オオバンの卵は地色や模様の変異がきわめて大きいので、宿主はその変異を利用して托卵された卵を識別し、巣材の中に埋め込んでしまう。このように排除された卵は、排除されなかった卵より宿主の卵との見た目の相違が大きいので、卵の特徴に基づいて識別されていることが強く示唆される[38]。レンシュはニワムシクイが他の卵と外見が異なる卵を排除すると提唱したが、後にライアンは見事な実験を行ない、他の卵と外見が違うからではなく、本当に自分の卵を識別して、卵を排除していることを検証している。ライアンは巣同士で卵を入れ替えて、どの巣も宿主の卵と托卵個体の卵が半々になるようにした。

そうした一二か所の実験巣のうち八巣で、オオバンの親鳥は自分の卵以外の卵を巣材の中に埋め込んだり、巣の縁へ押し出したりしたが、宿主自身の卵がこのような扱いをされた実験巣は一つもなかった。[39]

一七種の鳥で個々に研究が行なわれているが、どの研究でも、親鳥は自分の卵を真に認識し、そのイメージを鋳型にして自分自身の卵を見分けていることを裏付ける証拠が示されている。おそらく、真の認識に至るには自分の卵の外見を学習すればよいだけだが、外見の違いに基づいて識別するには、認識だけでなく、(産卵数が数個に上る鳥種の場合)、二つのタイプの卵の比率を見極めて、多い方を正しいと判断するような能力も必要になるのだろう。

ダチョウにも真の認識をしている様子が見られる。ダチョウは数羽のメスが一つの巣に卵を産み、膨大な数の卵をオスが一羽だけで抱卵する。最年長のメスがオスと一緒に残るが、他のメスはどこかへ行ってしまう。おそらく、さらに卵を産むために他の巣を探しに行くのだろう。最年長のメスは自分の卵ができるだけ多く確実に抱卵されるように、他のメスの卵を巣の縁へ押し出したり、完全に巣の外へ出したりする。ダチョウの卵はクリーム色を帯びた白無地だが、最年長のメスは気孔のパターンを認識して自分の卵を識別できるらしい。[40]

卵の色模様に関する研究は、アルフレッド・ラッセル・ウォレスが進化論的推測を試みてからずいぶんと進んだ。生物学のさまざまな分野の例にもれず、卵の色模様の研究も技術革新の恩恵を受けてきた。最近の数十年は、デジタルカメラのおかげで色模様の測定や定量化が比較的容易に、以前よりも正確にできるようになった。鳥類が、自分の卵だけでなく、世界を見る方法についての理解も著しく深まった。鳥には紫外線を見る能力や人間よりも多くの色彩を識別する能力が備わっていることもわかってきた。こうした技術の進歩のおかげで、「卵殻色素研究のルネサンス」（とこの分野の主要な研究者は呼んでいる）が促進されたのだ。こうした研究で重要な問題が解明されただけでなく、たった二種類の色素から作り出される卵殻の色模様の並外れた多様性に関する理解も深められた。一方、この色素研究のルネサンスは、優れた研究の例にもれず、新たな疑問をたくさん生み出した。[41]

彩り鮮やかな卵の外部から、今度は卵白という色のない内部の世界を探索してみよう。

第6章　卵白と微生物戦争

卵白の量や濃度は鳥の種類によって異なる。……卵白は卵黄と異なり、卵が孵化するまでに使い果たされてしまう。

O・ハインロート『鳥の生態』（一九三八年）

卵白は卵のいちばん存在感のない部分で、無理からぬことだが、誰の目にも「何の役にも立たない」ように見える。その理由は、まず、無色透明だからだ。卵白（アルブミン）という名称は、白を意味するラテン語の「アルブス」に由来するが、卵白が白くなるのは、調理で熱を加えてタンパク質が変性したときだけである。次に、卵白は境目がはっきりしない粘液のような物質の塊で、構造がないように見える。さらに、子供のころ、卵白の成分は九〇％が水だと教えられて、ほとんどが水ならばたいして役に立つものではないという思いが強くなった。

しかし、卵白は役に立たないどころか、まさに驚くべき、謎を秘めた存在なのである。発生中の卵における その役割はきわめて重要で、胚に水分とタンパク質を供給するだけでなく、卵が巣の中で回転したり転がったりしても、胚が損傷を受けないように衝撃を和らげる役割も果たしている。しかし、もっと重要なのは、虎視眈々と胚を狙っている微生物から胚を守る、精巧な生化学的ファイヤウォールの役目を担っていることである。

本章では、微生物の侵入から卵を守るために鳥類が進化させた、優れた防御システムを取り上げる。そうした防衛システムで最も重要な役目を果たしているのは卵白だが、さまざまなメカニズムが共同して働いているので、話があちこちと飛ぶことをご了承いただきたい。

それでは、卵白が生成される場所や過程から話を始めよう。アリストテレスのような古代ギリシャ人や、ファブリキウスやウィリアム・ハーヴェイのようなルネサンス初期の学者にとって、卵が卵白と卵黄という著しく異なる部分からできているのは謎だった。胚に栄養が必要だとしても、なぜ一つの物質で事足りないのだろうか？　しかし、もっと不可解だったのは卵白の出処だった。アリストテレスは卵白と卵黄がそれぞれオスとメスに由来するという俗信を退けて、両方ともメスに由来することを再確認し、卵黄が卵白を作るのだと遠回しな言い方で示唆している。[1] それから二〇〇〇年余り後に、ファブリキウスがアリストテレスよりもさらに的確な記述を残している。

> 卵黄は……子宮の中をゆっくりと回転しながら下ってくるが、その途中で、子宮で生成された卵白の一部が徐々に卵黄の周囲に蓄積するように集まってくる。そして、卵黄とそれを取り巻く卵白が曲がりくねった中央部を通り抜けて最後部に到着すると、さらに膜に包まれて、卵殻が形成される。[2]

意外なことに、ハーヴェイは「経験から、私はアリストテレスの見解に与したいと思う[3]」と記しているが、その根拠はつまびらかにされていない。

さらに、ハーヴェイは以下のように述べたファブリキウスを批判している。

卵黄から分離された卵白には、もう一つの役目がある。それは胚が自重で沈んでしまわないように支えて、卵白の中を漂えるようにする役目だ。……これには、卵白の粘性と純度が役に立っている。もし胚が卵黄の中にとどまっていたら、すぐに底に沈み込み、卵黄を破ってしまうだろう[4]。

ハーヴェイはあきれはてて、「まったく話にならない！　卵白の純度が胚を支える機能と一体全体どのような関係があるというのだ？　どうすれば、水っぽく薄い卵白の方がねっとりして大きい卵黄より胚を支えやすいといえるのか？」と述べ、「胚が漂っているのは卵白の中でも卵黄の中でもない。私がコリクアメント（胚盤葉の下にある液）と呼んだ液体の中である」と付け加えている[5]。

顕微鏡の改良が急速に進み、動物学者が微小な世界を観察できるようになったおかげで、一八〇〇年代の中ごろに、卵白は卵管の膨大部と呼ばれる部位で形成されることがわかった[6]。卵白の成分については後ほど説明する。

子供のころ、母は夕飯に私の好物の半熟卵と細切りトーストをよく出してくれた。ある日の夕食時のことだが、私は腹ペコだったので、エッグスタンドに載せた半ゆで卵の上部をさっと割ると、スプーンを差し込み、一口頬張った。しかし、口に入れたとたんに、うわっとテーブルの上に吐き出してしまった。その卵は傷んでいたのだ。前にも後にも、あれほどひどい味のするものは口にしたことがない。

そのとき、母は少しもあわてた様子を見せなかった。後に知ったことだが、当時は卵が農家や店に長期間保管されているのが普通で、時には一年に及ぶこともあり、卵が腐ることも珍しくはなかったのだ。母は、私が口にした卵はおそらく長いこと忘れられていて、中身が腐り始めていたのだろうと言っていた。

私の味蕾がひどい目にあったのは数秒にすぎなかったが、脳には永久にその記憶が刻み込まれた。あれは微生物に対する防御システムが機能しなかった卵だったのだ。腐った卵に特有の臭いや味は、微生物の活動でできた副産物の硫化水素である。商業生産されている卵が、ときどき微生物に侵入されたとしても、驚くには当たらないのかもしれない。なにしろ、集荷や貯蔵、輸送の実状は私たちにはほとんどわからないのだから。私が口にした卵が腐っていたのは、雌鶏が病原菌に感染していたからなのだろうか？　それとも、輸送中に卵殻にひびが入り、微生物の侵入を許してしまったからなのだろうか？　または、まったく無傷だった（覚えているかぎり、卵に傷はなかったように見えた）が、もしかしたら数週間か数か月の間、感染した卵と接触していたのだろうか？

一九六〇年代には、微生物による汚染の危険性を認識した鶏卵業者は、微生物を取り除くために、卵を出荷する前に卵殻を洗うようになった。しかし、皮肉なことに、この洗卵がかえって事態を悪化させてしまったのだ。卵の表面は、気孔に微生物が侵入しないようにクチクラ層で覆われているが、洗卵するとこのクチクラ層が取り除かれてしまう。その結果、水の温度が卵よりも低いと、卵が乾くときに微生物が気孔の中に引き込まれてしまうのだ。洗卵は微生物の侵入を妨ぐどころか、入りやすくしていたのだ。[7] 結局、この問題は洗卵や乾燥の方式が改良されて解決を見たが、それはアメリカのことで、欧州連合（ＥＵ）では無洗卵の方が安全性が高いと判断して、洗卵を禁止している。ＥＵの判断の正しさを裏付けているように思われる統計値もウェブ上でいくつか見られる。

産卵されてから洗卵されるまでの間に鶏糞で汚染されてしまうと、微生物による汚染の危険性が増大する。うちの学部の技士の一人が自宅でニワトリを飼っており、卵を持ってきて売っていた。安いわけではなかったが、「有機卵」と触れ込んでいたので、売れ行きがよかった。技士はわざと箱の中にニワトリの羽を入れたり、卵に鶏糞をつけたりして、有機卵らしさを強めていた。しかし、あるとき私に打ち明けた話では、いつも売っている卵はほとんどが近所のスーパーで安く買ってきたものだったそうだ。鶏糞をつけることが卵の売りになる一方で、人間に病気をもたらす可能性もあるというのは何とも皮肉なことだ。

卵を汚染する微生物には、細菌やウイルス、酵母菌などの真菌類がいる。私は腐った卵を口にして、一生忘れることのないひどい味を経験したが、それだけですんだのは不幸中の幸いだった。鶏卵にいちばん多い細菌は、命に関わることもあるサルモネラ菌だからだ。[8] 卵の防御機構に関する知見が蓄積されてきたのは、この健康上のリスクのためなのである。

鶏卵を汚染した微生物がもたらす危険性が脚光を浴びたのは、一九八八年のことである。この年に、英国の保守党政権の保健副大臣だったエドウィナ・カリーが「（英国の）鶏卵のほとんどが残念なことにサルモネラ菌に汚染されている」と発表したからだ。この発表は大混乱を引き起こし、鶏卵の売り上げと消費は激減し、何百万羽もの雌鶏が屠殺されてしまった。カリー副大臣は、ほとんどの卵という言葉を使わずに、養鶏場の雌鶏のほとんどがサルモネラ菌に汚染されているというべきだったのだ。英国の鶏卵産業と、巨額の賠償金を鶏卵業者に支払わなくてはならなくなった政府の両者にとって、副大臣の曖昧な言葉づかいは高くついた。一方、カリーにとっても大きな痛手となった。辞職せざるを得なくなったからだ。

興味深いことに、卵の汚染源は内部にあった。つまり、鶏卵業用の雌鶏の中には体内にサルモネラ菌を持っている個体もいて、そのサルモネラ菌が卵に取り込まれることがあったのだ。それから数年して、カリーが正しかったことが明らかになった。つまり、一九八〇年代の後半に英国では卵のサルモネラ菌汚染が蔓延していたのだが、政府がその事実を隠蔽していたのだ。[9]

その後、英国の鶏卵業界は何百万ポンドにも上る資金を投入して、サルモネラワクチンを開発し、安全で衛生的な卵の生産に努めた。幸いなことに、英国では鶏卵業界のとった処置はおおむね成功している。たとえば、ワクチンの接種が広域で行なわれるようになる前の一九九七年には、英国のサルモネラ菌による食中毒は一万四七〇〇件に上ったが、二〇〇九年までには六〇〇〇件前後に減少した。しかし、ワクチン接種を受けていない雌鶏の産んだ輸入卵は、今日でもサルモネラ食中毒を引き起こす危険性がある。一方、アメリカでは、年間に発生するサルモネラ菌による食中毒が一〇万件を超えている。ワクチン接種にかかる費用が高すぎるからだといわれている。[10]

それでは、野鳥はどうなのだろうか？　野鳥の卵も微生物に汚染されやすいのだろうか？　鶏卵の大量生産と処理方法だけが汚染原因だというのでなければ、野鳥の卵も汚染されやすいと思われる。微生物は気孔を通じて鶏卵に侵入することが一八五一年にすでにわかっていたにもかかわらず、野鳥の卵も微生物に汚染されやすいことが二〇〇〇年代に入るまでわからなかったのは驚くべきことだ[11]。細菌やその他の微生物はいたるところに生息しているだけでなく、食料が豊富にあれば、ほとんどすべての生物の組織を含め、どこでも旺盛に繁殖することはもっと前から知られていた。鳥類も含めて私たち動物は、微生物の攻撃から免疫系によって身を守っている。卵は豊かな栄養源だが、免疫系を備えていない。鳥類の卵では、防御網を幾重にも張りめぐらすことでこの問題を回避してきたが、その中心的な役割を果たしているのは卵白である。しかし、生物のシステムに完璧というものはないので、卵が微生物を防御する方法を進化させると、今度は微生物の方に選択圧がかかり、卵の中に侵入する別の方法を探し出すようになる。これは微生物と鳥の軍拡競争だ。

卵は産卵のときに総排泄口と呼ばれる尻の穴を通って出てくるのだが、表面は驚くほど細菌の数が少ない。しかし、巣の中には細菌がいるので、卵殻はすぐに細菌に汚染されてしまう。卵殻の表面にとどまっている分には実害はないが、卵殻の気孔やわずかなひびから卵の中に入り込むことができると、胚の命が危険にさらされかねない。

卵殻の気孔が微生物の入口になることに最初に気づいたのは、前にも登場したジョン・デイヴィーだ。一八六〇年代に、雌鶏が二一日間抱いていた卵を開けてみると、「内部の膜の一部分がケカビ（*Mucor mucedo*）に覆われていた。おそらくは卵殻の気孔から胞子が入り込んだに違いない[12]」と記している。

気孔からの微生物の侵入を防ぐ主要な役割は、卵殻のいちばん外側の層が果たしているということを確認したのはロン・ボードで、一九七〇年代のことだった。一九五〇年代にブリストル大学の学部生だったボードは、エディンバラ大学で鶏卵の細菌汚染に関する研究を行なって博士の学位をとると、新設されたバース大学の講師の職を得た。ボードは「退屈しているような印象を持たれるかもしれませんが、名前だけで、生まれつきではありません」とひょうきんな自己紹介をして、「食の安全に携わる微生物学者」だと自任している。「Board」という名前を「bored（退屈した）」に掛けた自己紹介はさほど面白いとは思えないが、実は根っからの動物好きで、観賞用の家禽や水鳥（たいていは研究で使った残り）を自宅の庭で飼育して楽しんでいた。いろいろな意味で、ボードは一九六〇年代から七〇年代に成功した研究者の典型といえる。ツイードの上着を着こなし、パイプをくゆらせて、科学的自由と助成金に恵まれた黄金時代を謳歌していた。野鳥の卵に関して重要な発見ができたのも、こうした古き良き時代のおかげだ。[13] ボードの研究生活の転機は、卵殻の表面を走査電子顕微鏡で観察した一九七三年の夏に訪れた。

走査電子顕微鏡は一九三〇年代に開発されたが、一九六〇年代半ばになってようやく商業化され、(莫大な費用がかかったとはいえ）大学の理工学に常備されるようになった。電子顕微鏡を利用すると、惚れ惚れするような美しい3Dの鮮明な画像が得られるので、ボードも画像に魅せられて研究の方向を変えたくなったのだ。

卵の表面に関する予備知識があった方がボードの研究結果を理解しやすいと思われるので、初めに卵殻表面について少し話をしておく。一八四〇年代に行なわれた研究で、鶏卵の殻の最外層はクチクラと現在呼ばれている有機物で構成されていることが明らかになった[14]。同じように有機物で、タンパク質を主成分とするクチクラは、シギダチョウやキーウィ、レンカクなどの卵にも見られる。一方、シロカツオドリやヒメウ、ペリカンなどの海鳥、フラミンゴやカイツブリの仲間、アマゾンカッコウの卵の表面は、無機物のカルシウム塩で覆われている[15]。実は、カルシウムには二種類があり、ヴァテライトとして知られている可溶性の炭酸カルシウムと、溶けにくいリン酸カルシウムがある。卵殻のいちばん外側は、クチクラのような有機物か、カルシウム塩のような無機物のどちらかで覆われているので、どちらにも当てはまるように卵殻付属物（ＳＡＭ）という用語が用いられている。この卵殻表面を覆っている成分が有機物と無機物とに関わりなく、ＳＡＭの厚みは、アメリカヘビウの三〇マイクロメートルからシロカツオドリの六〇マイクロメートルまで、種によって幅があるものの、卵殻の厚みのおよそ一一％を占めている[16]。

ボードがさまざまな鳥類種の卵殻を調べたところ、カイツブリやフラミンゴのように湿った場所やぬかるみに産卵して抱卵する種の卵は、表面が普通の卵と異なっていることに気づいた。電子顕微鏡の威力で、こうした鳥の卵殻は直径が一ミクロンの半分という微小な球体に覆われていることがわかったのだ。

さまざまな水鳥の卵の表面に、変わった粉状のものが一面についていることがあるのはすでに知られていた。そうした物質はチョークのように見えたり、粉状や蝋状に見えることもあった。オックスフォード大学のエドワード・グレイ野外鳥類学研究所の所長を務めていたデイヴィッド・ラック（私のあこがれの鳥類学者の一人だ）は、一九六〇年代にこうした変わった物質は防水の役割を果たしているのではないかと述べている。しかし、ボードが指摘しているように、ラックは防水機能が重要である理由には言及していない[17]。

デイヴィッド・ラックは、卵殻の気孔が水で覆われたら、胚が呼吸できなくなることに気づいていたはずだが、わからなかったのは防水の仕組みだった。それを明らかにしたのがボードの発見だったのである。

ボードはこのように記している。

卵殻が水に浸って胚が窒息したという記録は見当たらないが、気孔の一部が汚染された水に浸かると卵が腐敗し始めることは、鶏卵産業の経験から疑いの余地がない[18]。

水鳥の卵にとっては、窒息だけでなく、微生物による汚染も命取りになる可能性のあることがここから読み取れる。ボードは初期の論文で、卵は細菌に汚染される可能性があり、その侵入経路は気孔であると詳細に記述している。微生物は水によって最も効率よく運ばれるので、卵殻に防水処理を施すことは微生物の侵入を防ぐのにきわめて有効である。防水処理を施す際には、いわばゴアテックスの生物版のように、通気性を確保して胚が呼吸できるようにしなければならない。これは、ボードが発見したように、気孔を卵殻付属物で覆うことで成し遂げることができる。しかし、最も効果的なのは、卵殻を微細な球体の層で覆い、第2章で見たような、物理的に水を弾いて濡れない表面を作り出すことだ。

ボードは、卵がクチクラ層の内側に第二の防御手段を備えていることにも気づいた。それはきわめて目の細かい網のような構造をした内卵殻膜で、細菌を捕まえる網の役割を果たしていると考えられている。[19] しかし、内卵殻膜も完璧な防衛手段とはいえない。細菌の中には膜の繊維を分解して穴を開け、その内側にある卵白に入り込むものがいるからだ。微生物と卵の軍拡競争の良い事例、いや、困った事例だ。

一九〇〇年代の初めには、卵白が杆菌（バシラス属）の仲間の増殖を防ぐことが知られていた。卵白の小さな塊を皿の上に載せておくと、二～三か月しても、卵白には細菌が繁殖しないのだ。この事実から、卵白には何か特別なものが含まれているのではないかと考えられていたが、一九二二年にペニシリンの発見者として有名なアレクサンダー・フレミングがその正体を突き止めた。[20] 卵白にはフレミングがリゾチームと名づけた殺菌作用のあるタンパク質が含まれているのだ。「リゾチーム」は（細菌の細胞壁を）溶解する酵素という意味である。リゾチームは私たちの涙や唾液など、殺菌作用が重要な役目を果たしている体液でも見つかっている。[21] しかし、卵白にはさまざまな抗菌タンパク質が含まれており、リゾチームはその一つにすぎない。一九四〇年代までには、微生物の成長を妨げるタンパク質が五種類ほど発見されたが、一九八九年までにはその数は一三種類に増え、二〇〇〇年代にはプロテオミクス〔ある生物のタンパク質を網羅的に研究する分野〕のような新しい技術が開発されたおかげで、卵白で特定された抗菌タンパク質は一〇〇種類を超えている。今後、その数はさらに増えていくと思われる。[22]

それでは、卵白をもっと詳細に見てみよう。一見したところでは、見るべきものはたいしてないよ

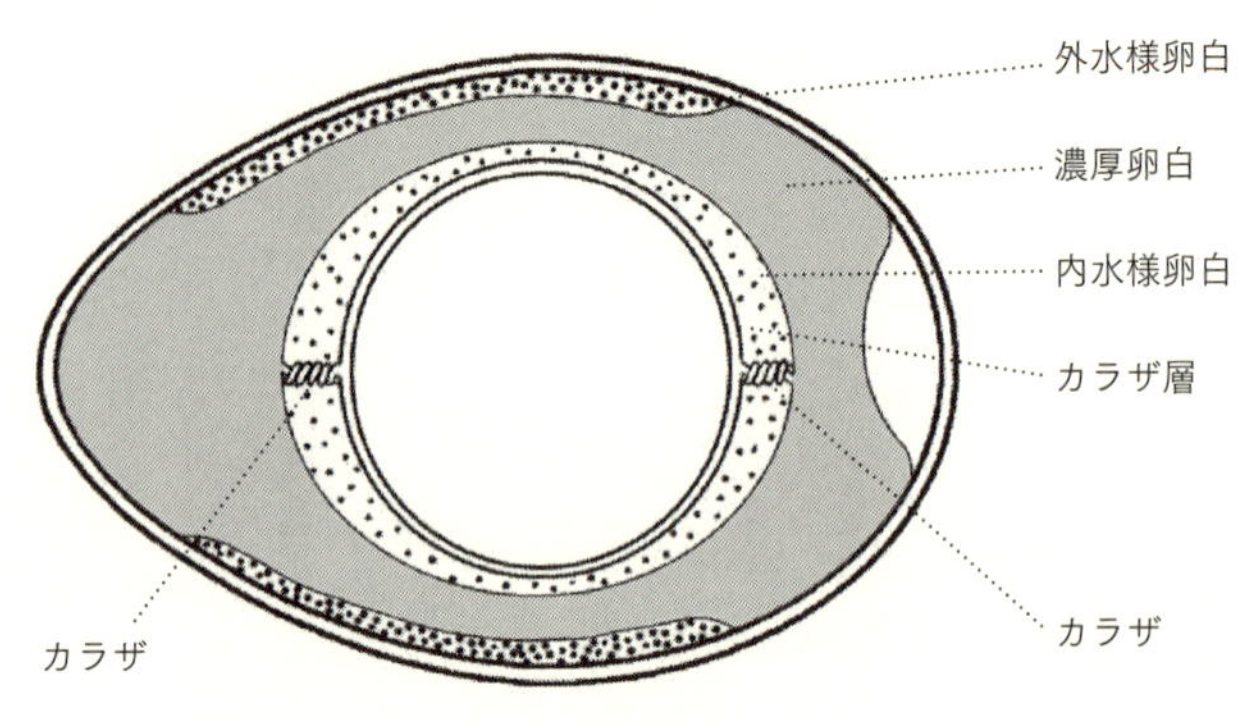

鳥卵内の４種類の卵白とその位置
Romanoff and Romanoff (1949) より再描画。

うに思えるが、産みたての新鮮な鶏卵を皿の上に割ってみると、卵白は均質ではないことが一目でわかる。卵白には四種類があり、それが同心円状に四つの層を形成している。少々専門的になるが、外側から順に、外水様卵白（卵白全体の二三％）、濃厚卵白（五三％）、内水様卵白（一七％）、卵黄を取り巻いている濃厚なカラザ状卵白層（三％）がある。漏斗部から分泌されるカラザ層は、卵子（すなわち卵黄）の両端に細い繊維を形成し、その繊維同士がよじれて二本のカラザ（卵帯）になると思われる。カラザは卵をボウルに割ったときに目にする白い糸状物質で、スクランブルエッグを食べたときに気づく、粘り気のある小さな塊である。カラザは卵子が卵管の膨大部を螺旋状に通り抜けるときに生成され、卵黄を卵白の中にハンモック状に吊るしておく役目を担っている。そのために、カラザはそれぞれ一方の端が（カラザ層を通じて）卵子に、もう一方の端が濃厚卵白の層に入り込んでおり、濃厚卵白は卵の鈍端と鋭端で卵殻膜に付着している。さらに、カラザは卵が転がったときに卵黄を回転させるので、胚は常に内水様卵白内の卵黄の上に保たれている。[23] この「自動復元」力が働くのは、胚が卵黄のいちばん粘性の低い部分で発生しているからである。また、胚が卵黄表面の上部に位置していれば、常に親鳥の抱卵斑に最も近くなるので抱卵効果が最大になるだけでなく、卵殻の内表面にも最も近くなるので利用できる酸素の量が最大になる[24]。

微生物を食い止める卵白の仕組みとして最も驚異的なのは、微生物が必要としたり、利用できる物質が卵白には何も入っていないことだろう。つまり、卵白の「無価値」さには意味があるのだ。卵白には微生物を養う栄養分がほとんど入っていないだけでなく、わずかに含まれている栄養分も微生物に利用できないように特別なタンパク質で閉じ込められている。微生物が卵殻膜から卵白を通り抜けて奥にある卵黄まで行くのは、人間にとってはチリ北部の不毛な高原地帯にあるアタカマ砂漠を徒歩で横断するようなものなのだ。細菌や真菌類に対するこれ以上経済的な防衛方法はなかなか思いつかないのではないか。微生物を卵黄に近づけさせないという必要性によって、少なくとも卵白の含有量（ひいては卵の大きさ）の一部は決まったのかもしれない、と考えるのも興味深い。

想像するのが難しければ、ニワトリの卵を横置きにして、先の尖ったハサミで殻に切り込みを入れ、直径が二〜三センチの穴を開けて、中を覗き込んでほしい。中央に乳白色のカラザに支えられた卵黄があり、それを青みを帯びた卵白が取り囲んでいるのが見えるはずだ。ここで、長さが二マイクロメートルしかないサルモネラ菌になったと想像してほしい。気孔と二重の卵殻膜を通り抜けて中へ入り込んできたが、生き物を寄せつけない広大な場所を立て続けに四か所も越えねばならない前途を考えると、砂漠の入口で立ちすくむ人のように、怖気づいてしまうだろう。

しかし、卵白は防衛策をさらに二つ密かに用意しているのだ。一つは、アルカリ性（pHが九〜一

○）の性質である。これは、一八六三年にジョン・デイヴィーが初めて報告したことで、一般的には微生物が忌避する性質だ。もう一つは、卵白に含まれる抗菌タンパク質で、その多くは比較的暖かい温度、とりわけ抱卵されているときの温度で最大の効果を発揮すると考えられている。[25]

微生物が蔓延する環境での繁殖――熱帯地方の鳥

鳥にとって卵に侵入した微生物が問題になるかどうかや、微生物による汚染の危険性を鳥類がどのように克服してきたかを知りたいと思ったら、微生物が蔓延するような湿度が高く不衛生な環境で繁殖している種を調べる必要がある。

その候補には三つのタイプの鳥類が考えられる。湿度の高い熱帯地方に生息する鳥、体温で抱卵する代わりに発酵している植物の塚に卵を埋めておくニワトリに似たツカツクリの仲間、そして糞にまみれた湿った場所でたいてい一つの卵を抱卵するウミガラスの仲間だ。

鳥の卵に侵入する微生物の研究は比較的新しい分野なので、野鳥の卵に入り込んだ微生物が胚を死に至らしめるかどうか、二〇〇四年になってもまだはっきりとはわかっていなかった。[26]

野鳥の卵に侵入する微生物の重要性が明らかにされたのは偶然のことだった。カリフォルニア大学バークレー校の鳥類分野を専門にする生物学者のスティーヴ・ベイシンガーは、温帯の多くの鳥と異なり、どうして熱帯の鳥の中には産卵後すぐに抱卵し始める種がいるのか、その理由に興味を持った。温帯で繁殖する多くの鳥は卵が全部揃ってから抱卵を始めるが、一日に一卵しか産めないので、一腹の卵数が一〇個に上る種の場合、最初に産卵された卵は一〇日間抱卵されずにいることになる。[27] 温帯は産卵期の気温が低いので、卵の中の胚は二週間以上活動停止状態でいられるが、熱帯地方は気温が高いので、このような活動停止状態を維持することができない。ベイシンガーらは、熱帯地方の鳥が産卵直後に抱卵を始めるのは温帯地方よりも卵が長持ちしないからではないかと考え、その仮説を検証することにしたのだ。

ベイシンガーはカリブ海に浮かぶプエルトリコの島で研究を行なっていたので、オオウロコツグミモドキというツグミに似た鳥を研究対象に選んだ。ちなみに、この島には「真珠の瞳のツグミモドキ」というすてきな英名がつけられている。ベイシンガーらは産卵直後のツグミモドキの卵を、温暖で乾燥した低地から冷涼で湿度の高い高地へ移し、一週間後にまた元の巣に戻して抱卵させるという実験を行なった。冷涼な高地に移して低温で過ごした卵の方が、抱卵しない期間が長くても無事に孵化するだろうという予測を立てたからだ。

実験の結果、ツグミモドキの卵を抱卵せずにすむ期間はきわめて短いことが明らかになった。一日抱卵されなかった場合、卵の孵化失敗率は二一％だったが、抱卵されない期間が七日になると、失敗率は九八％に跳ね上がったのだ。しかし、低地と高地の間で失敗率の差は見られなかった。気温が重要な要因でないのは明らかだが、冷涼で湿度の高い高地に移された卵には、目に見えるほどカビが増殖して胚が死亡しているものが多かった。

この予期せぬ結果にベイシンガーは考え込んでしまったが、家禽の研究者が卵に及ぼす微生物の影響を長年研究していることを知っていたので、その研究結果がツグミモドキで起きていることを理解する手がかりになるのではないかと思った。実は、その三〇年前にロン・ボードが「ほかの種の卵殻や……卵白と比較研究をしてみれば、……家禽の研究で得られた原則は広く当てはまるのではないかと思われる[28]」と述べて、ベイシンガーと同じことを考えていたのだ。

野生のオオウロコツグミモドキは第一卵を産むとすぐに抱卵を始めるが、親鳥の抱卵はきわめて重要な役割を果たしている。抱卵されて卵の温度が上がれば、卵白の抗菌酵素が最大の効果を発揮すると考えられる温度に達するからだ。さらに、抱卵によって卵の乾燥が保たれていることも、微生物の数を抑えるのに一役買っている。実際に、ベイシンガーの研究で抱卵の効果が裏付けられている。通常通りに親鳥が抱卵した卵には、どれも微生物の侵入はなかったのだ[29]。

したがって、温帯で繁殖する鳥類の一部と同じ戦略をとって、ツグミモドキが一腹卵が全部揃うまで抱卵に入らなければ、微生物汚染の犠牲になってしまう卵が大幅に増えるだろう。ベイシンガーらはこの仮説を検証するために、今度は温帯で繁殖している鳥類でツグミモドキの場合と同じような実験を行なった。予測通り、抱卵されずに放っておかれても、微生物による汚染が増加することはなかった。したがって、熱帯地方で繁殖している鳥の卵は微生物に侵入されやすいように思われる[30]。

ツカツクリとヤツガシラの繁殖

科学的研究の黎明期だった一六六〇年代に、フランシス・ウィラビーとジョン・レイは『フランシス・ウィラビーの鳥類学』(第1章を参照)に既知の全鳥類の記述とイラストを載せることにした。当時、およそ五〇〇種と考えられていた(実際には一万種ほどがいた)が、西ヨーロッパ以外の地域の鳥については、ほとんど知られていなかったので、これでも信じられないほど大胆な企画だったのだ。

こうした遠隔地の鳥に関しては、旅行者や探検家の報告や記述に頼らざるを得ないことが多く、事実と想像を区別するのも難しかった。何を事実として受け入れ、何を虚言として退ければよいのか？貴重な鳥類学的知見を一緒に捨ててしまわないように、ウィラビーとレイは『鳥類学』の巻末に「実在が疑わしい鳥」を載せた付録を設けた。付録には「ダイエ」と名づけられた鳥が載っているが、その鳥について著者はこのように記している。

このような小さな鳥が、あれほど大きな卵を一度にあれほどたくさん産むことができて、産んだ卵は地中の穴倉に隠しておくだけで、抱卵や世話をしなくてもひとりでに孵化して巣立っていくというのは実に奇妙で、事実とは思えないほどだ。[31]

そして、最後にレイは「この話は根も葉もない空想だろうと、はっきり言っておきたい」と述べている。

しかし、空想ではなかった。この「ダイエ」はパラワンツカツクリという鳥で、この記述の出処は、マゼランに同行して一五一九年から一五二一年に東インド諸島とフィリピンを探検したアントニオ・ピガフェッタである。ピガフェッタはパラワンツカツクリの風変わりな生態をかなり正確に記述している。ツカツクリ科に属するパラワンツカツクリは、インド洋・西太平洋地域とオーストラリアに生息する足の大きな鳥で、温かい火山性土壌や、植物を盛り上げて作った塚の中に卵を埋めて、地熱や発酵熱で卵を孵化させる。[32]

ツカツクリの中で最も知名度が高い種は、クサムラツカツクリとヤブツカツクリだろう。この二種はどちらもオーストラリアに生息し、腐敗している植物の塚の中に卵を産み、発酵熱で温める。ツカツクリはこのように珍しい孵卵方式を用いているので、類い稀な適応を遂げたのも驚くことではないだろう。腐敗が進んでいる植物の塚は湿度がきわめて高いだけでなく、微生物にもあふれている。いうまでもなく、胚の発育に欠かせない熱を発生させているのはこうした微生物である。

クサムラツカツクリの卵は特殊なのではないかと考えたボードは、一九八〇年代の初めにその卵を調べてみた。案の定、卵殻の表面は膨大な数の微小な球体に覆われており、気孔から水や微生物が入るのを防ぐ働きをしていると思われた。さらに、その球体には有機物がほとんど含まれておらず、それも微生物による腐食を防いでいるのかもしれなかった[33]。それから三〇年後、ボードが死去してまもないころに、別の研究チームの研究で、ヤブツカツクリの卵も卵殻がリン酸カルシウムの微小な球体で覆われていることが明らかになった[34]。

微生物が侵入しやすいのは鳥の卵だけではない。クロコダイルやアリゲーターなどのワニもツカツクリと同様に、植物を集めた塚に卵を産み、その発酵熱を利用して卵を温める。あまり研究されていないが、こうした爬虫類の卵白にも抗菌物質が含まれていることが知られている[35]。巻貝や魚、カエルの卵白にも抗菌作用があるので、これは古くからある形質なのかもしれない[36]。

微生物に対する卵白の対処法が鳥類種によって著しく異なることは一九四〇年代から知られていた[37]ので、ヤブツカツクリの卵白は特に抗菌性があるだろうと予測した研究者がいた。しかし、その研究者が調べたかぎりでは、抗菌性は鶏卵の卵白を上回るものではなかったのだ。この研究結果を知って、私は正直、驚いた。卵殻の表面を覆っているクチクラの効力がいかに大きいとはいえども、通常は複数の防御機構が設けられているものだからだ。微生物に突然変異体が出現して、ツカックリの卵殻の防御機構を回避できるようになったと想像してみてほしい。卵白に抗菌タンパク質が備わっていないと、卵殻を突破した微生物が卵黄に到達して胚を食い荒らすのを防ぎようがないだろう。この研究結果は直感に反したものといえるが、抗菌機能を高める物質を卵白に加えると、胚の発育に悪影響が及ぶのではないかと研究者は説明している。

この考えは一九七〇年代にゴードン・オライアンズとダン・ジャンゼンというアメリカの生物学者が『胚はなぜそんなに美味しいのか？』という刺激的なタイトルをつけた論文で提唱した説と基本的に同じである。捕食者にとって旨くて魅力的な卵は、一部の芋虫と同様に、味を悪くするものを含んでいた方がうまく行くのではないかという説を提唱したのだ。ヒュー・コットには気の毒だが（第4章を参照してほしい）、本当に不味い鳥の卵は存在しない。それは、卵の中に味を不味くするものが入っていると、胚の成長が阻害されて、利益より不利益の方が多くなるからだろうと考えられている。[38]

しかし、卵を意図的に不味くしていると考えられている鳥が少なくとも一種いる。それはヤツガシラだ。ヤツガシラはアジアの広い地域、ヨーロッパの地中海地方、アフリカ南部に生息し、トラのような縞模様のついたピッケルのように見える。黄褐色の地に鮮やかな白黒の縞模様があり、鎌形の嘴と美しい冠羽を備え、実に魅力的でユニークな鳥だ。ヤツガシラが神話の中でひときわ目立つ場所を占めているのは、美しい姿と嫌悪感を覚えるような営巣習性のギャップが大きいからだろう。アリストテレスは、ヤツガシラは糞、特に「人糞」で巣を作ると述べている。時代は下って、フランスの博物学者ビュフォンは、「ヤツガシラはオオカミ、キツネ、……ウシをはじめとして、人間も含めたありとあらゆる動物の糞を巣に塗りたくるが、それはひどい悪臭でヒナを守るためなのだと、昔からくり返しいわれてきた[39]」と記している。さらにビュフォンは、実際には巣に糞を塗りたくることはしないが、「巣は実に汚くて不快感を覚える。ヒナが自分の糞を巣の外へ排出することができないので、長いこと糞にまみれて過ごしているからだ」と述べ、それが「ヤツガシラのように不快」という表現ができた理由に間違いないと付け加えている。

ビュフォンの説明は的を射ている。ヤツガシラの巣穴が汚いのは、ヒナの糞が液状なので、親鳥がそれを取り除くことができないからなのだ。多くの鳥のヒナは、ゼラチン質の袋に包まれた糞をするので、親鳥はそれをくわえて巣の外に運び出すことができる。しかし、ヤツガシラのヒナは、巣穴に入ってこようとする捕食者に並外れて臭い液状の糞を引っ掛けて撃退するのである。

ヤツガシラの巣が放つ悪臭のもう一つのもとは、メスとヒナが尾脂腺から出す分泌物である。しかし、メスとヒナが出す尾脂腺の分泌物は実にひどい臭いがするが、オスの分泌物は特に臭くはない。何か興味深い理由があるように思えるが、まさしくその通りだった。一八四〇年にヤツガシラのメスとヒナが尾脂腺から出すひどい臭いのする油性の茶色い分泌物を発見して報告したのはクリスティアン・ルートヴィヒ・ニッチュであるが、この分泌物は当初は捕食者を巣から遠ざけるためのものだと考えられていた[40]。しかし、それから一〇〇年以上経って、フアン・ソレルというスペイン人研究者のチームが、羽毛を分解する細菌から羽衣を守る共生細菌が尾脂腺の分泌物に含まれていることを発見した[41]。ヤツガシラの尾脂腺に共生している抗菌性細菌は、特定のヨーグルトに含まれているいわゆる善玉菌のような「良い菌」なのだが、人間にとっては何とも不快なのである。ソレルらがヤツガシラの巣内で「善玉菌」を不活性化したところ、卵の孵化率が低下した。この実験結果から、尾脂腺に共生している細菌がヤツガシラの羽衣に好ましい影響を与えているだけでなく、ヤツガシラと細菌の間には相利共生の関係が成り立っている可能性もあると思われる。

その後、ソレルらが尾脂腺の分泌物が繁殖成功を高めるメカニズムを調べたところ、意外なことが明らかになった。ヤツガシラの卵殻にはいちばん外側の層、つまり卵殻付属物が備わっていないのである。他の鳥で見てきたように、卵殻の最外層は病原体に対する第一の防御手段なので、この結果は実に驚くべきことなのだ。実は、ヤツガシラの類を見ない卵殻の表面に関して、一八〇〇年代半ばにヴィルヘルム・フォン・ナトゥージウス（第2章を参照）がすでに記載しており、卵殻の表面はクチクラで覆われていないだけでなく、「無数の穴が開いているので、篩（ふるい）の目のように見える」と記していた。ナトゥージウスの卵殻に対する関心は、観察結果を記述することにほぼ限られていたので、ヤツガシラの卵も含めて、それぞれの種の卵殻がなぜそうなっているのか、その理由を敢えて推測するようなことはほとんどしていない[42]。しかし、ソレルらは、ヤツガシラの卵の表面にある微小な穴が、抱卵が始まると数日のうちに、善玉菌をはじめとする尾脂腺から分泌された物質に満たされることに気づき、その理由を推測してみた。尾脂腺に共生している細菌が卵殻で病原体の侵入を食い止めているのではないかと考えたのである。そして、この推測を検証するために、工夫を凝らした実験を行なった。メスの尾脂腺に一時的に覆いをして、分泌物を卵に塗りつけることができないようにしたのだ。尾脂腺に覆いをされたメスが産んだ卵は、覆いをされなかったメスの卵より孵化率が低いという結果が得られ、ソレルらの推測は立証された。証明終わり。

ヤツガシラの事例は二つの点で際立っている。一つは、他の鳥と同様に抗菌物質は重要だが、卵白の中に存在するのではなく、尾脂腺から分泌されて、卵に外から塗りつけられることだ[43]。もう一つは、ヤツガシラの卵殻の最外層がクチクラで覆われておらず、無数の穴が開いているので、尾脂腺の分泌物を保持するために進化したように見えることだ。しかし、これは妙な気がする。卵殻がクチクラに覆われていないヤツガシラの祖先が巣穴で繁殖を始めると、その巣が糞で汚れ、危険な細菌が蔓延するようになったと想像してほしい。危険な微生物から卵を守れる突然変異体が出現すれば、そうした個体に自然選択が有利に働くのはわかる。単純な突然変異の結果、防護用のクチクラを備えた卵を産むようになるのはありうるだろう。しかし、ヤツガシラの事例はもっと複雑だ。まず、抗菌性の特徴を持つ特殊な尾脂腺の分泌物、次いで無数の穴が開いた特殊な卵殻表面、そして最後に、尾脂腺の分泌物を卵に塗りつけるメスの特殊な行動をもたらす一連の突然変異が必要になる。

ヤツガシラの事例には不可解なところが多少あるが、他の鳥でも尾脂腺の分泌物が卵の表面にいる微生物の侵入を防いでいることが示されている。一三二種の鳥を比較した研究では、尾脂腺の相対的な大きさと一腹卵の総表面積に正の相関があることが明らかにされた。産んだ卵の表面に尾脂腺の分泌物を確実に塗りつけることが重要ならば、この研究結果は当然、予測されることである[44]。

ウミガラスの繁殖

では、ウミガラスはどうだろうか？　一日の終わりにブリドリントンの宿へ戻り、その日に収集した卵を念入りに調べるジョージ・ラプトンの姿を思い浮かべてみよう。絶品のメトランド卵を手に取り、鮮やかな色彩にうっとりしているラプトンの陶酔感も伝わってくる。表面に泥がついているところを見ると、二、三日は抱卵されていたと思われるが、ラプトンは卵に残されたそれまでの生活の名残を濡れた布で拭い取ってしまう。宿の女将さんに話を通してあるので、台所を使わせてもらえる。テーブルの上には空の皿と水を張ったボウルがそれぞれ一つ用意され、目の前に卵に穴を開けるドリルが外科医の手術用具のように並べてある。ドリルはどれも金属製で縦溝があり、指物師が使う皿取錐を細長くしたような円錐形をしている。ラプトンは最初の卵を取り上げると、表面に穴を開けられる場所を探す。ドリルの先端が表面をしっかり噛むと、ドリルを人差し指と親指の間でそっと回していく。すると、テーブルの上に炭酸カルシウムの粉が雪のように落ち始める。内側の卵殻膜を破り、ドリルが卵白で濡れてくる感じがするまで、ラプトンはドリルを押し込むように力を入れて回す。

　ラプトンはドリルを左右に数回ひねり、穴が直径六ミリほどの完璧な真円になるようにする。コレクターは誰もが自分なりのやり方でこの作業を行ない、これには完璧さが求められる。それからラプトンはほぼ直角に曲がっている真鍮（しんちゅう）の吹き管を取り、細い方の端を卵の穴の入口に当て、反対側の広い端を口に入れる。卵を空の皿の上で持ち、穴を下に向けて吹き始める。この作業をしたことがある方ならご存じのことと思うが、卵の中身を吹いて取り除くのはかなり骨が折れる。トランペッターのルイ・アームストロングのように目をむき、頬を膨らませて、ラプトンは穴から淡い青色をした卵白を押し出す。卵白はいくつかの層に分かれているので、断続的に出てくる。外水様卵白は水のようにすぐに流れ出てくるが、濃厚卵白はなかなか出てこない。最後におならのような音を出して噴き出してくるが、それでも中に残りが少し貼りついているので、それは指で引っ張り出す必要がある。そして、最後の一吹きで、カラザを含む塊が姿を現す。卵白が出尽くすと、卵黄が静かにゆっくりと出てくる。卵黄は不透明な黄金色の流れとなって、途切れることなく、滑らかにボウルの中に流れ落ちる。卵黄が出尽くす間際に、胚盤が現れる。胚盤は卵黄の中にある小さな斑点で、赤い糸のようなものは「胎盤」の役目をする血管の原型である。この血管が見られるのは、「この卵は、前回の卵採集が終わった後、まもなく産卵されたものではないか」というラプトンの推測を裏付けている。二、三日抱卵されていたのは間違いないからだ。産卵されたばかりの卵ならば、発生の兆しはまったく見られないはずだ。

最後にラプトンは、卵殻の内部を数回水で洗い流す。数分間水切りをすると、中身を抜いた卵を全部集め、安心できる自分の部屋へ持ち帰って一晩乾かす。ラプトンと入れ違いに女将が台所に入ってきて、申し合わせ通りにラプトンがボウルに残しておいた卵黄と卵白で息子の夕飯のためにスクランブルエッグを作る。無駄がなければ不足なしという諺(ことわざ)の通りだ。ベンプトンではウミガラスの卵採りシーズンは六週にわたり、期間中は三日ごとに卵が採集された。卵が古くなって食用に適さなくなったり、コレクターの作業に支障をきたしたりしないためである。陳列棚に飾る前に卵の中身を取り除かなければならないが、新鮮な卵の方が胚の発生が始まった卵もよりもはるかに中身を抜きやすい。ウミガラスの卵を三日ごとに収集することには、もう一つ利点があった。繁殖している岩棚はウミガラスの糞にまみれているので、ほとんどの卵が糞でひどく汚れてしまう前に収集できることだ。好天が続いているときはウミガラスが繁殖している岩棚も乾燥しているが、雨が降ると、岩棚はすぐにいわば魚臭い豚舎と化し、卵はたちまち糞で汚れてしまう。私は糞で汚れた卵を手で扱ったり、ウミガラスの繁殖している岩棚が濡れた状態のときによじ登ったりしたことがあるが、その後は何度手を洗っても、ウミガラスの糞の臭いが抜けるまでに二、三日かかる。

私は二〇一四年の晴天の日にスコーマー島で抱卵途中の卵を調べたことがあるが、糞がまったくついていない卵は一一二個のうち皆無だった。糞による汚れの程度は、平均で卵の表面の一〇％程度だったが、中には五〇％を超える卵もあった。さらに、すっかり糞で覆われていた卵が二個あった。臭いからすると、ウミガラスの糞は微生物が好む糞と考えられる。魚が主成分で、岩棚で交互に温められたり乾かされたりしているからだ。博物館や書籍で目にするウミガラスの卵はどれも染み一つ、汚れ一つついていなくて実にきれいだが、この調査を始めたおかげで、その不自然さに気がついた。[45]ウミガラスの卵が、程度の差はあるにしても常時糞で汚れているとしたら、そのような忌まわしい状況にどう対処しているのだろうか？　営巣場所の岩棚は微生物の温床になっていると思われるが、その微生物の侵入から卵をどのように守っているのだろうか？

しかし、そのことを研究した人がいないので不明である。実は、私も本書を書き始めるまでは、ウミガラスの繁殖生態の進化に糞が及ぼした影響をそれほど十分に理解していなかった。

ツカツクリやヤツガシラに関する知見から、ウミガラスが不衛生な環境に対処している方法はいくつか考えられる。一つの可能性として挙げられるのは、プロトポルフィリンという色素（ウミガラスをはじめとするほとんどの鳥の卵に見られる黒い斑紋を作り出している）が微生物の侵入を防ぐことがわかっており、それが一役買っているということだ。[46]ところが、フィル・カッシーらの研究結果によると、ウミガラスの卵に含まれているプロトポルフィリンの濃度は特に高いとはいえない[47]。しかし、ウミガラスの卵に見られる黒い斑紋の量はなにしろ個体差が大きいので、この研究結果は考慮しなくてかまわないと思われる。

もう一つの可能性は、卵殻の表面が関わるものだ。湿度の高い不衛生な環境で抱卵している他の鳥の卵は、微小な球体で表面が覆われており、それによって水や微生物が気孔の中に入り込むのを防いでいると思われる。ウミガラスの卵の表面は極小の球体に覆われた微小な突起の層でできており、突起層には撥水機能が備わっていると考える研究者もいる。もしそうだとしても、働き方はヤブツカツクリとは異なるはずだ。今のところ、この突起層がウミガラスの糞に生息している細菌の侵入をどのように防いでいるのか、まったくわかっていない。私たちはウミガラスの卵の表面構造を走査電子顕微鏡で調べ始めたが、まもなく、もっと優れた技術があることがわかった。X線マイクロコンピューター断層撮影（X線マイクロCT）である。病院で利用されている技術と同じで、顕微鏡レベルの画像撮影が可能だ。これを使えば、ウミガラスとオオハシウミガラスの卵殻表面の注目すべき相違をきわめて詳細に見ることができる。両者の相違が何を意味するのかはまだわかってはいないが、汚染の問題に関連していることは間違いない。これまで見てきたように、ウミガラスの卵は常に糞で汚れているが、オオハシウミガラスの卵はそうではないからだ。

卵殻の内側には卵殻膜があるが、ウミガラスの場合はこの卵殻膜が細菌の侵入防止に重要な役割を果たしている可能性がある。ウミガラスは卵殻膜がとりわけ丈夫にできているからだ。その内側には卵白があるが、ウミガラスの卵白が特に優れた抗菌機能を備えているのかどうかはまだ明らかになっていない[48]。

不衛生な環境で卵を温めるオオウロコツグミモドキ、ヤブツカツクリ、ウミガラスと、並外れて清潔な環境で抱卵する鳥の卵を比較する必要がある。並外れた清潔さの要件は何だろう？　乾燥だと思われる。こうした清潔な環境で産卵・抱卵する鳥で、卵についての知見が得られているものには、ムシクイやヒタキなどのスズメ目、モリバトやダチョウなどがいる。こうした鳥の卵殻はクチクラで覆われていないのだ。乾燥した環境で抱卵するので、微生物に侵入される危険がきわめて低いからだろうと考えられるが、実のところは、推測の域を出ていない[49]。

糞にまみれた卵を抱卵する鳥はウミガラスだけではない。カモの中には人やキツネに脅かされると、意図的に卵に糞を引っ掛ける種がいる。オオホシハジロやキンクロハジロ、ハシビロガモ、ホンケワタガモなどがそうだ。卵についた糞の悪臭が捕食者が卵を食べるのを思いとどまらせるからだろうと考えられている。一九〇〇年代の初めの観察記録には、ホンケワタガモの「脂っぽい緑色の糞」は通常の糞とまったく異なり、「腹ぺこの犬も二の足を踏む」ほどの悪臭を放つという記述がある[50]。カラスはホンケワタガモの糞で汚れた卵を食べようとしないことを裏付ける実験結果も出ている。卵の表面に糞をかけても、微生物の侵入が助長されたり、気孔が塞がれて胚の呼吸に支障が出たりするような悪影響を胚が被らないのはすばらしいことだ。このようなカモの卵殻や卵白、卵殻膜には母鳥の糞の影響を和らげる特性が備わっているのだろうか？　知っている人がいたら、教えてほしい。

自然界では似たような問題は似たような方法で解決されていることが多いが、さまざまな制約があるので、適応は完全なわけではない。こうした制約にはそれぞれの鳥類種がたどってきた進化の歴史に規定されているものもあり、自然選択の作用が働く対象は、進化史の中でそれぞれの種が獲得してきた形質しかない。そうでなければ、これまで見てきたようにさまざまな抗菌戦略があることの説明がつかないだろう。もちろん、私たちが考えてもいない要因が関わっている可能性はあるが、ヤツガシラの例をほかにどう説明すればいいのだろうか？

本章では主に卵白の優れた抗菌機能を取り上げてきたが、最後にその重要性についてもう少し述べておこう。

サマセット・モームは『人間の絆』という自伝的な長編小説で、卵の中で唯一価値がある部分は卵黄だという昔からの根強い俗信を強めている。幼いころ両親を亡くし、内反足の障害を持つフィリップ・ケアリーという主人公は、牧師の伯父と伯母に引き取られて育てられる。愛情のない生活の中、あるときフィリップは、伯父が昼寝をしている間は静かに座っているようにといわれる。お茶の時間までじっと座っていることはできないとフィリップが訴えると、伯父はお祈りを暗記するようにと言いつけ、「お茶の時間に間違いなく暗唱できたら、ご褒美に私の卵の端っこをあげよう」と付け加えていう。しかし、これは、二重にがっかりする言いつけだ。お祈りの暗記に意味がないことはいうまでもないが、ゆで卵の端っこには白身だけしかないので、褒美が聞いてあきれるからだ。

フィリップ・ケアリーは、何も入っていないように見えても、卵白が少なくとも三つの点で卵黄と同じくらいに重要だということを知っていたら、あれほどがっかりしなかったかもしれない。一つ目は、卵白は爬虫類の卵にはほとんど含まれていない成分であり、鳥類と爬虫類の卵の識別点になる。爬虫類の卵殻は透水性のある革のようなものなので、産卵された場所の土壌や植物などの周囲の環境から、卵殻を通して胚の発達に必要な水分を吸収するのだ。しかし、鳥類は卵をたいてい巣の中で温めるので、このような水の利用はできない。したがって、鳥類は胚が必要とする水分を内部に備えた卵を産む必要がある。卵白はその水分の貯蔵場所なのだ。

二つ目は、鶏卵からさまざまな分量の卵黄と卵白を取り除く実験を行なった結果、卵黄の量を減らしても、孵化したヒナは体内の卵黄嚢（のう）が小さかっただけで、他にはほとんど影響がなかったが、卵白を取り除くと、胚の成長が阻害されて発育不全のヒナが孵化することが明らかにされた点だ。ちなみに、これは私が先の段落で述べたことを裏付けている。当初は、卵白を取り除いたことで、ヒナにとって重要なタンパク質が不足したからではないかと考えられたが、後の研究でヒナの発生と成長に不可欠な水分が得られないからだということが明らかになった[51]。三つ目は、大きな鳥は小型の鳥より大きな卵を産み、卵が大きくなれば、それに応じて卵を構成する要素の容量も増えるが、卵白は不釣り合いな増え方をするという点だ。卵白の方が卵黄よりも、容量が相対的に多くなる傾向があるのだ[52]。

卵白が重要な役割を果たしていることが明らかになったので、次の章では卵黄、すなわち栄養豊富なメスの性細胞を見ることにしよう。

第7章　卵黄、卵巣、受精

すべての動物は卵から生まれる。
ジョン・レイ『フランシス・ウィラビーの鳥類学』（一六七八年）

神話に登場するヘビは最も影響力のあるシンボルの一つであり、繁殖力、再生、性欲も象徴している。さらに、私の同僚は最近、「ヘビは人間性を生み出す産婆の役目を果たしている」[1]と記している。ヘビの細長い体形はペニスと精子の両方を連想させるのでオスのイメージが強いが、鳥と人間の生殖に関して驚くべき洞察を最初に与えてくれたのは、実はメスのヘビなのだ。

ウィラビーとレイの『鳥類学』には、「発生（ジェネレーション）」（生殖と胚の発生の両方を包含する用語として使われていた）に関する当時の知見が簡潔にまとめられている。ウィラビーとレイは精子の存在は知らなかったが、豊富な解剖の経験から、精巣と卵巣の基本的な役割については十分に理解していた。特に、左側に一つしかなく、構造が哺乳類のものと著しく異なる鳥類の卵巣の形状に言及している。ち

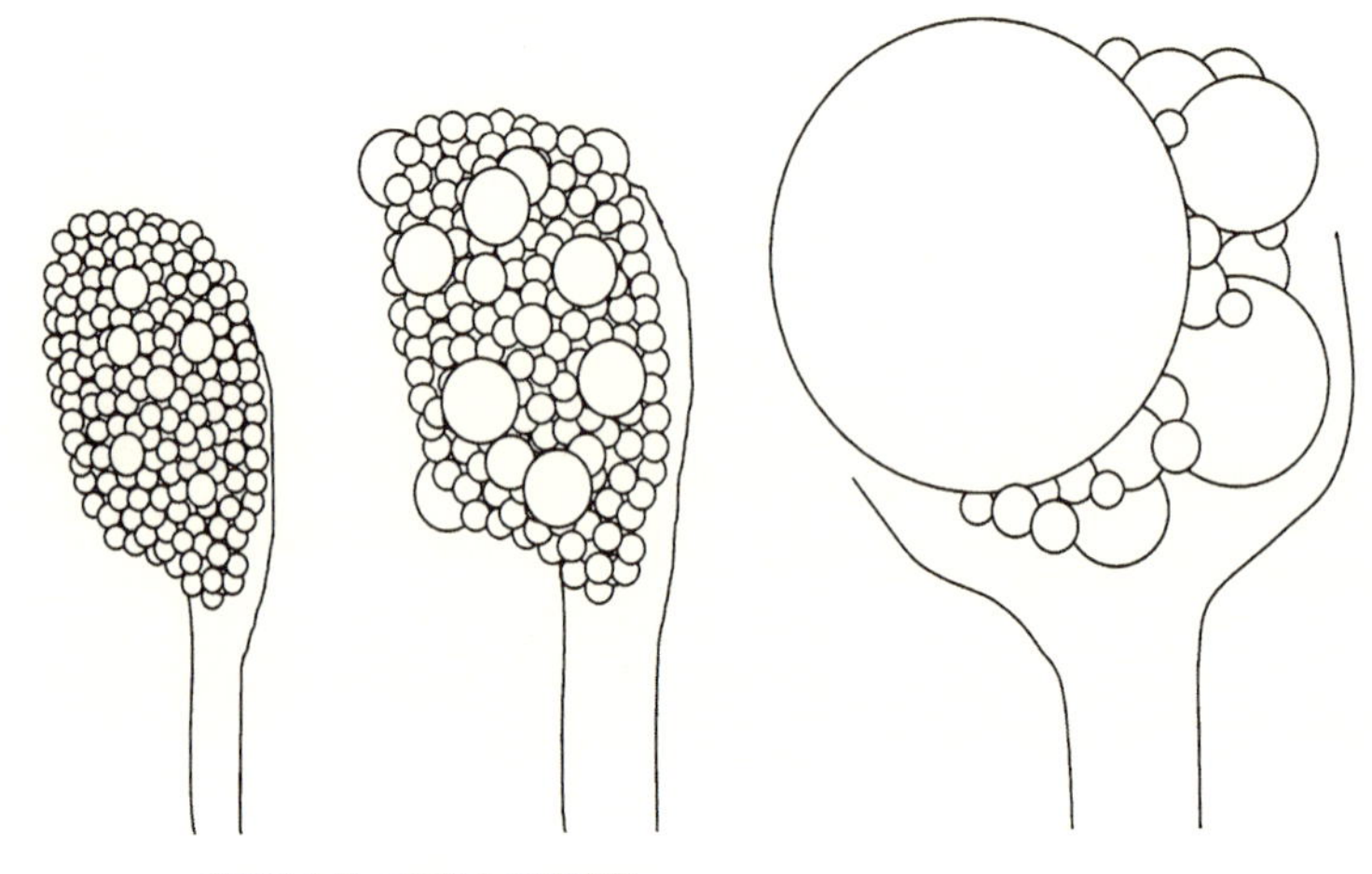

典型的な鳥の卵巣と発達段階
（左）非繁殖期の卵胞はアワ粒ほどの大きさしかない。
（中）繁殖期に入ると、一部の卵胞が膨張を始める。
（右）成熟した卵巣では卵黄に満たされた卵胞が順番に大きくなる。

なみに、鳥類には卵巣が一つしかないことはアリストテレスがすでに指摘していた。繁殖期の鳥の卵巣はブドウの房のように、「結合組織によって結びつけられた多数の卵母細胞（卵子のもとになる細胞）が一本の太い軸状組織につなげられて、体内の所定の場所に固定されている」[2]。しかし、繁殖期が終わると、卵管は糸のように細くなり、卵巣はアワ粒の塊のように小さくなる。それで、ウィラビーとレイはこのアワ粒を「卵の種」と呼んでいるが、形状と潜在能力の両方を彷彿とさせる穿った名称だ。繁殖期になると、こうした卵の種のいくつかが膨らんで卵黄で満たされるようになる。大きな卵子は成熟しているが、小さな白い卵の種は成熟していないことは、誰にでも推測がつくだろう。慣れれば、繁殖期に卵巣から放出された卵子の数もわかるようになる。卵子は卵巣の中にある卵胞（濾胞）という小さな袋から一つずつ放出され、その袋は空になっても卵巣に残っているからだ。ちなみに、卵子が放出されて空になった袋は排卵後卵胞と呼ばれている。レイとウィラビーが論評しているように、卵巣にある卵子は膨大な数に上り、成熟しかけているのはほんの一部で、成熟を待っているものが大部分を占めるので、生涯の需要を楽に満たすことができるように思える。

メスの鳥は生涯に必要とする卵を最初にすべて生成して、その後はそれを産卵していくものと思われる。したがって、メスの鳥は体内に蓄えられた卵が使い尽くされると、繁殖を止め、力尽きる。アンゲルス・アバティウスがクサリヘビで観察したのと同じだ。……自然がメスに新しい卵黄を生成する能力を与えていたら、何年もの繁殖を賄えるほど大量の卵黄を蓄えておく必要などあっただろうか？　生涯に必要とする卵や子供の種を最初にすべて生成して体内に蓄えておき、その後は生涯を通じてそれを産んでいくことは、鳥だけでなく、すべての四足動物のメス、さらには人間の女性にも当てはまる。(3)

ここに引用したウィラビーとレイの記述には数多くの情報が含まれているので、見落としをしないように慎重に分析する必要がある。ウィラビーとレイの目的は鳥の生殖について述べることだが、そのために、一五八九年に出版されたクサリヘビに関する名著で有名なバルドゥス・アンゲルス・アバティウス（通称アバティ）という医師の説を借用している。(4)

アバティが興味を持っていたのはクサリヘビの毒だったが、ヘビを解剖して生殖器官を含む体内の構造を記載し、卵巣の中に「膨大な数の卵」（卵子のこと）が入っているメスがいる一方で、まったく入っていないメスもいることに言及している。アバティが驚いてわざわざ言及した理由は、プリニウス（二三〜七九年）やガレノス（一二九〜二〇〇年）に代表される古代ローマやギリシャの「権威」が、クサリヘビは一度だけ繁殖して死ぬと記していたからである。[5] アバティは、もしそれが真実なら、知られている産卵数をはるかに上回る卵子を持っているメスがいるのはなぜなのか、その理由を考えたに違いない。慧眼（けいがん）なアバティは、卵子をたくさん持っていたメスは若い個体であり、卵子をまったく持っていなかったメスは年老いた個体で、卵子を使い果たしてしまったのだろうと推測したのだ。つまり、プリニウスとガレノスがクサリヘビは一度しか繁殖しないと考えたのは誤りだといっているのである。このように古代の権威に異を唱えることが、まさに科学革命の幕開けとなったのだ。実際に、アバティは自分の研究結果に自信を持っていたので、自著の第九章に（少々ぎこちないが）、「クサリヘビが一度しか繁殖しないことは真実ではないかもしれない理由——何度も繁殖することは立証されている」という見出しをつけている。

ウィラビーはアバティのクサリヘビの著書を所蔵していた。ただし、ウィラビーとレイの思考過程をたどるためには、アバティの著書と『鳥類学』の両方を入念に読む必要がある。

鳥類もクサリヘビと同様に、生涯に必要とする卵子を最初に用意し、それが使い尽くされても新たに補充はしないというウィラビーとレイの推測は、基本的にアバティの説に基づいている。しかし、同じことが四足動物と「人間の女性」にも当てはまるという考えは憶測の域を出ていない。二人は、「クサリヘビや鳥、……それなら哺乳類も同じだろう」と推論したようだ。人間の女性に関する二人の見解が根拠のない推測だったことは疑う余地がない。ヒトの卵子が発見されたのは一八二七年のことで、ヒトの卵巣内の卵子（卵母細胞）を正確に数えることができるようになったのは一九五〇年代だからだ[6]。これから見ていくように、この議論にはそれが不可欠だった。

女性の卵子（卵母細胞）の供給量は限られているだけでなく、思春期から中年期の間に急速に減少していくということは、「生殖生物学分野の最も基本的な原則」[7]と考えられている。五〇万個あった卵子が五〇年でゼロ近くにまで減少してしまうことを考えると、出産できなくなる年齢が刻々と迫ってくることに多くの女性が無関心でいられないのは無理もない。

女性が生涯に必要とする卵子はすべて出生時に用意されているという説を最初に唱えた人物は誰かと聞かれたら、ヒトの生殖研究者ならば、ハインリヒ・ヴィルヘルム・ゴットフリート・フォン・ヴァルダイヤーの名前を挙げるだろう。ヴァルダイヤーは一八三六年に生まれ、ドイツを代表する解剖学者になり、解剖学には発生学（当時、全盛期を迎えていた）の知見が不可欠だと考えていた。胚が発生する過程で生殖器がどのように形成されるのか、その知見がほとんど得られていないことに気づいたヴァルダイヤーは、その形成過程に焦点を当てて、鳥類を含めてさまざまな生物を研究したのである。そして、一八七〇年に『卵巣と卵子』という優れた教科書を出版した。その中でヴァルダイヤーは（アバティやウィラビーやレイのことを知らなかったので）、鳥類も人間も誕生したときに、生涯に必要とする卵子をすべて備えていることを発見したと述べている[8]。

卵子は後から補充されることはないというヴァルダイヤーの見解は、五〇年にわたり生殖生物学を支配していた。しかし、二人のアメリカ人研究者が、「明白な組織学的証拠」と考えられるものに基づいて、卵子を生成する過程は継続するという説を別個に提唱した（エドガー・アレンが一九二三年、ハーバート・エヴァンズが一九三一年に発表）。「卵胞閉鎖の波（生殖細胞の集団破壊）が来ると、その後に何千個にも上る卵母細胞が新たに生成される波が生じる」と論じたのである。[9] ヴァルダイヤーの説は権威を失墜してしまった。

ソリー・ズッカーマン（後のズッカーマン卿）は一九二〇年代に行なったサルと類人猿の生殖に関する先駆的な研究で著名な人物だが、ヴァルダイヤーの説を退けて、アレンとエヴァンズの新説を受け入れている。その理由として、男性が（もっと長い）生殖期間を通じて精子を生成し続けるように、女性も更年期を迎えるまでの生殖期間を通じて卵子を作り続けるという説はきわめて理にかなっているからだ、と述べている。[10]

ラットの卵巣にある卵母細胞を数えるのは一筋縄ではいかない厄介な作業だが、ズッカーマンと同僚のアニタ・マンデル博士はそれを数える方法を発見し、結局ヴァルダイヤーの説が正しかったのではないか、とアレンとエヴァンズの説に疑問を抱き始めた。ラットの卵母細胞の数が年齢とともに急激に減少していることを示す明白な証拠が見つかったからだ。ズッカーマンらは、この研究結果を受けて二つの仮説を提案した。ヴァルダイヤーが提唱したように卵子は限られた数しか供給されないか、または、卵子の生成は続くものの、生成率が年齢とともに急速に低くなるか、このいずれかの可能性があると説明したのである。しかし、後にズッカーマンは後者の考えを退け、一九五〇年代の初めまでにはヴァルダイヤーの仮説を復権させるのに十分なデータを入手できたと確信するに至った。[11]

現在では、母体内にいる胎齢一八週～二〇週の女児の胎児は、左右の卵巣内にそれぞれ、およそ三〇万個の未成熟な卵母細胞（将来の卵子）を持っているが、一三歳で一八万個に、二五歳までには六万五〇〇〇個に、三五歳までには一万六〇〇〇個に減少し、五〇歳のときに残っているのは一〇〇〇個にすぎないことがわかっている[12]。

しかし、減少はするものの、膨大な数の卵母細胞が残っているので、何が問題なのだろうか？ 一人の女性が生涯に産める子供の数は、多胎出産をくり返したとしても最大で六九人なので、五〇歳になっても一〇〇〇個の卵母細胞がそれぞれの卵巣に残っているのは、十分すぎるように思われる。どうして女性や他の脊椎動物のメスがこのように過剰に卵母細胞を生成して長期間蓄えておくのか、その理由はまだわかっていない。それに比べると、オスが膨大な数の精子を生成する理由はもっと簡単に説明できる[13]。とりわけ重要なのは、精子は誕生したときにすべて用意されているわけではなく、常に生成されているので、有効期限の心配がいらないことだ。卵子をきわめて長い間蓄えておくメカニズムがなぜ進化したのか、その理由は謎である。卵子の大部分は蓄えられている間に死んだり、質が落ちて新しい命を生み出すのに役に立たなくなるので、膨大な数の卵子を最初に用意しておくことは理にかなっている。欠陥のある卵子は生理期間中に選択的に取り除かれることがわかっている（と少なくとも思われている[14]）。

誕生時にすでに体内の卵子の数は決まっているという説に最近、再び疑問の声が上がっている。今度は幹細胞の役割を研究している研究者が、ある程度は論理に基づいて異論を唱えているのだ。異を唱えている研究者たちは、必要になったときに卵子を作った方が新鮮で質が劣化していない卵子を供給できるので、理にかなっているのではないかと疑問を呈している[15]。しかし、他の研究者たちはこの

「新説」に否定的で、子供を欲しがっている女性に高価で立証されてもいない不妊治療を受けさせることを意図した宣伝工作だとして取り合っていない。したがって、この新説は受け入れられているわけではなく、女性は新しい卵子を作ることはないということが大方の一致した見解である。

ヒトの卵子のことはこの辺にして、話を鳥に戻そう。ウィラビーとレイは魚類や昆虫、植物の本を執筆することも計画していたが[16]、鳥類の本を著そうと思った動機は、実際に知られていることを客観的に記しておきたかったからだった。既知のことを客観的に記述することは科学的な記述の第一歩であり、文献に記された鳥類に関する過去のさまざまな知見を評価することを意味していた。つまり、迷信は捨て去り、信頼できると思われる知見や自分自身で立証したものを残す作業だ。この作業は思ったほど骨の折れるものではなかった。裕福な貴族だったウィラビーは相当な数の書物を所蔵していただけでなく、一七世紀の鳥類学的知見は今日と比べれば、限られたものだったからだ。

しかし、画期的だったのはウィラビーとレイの方法論である。客観的な記述をするように努めたのだ。ウィラビーとレイは、この新しい「科学的方法」の一環として、情報源を明示することにも細心の注意を払い、自分たちが発見した事柄と文献から得た情報を読者が区別できるようにした。当時は盗用が横行しており、研究者は過去の知見はすべて自分のものとみなしたり、明記せずに（たいていは無批判に）自分の発見だということにしたりしていたので、科学的誠実さは革新的だった。生殖に関する知見は、ウィリアム・ハーヴェイが長年にわたる構想を経て一六五一年に発表した『動物発生論』におおむね基づいている。ウィラビーとレイはハーヴェイに畏敬の念を抱いていたが、間違っていると思ったときは批判も厭わなかった。興味深いことにハーヴェイは、女性は誕生時に決まった数の卵子をすべて備えているというアバティの説を知らなかったか、または異を唱えていたようだ。ハーヴェイにはアバティと見解を異にしていた節があるからだ。ハーヴェイは雌鶏の卵巣に小さな卵子があることに言及して、「雌鶏の卵巣内には卵のもとになるものはまだ備わっていないが、交尾すると受精し、卵巣で卵がすぐに生成される[17]」と述べているのである。

それに対して、レイは『鳥類学』で、「ハーヴェイ博士が『雌鶏は体内に卵の種を持っていないが、交尾の後には新しい卵を産む』と断言していることは知っている。……しかし、この偉大な博物学者はこの問題を十分に研究も考察もしていなかったように思われる[18]」と述べている。つまり、ハーヴェイが卵巣にたくさんある未成熟の卵子を見逃したとレイは考えているのだ。

今では、雌鶏の卵巣には数百万個の卵子があり、そのうち数千個は裸眼でも見ることができるのがわかっている。さらに、一九二〇年代にレイモンド・パールとウィリアム・ショップが行なった先駆的な研究のおかげで、ウィラビーとレイ、および後世の誰もが考えたこととは反対に、鳥類は新しい卵子を作ることができるということもわかっている。パールとショップは雌鶏の卵巣の一部を切除する実験を行ない、卵子の数が切除前の数まで戻ることを明らかにしたのだ。鳥類には新しい卵子を生成する能力があるが、人間にはないというのはとても不思議だが、その理由はまだわかっていない[19]。

卵黄はどのように形成されるか

卵の収集が盛んだった一八世紀と一九世紀には、ウミガラスは一日あれば卵を生成できると一般に考えられていた。岩棚へ降りていって卵を全部採ってきても、翌日にまた採りに行けば、あら不思議、もう卵が産んであるではないか。これほど確かな証拠はないだろう。卵を採られたウミガラスのメスが一晩でまた卵を産んだと思われていたのだ。

しかし、ベンプトンの卵採りたちはそうではないことを知っていた。一八〇〇年代には、ウミガラスの卵を採ると、次の卵が現れるのはほぼ二週間後だと気づいていた（おそらくはもっと前から知っていただろうが、記録に残っていない）。ウミガラスが必ず岩棚の同じ場所に同じ色の卵を産むのを知っていたからだ。ウミガラスのこの習性はよく知られていたので、ラプトンのようなコレクターは同一の繁殖期に同じメスから二個、時には三個、稀には四個の卵を集めることを専門にしていた。こうして収集されたウミガラスの卵は産んだメスの個体ごとに分けられて、ガラスの蓋のついたキャビネットに収められ、大英自然史博物館のトリング館などに保管されている。

実は、ウミガラスが再度産む補充卵は、卵の生成過程を解明するのに役に立つのだ。この過程で何よりも重要なのは、真の卵子ともいうべき卵黄の生成である。卵子は、卵黄という豊富な栄養を備えた一つの細胞で、その表面にはメスの遺伝物質の入った胚盤が載っている。遺伝物質を作り出すのはたいしたことではないが、胚の成長に必要な栄養を卵黄に蓄えるのには時間がかかる。

ウミガラスの卵は鶏卵よりもはるかに大きく、卵黄も大きくて、およそ三五グラムあるが、卵黄と卵の重量比はウミガラスの卵も鶏卵と変わらない（卵の重量の三一％）。さらに、ウミガラスの卵黄も鶏卵と同様に栄養に富んでいて、親鳥の食物から得られる脂肪とタンパク質を主成分としている。ウミガラスも大方の海鳥と同様に、卵は一つしか産まないが、卵黄が形成されるときにはメスは集団繁殖地から遠く離れた海上で採食し、卵黄に十分な栄養を蓄える。

ルイジ・ダッディというイタリア人の科学者が、一八九〇年代に卵の形成過程を知るうまい方法を思いついた。雌鶏に赤い染料を食べさせ、その雌鶏が産んだ卵を調べるのである。卵を固ゆでにして、その卵黄を半分に切ってみると、赤い染料が層状に沈着していた。この実験結果は卵黄が玉ねぎのように、層状に形成されることを裏付けている。これは、アレン・トムソンという英国の内科医にとって、うれしい知らせだったに違いない。トムソン医師はそれより四〇年ほど前の一八五九年にそのことを予測していたからだ。実は、一六〇〇年代にハーヴェイが、卵黄がこのように形成されるという説を唱えていたのだが、見逃されていたか、忘れられていたのだろう。[20] ハーヴェイは卵白を生成するのは卵黄なのか、それとも恩師のファブリキウスが提唱したように子宮なのかを特定しようとしていた。ハーヴェイ自身は卵白は卵黄によって生成されると考えていたが、「固ゆで卵の卵白は層状に簡単に分けられることと、卵巣にまだ付着している状態の卵黄でも、もし固ゆでにすれば同じことが起こることから」[21]、ファブリキウスは卵白は子宮によって生成されると勘違いしてしまったのだろうと指摘している。

一九〇〇年代に入ると、プロラクチンという脳下垂体ホルモンを発見して一躍有名になったオスカー・リドルを含めて、多くの研究者が卵黄の形成過程を解明するために、ダッディが考案した方法を用いるようになった。一九〇八年には、クロード・ロジャーズという研究者が、雌鶏に与える染料の量を増やしても、卵黄は均一には染まらず、必ず赤く染まった部分と染まらない黄色い部分が層になっていることに気づいた。リドルは、色の濃い層は雌鶏が活発に採食している日中に生成され、色の薄い層は採食をしていない夜間に生成されるという説を提唱していたが、その研究結果はリドルの説を裏付けていた。つまり、一対の濃い層と薄い層は、発生中の卵子に卵黄が蓄積していく日々の過程を表しているのだ。さらに、ロジャーズは層の厚さを測定して、卵黄の蓄積速度は一定ではなく、初めはゆっくりだが徐々に速まっていることと、卵黄ができあがるまでにおよそ一四日間かかることを明らかにした[22]。

雌鶏に染料の入ったカプセルを飲ませるのは卵黄生成の研究に有効な方法だということはわかったが、野鳥にカプセルを飲ませるのは一筋縄ではいかない。一九七〇年代にこの難題に挑戦したのは、カリフォルニア大学デイヴィス校で家禽研究を行なっていたアメリカ人研究者のディック・グラウである。グラウは家禽研究者には珍しく、野鳥にも興味を持っていた。グラウには、簡単に捕獲して染料を飲ませることができそうな鳥は数えるほどしかおらず、そのほとんどが海鳥であることがわかっていた。グラウのこうした野鳥の知識は役に立った。カリフォルニアのアメリカウミスズメと、サバティカル（長期休暇）中にニュージーランドで研究したことがあるフィヨルドランドペンギン（キマユペンギン）を用いて実験を行ない、卵子の中に卵黄が蓄積する過程を明らかにすることができた[23]。

しかし、染料入りのカプセルを飲ませることができない鳥類種はたくさんいるので、そうした鳥には別の方法を用いる必要があった。一方、染料を食べさせなくても、固ゆで卵の卵黄に薄い層と濃い層が交互に見られることがあることに気づいた研究者もいた。グラウは、この層をもっと鮮明に見えるようにすることができれば、染料を食べさせる必要がなくなるだろうと考えた。グラウはしばらく試行錯誤を重ね、冷凍した卵黄を半分に切り、下向けにして重クロム酸カリウム溶液に一日ほど漬けておくと、卵黄に濃い灰緑色と淡い灰緑色の同心円状の層が玉ねぎの模様のように鮮明に現れることを発見したのだ。[24]

メスの鳥を捕獲して染料を飲ませることに比べれば、新鮮な卵を集める方がはるかに楽である。グラウはこの新しい手法を実用化させると、さっそく研究に取り組んだ。そして、グラウと同僚の研究者は、卵黄の形成期間が種によって著しく異なることを明らかにしたのだ。たとえば、ハイイロヒレアシシギの卵黄はわずか四、五日で形成されるが、シロカモメは一二日、ウミガラスは一二日から一八日、シロアホウドリは三〇日もかかる。[25]私たちも一九八〇年代にウミガラスの卵黄の形成速度を測定して、グラウらの研究結果を裏付ける結果が得られた。一方、予測されたように、補充卵は卵黄の形成期間（平均九・三日）が初卵（平均一一・五日）よりも短いこともわかった。初卵を失ったメスは、できるだけ早く補充卵を産む必要に迫られているからだと思われる。[26]

ウミガラスの卵巣には小さな卵子が何千個もあるが、前で述べたように、次の段階へ進んで卵黄を蓄積するように指示される卵子はほんの一握りにすぎない。この選択がどのようになされているのかはどの動物種でもわかっていないが、ランダムになされているとは考えにくい。また、すべての卵子が同じように作られているとも思えない。同じならば、最初からこんなにたくさん作る必要があるとは思えないからだ。質の良い卵子が選ばれて卵黄を蓄積することになるのだろうと考えられているが、どのように良いのかまったくわかっていない。

卵巣は、ビタミンやミネラルや色素のほか、肝臓で作られた脂肪やタンパク質を運んでくるために血管系が発達しているが、選択された卵子はこの血管を通して卵黄の形成に必要な栄養を受け取り始める。この中に胚が必要とする栄養素はほとんど入っているが、足りない水分とタンパク質は卵白が、骨格形成に必要なカルシウムの幾分かは卵殻がそれぞれ供給する。

卵黄形成を停止する時期や、卵黄の層の数や大きさを決めるプログラムが組み込まれているはずだ。同種のメスが産む卵の間に変異が見られないのならば、この制御プロセスがどのようなものか、想像するのはさほど難しくはないと思われるが、ウミガラスの研究結果が示しているように、卵には変異が見られるのだ。

卵黄の大きさにこれほど変異が多いのはなぜだろうか？　いくつかの理由が考えられる。まず、健康なメスは特に効率よく採食できるかもしれないし、ヒナが出生時に有利になるような比較的大きな卵黄を生産できるかもしれない。一方、なかなか十分な食物を摂れないメスは、胚を孵化まで育て上げることができる最低限の卵黄が形成されるとすぐに、卵を産んでしまうのかもしれない。

さらに、メスは子の成功の度合いが最大になるように、卵黄の量を戦略的に調節している可能性もある。この説が生まれるきっかけになったのは、一九八〇年代にカリフォルニア大学アーヴァイン校のナンシー・バーリーが飼育下のキンカチョウを使って行なった研究だ。バーリーは個体識別をするために、プラスチックの足環をキンカチョウにつけた（科学的な鳥類の調査や研究で通常行なわれる作業だ）。すると驚いたことに、足環の色によってメスに対するオスの魅力が変化することがわかったのだ。赤い足環をつけたオスはメスに対する魅力が増したが、緑色の足環をつけたオスは反対に魅力が減少してしまったのである。これは、キンカチョウのオスは赤い嘴をしているので、赤い色の足環がオスの赤い嘴の効果を高めていると考えられる。キンカチョウの羽衣には緑色の部分がないので、緑色の足環はオスの魅力を減少させてしまうようだ。

思わぬ発見をしたバーリーは、足環の色を利用してオスの魅力度を操作すれば、性選択が働くメカニズムをうまく解明できることに気づいた。驚いたことに、飼育下なのでどの個体も同じように食物や水を得ることができたにもかかわらず、赤い足環をつけたオスは緑色の足環をつけたオスよりも長生きして、繁殖成功度も高かったのである。さらに、赤い足環をつけた（もてる）オス、つまり質が高いと認められたオスとつがいになったメスは、緑の足環をつけた（もてない）オスとつがいになったメスよりも、子育てに精を出した。バーリーは、子の世話に費やすこの努力量の差を「差別的な投資[27]」と呼んでいる。

今までのところ、バーリーは異なる色の足環をつけたオスとつがいになったメスが産んだ卵については調べていないので、この研究に卵は登場しない。しかし、ここでバーリーの研究に触れたのは、メスはつがい相手の質によって繁殖に費やす努力を変える可能性があるという説を紹介したかったからだ。

その後数年して、私の研究室に所属するエマ・カニンガムという博士課程の学生が、マガモのメスはつがい相手（自ら選んだ「好みの」オスと、エマがつがわせた「好みでない」オス）によって、卵の大きさを変えることを明らかにした。エマは卵黄の大きさを計測しなかったので、つがい相手の質が卵黄の量に影響を及ぼすのかどうかは不明である。しかし、その後の研究で、影響を及ぼすことが示唆されている[28]。

卵黄の量はヒナの質や生存に影響を及ぼすという仮説を検証するためには、卵の中の卵黄量を実験的に変えてやればよいのではないかと思われるかもしれない。しかし、第６章で述べたように、卵黄の量を人為的に変えればわかる、というほど単純な問題ではないのだ。したがって、自然界で見られる卵黄の相対量（卵に占める卵黄の割合）の変異をさまざまな種で調べるしかないのである。

キンカチョウやその他の種で、差別的な投資仮説が提唱されるよりもはるか昔に、アリストテレスは種によって卵黄の量が異なることに気づいていた。「卵黄は真ん丸で、その大きさは鳥の大きさによって異なり、水鳥の方が卵黄が大きく、陸鳥の方が卵白が大きい[29]」と記している。ロシアの医師で生理学者だったイヴァン・ロマノヴィチ・タルハノフは、一八八四年にわずか九種の鳥の卵を調べただけで、卵黄の相対量は孵化時のヒナの発達状態と密接な関連があることに気づいた。クロウタドリやヨーロッパコマドリなどの小鳥はたいてい丸裸で目も見えず、何もできない状態で孵化するが、こうした小鳥は卵黄が比較的小さい卵を産む。一方、ヒナが孵化直後に走り回ったり採食したりすることができるカモの仲間やニワトリのような早成鳥は、卵黄が比較的大きい。卵に占める卵黄の量は、シロカツオドリの一五％からサザンブラウンキーウィ（早成性が強く、巨大な卵黄を持つ）の七〇％まで、種間の変異がきわめて大きい[30]。

卵黄の量がヒナの大きさや質に影響を与える可能性があることは直感的にわかる。しかし、卵黄の「質」に違いがあるというのはわかりづらいし、その「質」には母鳥が加えるホルモンなどの物質が含まれるとなると、さらにわかりづらい。

一九三〇年代と四〇年代に、産卵期の雌鶏に特定のホルモンを注射すると、その雌鶏が産んだ卵から孵化したヒナから同じホルモンが検出されることが明らかにされた。当時は、これは「病的撹乱」、つまり、非適応的効果と考えられていた。今度は一九九〇年代の初めに、ニューヨークのロックフェ

鳥の卵に占める卵黄の相対量（％）
種によって孵化時のヒナの発達段階が異なる。
(上から下へ) ヨシキリ類（20％）、カモメ類（30％）、カモ類（40％）、クサムラツカツクリ（50％）、キーウィ類（70％）。
Sotherland and Rahn (1987) より再描画。

ラー大学で研究を行なっていたフーベルト・シュヴァーブルというドイツ人生物学者が、飼育下のカナリアとキンカチョウが産んだばかりの新鮮な卵にホルモンが含まれているかどうかを確認している。ここで重要なのは、シュヴァーブルが研究の対象にしたのは、どんなホルモン投与も行なわれたことのない個体だという点だ。シュヴァーブルは卵から孵化したヒナに興味があったので、注射器を使ってほんの少し卵黄を取ると、元通りに穴を塞いでヒナを孵化させた。カナリアの卵黄にもキンカチョウの卵黄にもテストステロンが含まれていたが、カナリアの方がテストステロンの量が多かった。しかし、意外なことに、卵黄に含まれていたテストステロンの量と孵化したヒナの性別の間には、相関関係がまったく見られなかった。シュヴァーブルがテストステロンを検出したのは、胚が自分でホルモンを生成できるようになる数日前の新鮮な卵なので、このテストステロンが母鳥に由来することは間違いない[31]。

さらに、カナリアの一腹卵は、後から産卵された卵の方が卵黄のテストステロン量が多いこともわかった。シュヴァーブルは進化論者だったので、これがメスの適応的な反応なのか、それとも何か他の過程で生じた適応とは無関係な副産物なのか、考えあぐねていた。しかし、ある観察結果から、それがメスの適応的な反応であることを示す手がかりが得られた。テストステロンの量がいちばん多い卵から孵化したヒナの方が、テストステロン量の少ない卵から孵化したヒナよりも、餌乞いが激しかったのである。適応的なシナリオを考案するのは難しくなかった。一腹の後の方で産卵された卵は孵化が少し遅れ、その分、先に孵化したヒナより体が小さいので、何らかの手を打たないと不利になってしまう。そこで、母鳥は産卵が後になる卵のテストステロン量を増やすことで、孵化した順番の不利を補い、後から孵化したヒナが気が強くなるようにして、先に孵化したヒナに伍していけるように取り計らっていると考えられるのである。

卵黄のテストステロン量が適応的であることを明らかにするのは一筋縄ではいかないので、シュヴァーブルやその面白そうな研究に触発された研究者たちは、それを証明するためには、実際に生理学的な研究を行なって、テストステロンのようなホルモンが卵黄に取り込まれるメカニズム（生理的過程）を理解するしかないとわかっていた。この取り組みは、さらに興味深い問題を数多く生み出した。たとえば、母鳥のホルモンが卵黄に取り込まれるとすると、母鳥由来のホルモンは後に胚自身が生成し始めるホルモンとどのように作用し合うのかという問題や、母鳥は卵にホルモンを与えるために自分自身のホルモン量を増やす必要があるのか、そして、増やす必要があるとすると、母鳥に何か問題は起こらないのかという問題などである。また、母鳥が（進化という点から）卵黄にテストステロンを大量に加えたいと望んだとしたら、必然的に母鳥自身も攻撃性が増すのではないか？　この問題に対する答えは、卵黄にホルモンが取り込まれるメカニズムによって異なる。メスが自分自身のホルモン量を増やす必要があるのなら危険性が高いかもしれないが、この過程が卵巣内で発生している卵子の周囲の細胞に限られるのならば、メス自身は影響を受けないだろう。そして、後に明らかになったのだが、メスの体内で起きているのは後者なのである。[32]

話をキンカチョウに戻すと、一九九〇年代の後半に、スコットランドのセントアンドルーズ大学のディエゴ・ギルらは、赤い足環をつけて魅力を増したオスと緑の足環をつけて魅力を失わせたオスにメスをつがわせ、それぞれのメスが産んだ卵のテストステロン量を測定した。その結果、魅力的なオスとつがいになったメスの方が、卵黄のテストステロン量が多いことがわかった。この実験結果は、キンカチョウのメスがつがい相手の質に応じて卵黄の中身を調整していることを裏付けている[33]。

シュヴァーブルの最初の発見から二〇年が経過し、こうした優れた研究結果も得られているが、卵黄に含まれるホルモンの原因と結果の理解はまだ緒に就いたばかりである。そのホルモン量は種や個体、先に見たような一腹の卵、さらに、個々の卵黄の中で日々形成されている層の間で著しく異なっている[34]。

メスの鳥が卵黄に加える物質には、ホルモンの他にカロチノイド〔赤黄色の色素〕がある。卵黄の黄色い色はこの物質が作り出している。ちなみに、卵黄を意味する英語の「yolk」は、黄色を意味する古英語の「geoloca」に由来する。雌鶏にカロチノイドの入った餌を与えないと、卵黄は白くなってしまう。合法的ではあるが、養鶏業者が雌鶏の餌にカロチノイドを添加して、「奥様方」の目に卵が魅力的に映るようにしているのはひどいペテンのように私には思える。カロチノイドは胚の発生を含めて、あらゆる生体内の作用に不可欠な物質で、成鳥の羽や嘴、皮膚の赤や黄色の色素の成分にもなっている。カロチノイドはビタミンAやEに並ぶ抗酸化物質で、代謝によって脂肪やタンパク質、DNAが受ける損傷（いわゆる酸化ストレス）を最小限度に抑える働きをしている。鳥類は体内でカロチノイドを生成できないので、食物を通して取り入れなければならない。環境に存在するカロチノイドの量はきわめて少ないので、研究者が最近探究し始めているのが、卵黄に含まれているカロチノイドなどの抗酸化物質の量はメスの質（というか、少なくとも抗酸化物質を探し出す能力）を反映しているという説の検証である。また、母鳥が特定の卵に与える抗酸化物質の量は、ホルモンと同様に、特定の子に対する母鳥の配慮を反映しているという説も提唱されている。どちらも興味深い仮説だが、現在のところ、両者とも裏付けとなる証拠はあまり得られていない。さまざまな研究の間で、結果にバラツキがあるからだ。しかし、一つはっきりしていることがあるようだ。鳥類の胚は成長が比較的速いが、その速度は種によって異なっている。胚の成長が速ければ、それだけ酸化ストレスは大きくなるだろうから、抗酸化物質の必要性も高まるだろう。英国のリンカーン大学のチャールズ・ディーミングとトム・パイクは、胚の成長速度が速い種の方が遅い種よりも、卵黄に含まれている抗酸化物質（ビタミンAやE、カロチノイド）の量が多いことに気づいた。たとえば、セグロアジサシとオオバンはどちらも同じ大きさの卵（およそ三六・五グラム）を産むが、胚の成長速度は大きく異なる。アジサシの胚は一日に〇・八九グラムの割合で成長するのに対して、オオバンはもっと速く、一日に一・一一グラム成長する。アジサシの卵黄に含まれているカロチノイドは二八〇マイクログラム（一マイクログラムは一〇〇万分の一グラム）だが、オオバンの卵黄にはその三倍を超える一一八〇マイクログラムのカロチノイドが含まれている[35]。

卵黄に含まれているホルモンやカロチノイドの役割には、まだわかっていないことがたくさんある。

鳥の受精

メスが補充する物質がすべて揃い、完全な大きさまで成長した卵黄は、卵巣から放出される準備が整い、受精を待つばかりになる。卵子はただ一つの細胞でできている（単細胞である）ことを忘れないでほしいのだが、完全な大きさまで成長した卵子の大部分を占めているのが卵黄で、その上には胚盤が載っている（卵黄表面の色の薄い小さな斑点だ）。この胚盤は少量の細胞質とメスのＤＮＡとからなっており、オスの精子の標的である。

一般には、受精とは特別な瞬間、つまり精子が卵子に侵入する瞬間だと考えられている。しかし、受精が起きたかどうかや、いつ受精したかを見極めることはそれほど簡単ではない。受精の中でもいちばん単純なタイプを定義すると、ドアを叩く音が聞こえたのでドアを開けると、誰か（見知らぬ人か、あるいは親しい友人か）が立っていたので、その人を家の中に入れるようなものだといえるかもしれない。戸口に立っているのは恋人で、中に招き入れただけでは受精とはみなさず、愛撫や抱擁をして初めて受精とみなすという定義もある。さらに、二階の寝室へ行き、性交、つまり合体する必要があるという定義もある。

これから見ていくように、精子が卵子に入り、その後に起こる新しい生命を生み出すための出来事は、精緻を極め、驚嘆すべきものだ。しかし、最終的に両性の性細胞が融合することに変わりはないが、その過程は鳥類と人間では著しく異なる。

人間の受精過程は、戸口へ訪ねてくる人はたいていは一人だけで、稀には二人いることもあるが、中に入れてもらえるのは一人だけという状況に相当する。一方、鳥類の受精過程は、ドアを開けると、サッカースタジアムの群集のように何百、何千という人たちが押しかけてきていて、どの人を入れるか決断しなければならない状況に似ている。しかも、入れる客を一人決めればすむという状況ではなく、押しかけた人たちは玄関からだけではなく、窓からも入り込もうとしている。そのうちの一人だけが、主人を抱きしめることができるのだ。

人間の受精はアリストテレスの時代から多く人の好奇心をそそってきたが、いつの時代にも一筋縄ではいかない難問だった。科学の目の届かない卵管の奥深くで起こる出来事だからだ。他の哺乳類なら良心の呵責を覚えることなく解剖ができるので、ヒトの女性の代わりに研究の対象にされてきたが、それでも受精の過程を解き明かすのは困難を極めた。一方、鳥の卵は大きな問題がないように思われていた。卵の中には卵子が入っているだけでなく、目で見えるし、いくつでも解剖することができる上に、欲しいだけ大量に使うことができる。それに、雌鶏と雄鶏を一緒にさせたり離しておいたりすることで、卵を受精させたりさせなかったりすることもできたからだ。しかし、これほど利用しやすい研究対象があったのにもかかわらず、鳥類の受精過程はじれったいほど解明が進んでいない。

受精の研究を本格的に始めたのはウィリアム・ハーヴェイだった。ハーヴェイは血液循環の大きな謎を解き明かせたので、精子の行動も明らかにすることができるのではないかと思ったのだ。ハーヴェイはニワトリで研究を始めた。雄鶏を雌鶏と交尾させると受精卵ができるので、後は受精のメカニズムを解明すればよいわけだ。ハーヴェイは雄鶏と雌鶏を交尾させると、雌鶏を解剖して精液を探した。しかし、精液は蒸発してしまったかのように、どこにも見つからなかった。何度も同じ過程を試し、雌鶏を解剖してみても精液を見つけることができなかったハーヴェイは、受精は明白な接触がなくても感染する接触感染のように起こると考えざるを得なかった。心の中ではそんなはずはないとわかっていたが、実験結果と一致させるには、他に説明のしようがなかったからだ。ハーヴェイは国王の侍医だったので、王室の狩猟で仕留められた発情期の雌鹿を解剖する許しを得た。しかし、雌鹿の卵管にも精液はまったく見つからなかった。不可解ではあったが、少なくとも雌鶏の解剖結果と矛盾してはいなかった。

『ウォーリーをさがせ！』という絵本のように、粘り強く探していれば、いつかは見つかるかもしれないという類のものではなかったのだ。問題は、精子が精液の中を激しく泳ぎ回る微細なものだということをハーヴェイが知らなかったことだ。精子は目に見えるものでないだけでなく、シカに関しては卵子の形状も知らなかったので、まさに干し草の山の中で針を手探りしているようなものだったのである。

受精を理解することは、難関だらけの障害物コースを走るようなものだった。ニワトリで大きな障害となるのは、雄鶏と雌鶏を引き離した後でも、雌鶏が数週間にわたって受精卵を産み続けることがあることだ。ファブリキウスは雌鶏が一年中受精卵を産み続けられると誤解していたが、ハーヴェイは三〇日間と突き止めた。しかし、それでも謎はまだ解けなかった。また、不可解なことに、王室の狩猟場でハーヴェイが腹を裂いたアカシカとダマジカは、発情期に入ってから二か月経つまでは胚の兆候がまったく見られなかったのだ。雌鶏が受精卵を次々と産めたのは、精子を蓄えておけるからだった。国王のシカを解剖したとき、ハーヴェイはメスの月経血と混ざったオスの精子が、卵管の中に卵のような組織を形成しているだろうと予測していた。しかし、シカには月経周期がないだけでなく、ハーヴェイはシカの卵子の形状をまったく知らなかった。その上、風変わりな形だったので初期胚に気づかず、「膿（うみ）」と勘違いして、無視してしまったのだ。[36]

こうした謎に戸惑っていたことを考えると、ハーヴェイが発生の研究結果を出版するのが遅れたのも無理はない。それ以前に行なった血液循環の研究は、後に正しいと立証されることになるものの、発表当時は大論争を引き起こしたので、すでに六十代になっていたハーヴェイが再び生物学的論争を引き起こしたくないと思ったのもうなずける。また、精液は発生では事実上何の役目も果たしていないと結論づけて、「ex ovo omnia（すべての生物は卵から生じる）」[37]というエピグラフを著書の口絵に載せたのも驚くには当たらない。

受精の謎は、ずっと単純な生物であるカエルの研究によって、やがて解明されることになる。カエルは雌鶏と同様に個体数が多いだけでなく、扱いやすいという大きな利点があるが、重要なのは一目瞭然なことだ。カエルは体外で受精するので、精液が卵に及ぼす影響をメスの体外で観察できる。しかも、その影響は不可解な遅れもなく、すぐに現れるのだ。一八五三年にジョージ・ニューポートが明らかにしたように、カエルの卵の上に精液をかけると、数時間のうちに胚が発生する。ただし、最終的に精子が卵子に侵入する実際の過程を明らかにしたのはオスカー・ヘルトヴィヒで、一八七六年のことだ。ヘルトヴィヒはカエルよりも単純なウニを使って、受精過程をもちろん肉眼ではなく顕微鏡で観察したのである。[38]

ウニの受精もカエルと同様に体外で起こる。ウニは満月や特定の海水温のような環境要因に反応して、精子と卵を海中に放出する。一方、哺乳類や鳥類は受精が体内で起こるので、雌雄の配偶子が確実に出会えるようにする別の戦略を進化させた。特に確実な方法は、交尾そのものが排卵を誘発する交尾排卵と呼ばれているものだ。ネコやウサギ、ラクダはこの交尾排卵方式を進化させた。もう一つは、メスが交尾受け入れを、通常は匂いや行動ではっきりと示す方式だ。この交尾受容期は排卵期と重なり、「発情期」とか「さかり」などと呼ばれている。

しかし、人間は別だ。人間には発情期はないし、排卵ははっきりと示されるどころか、隠されている。つまり、女性はいつでも性的に受け入れ可能な状態なので、ほぼ四六時中(まあ、相対的にいえばだが)性交して精液を受け入れることができ、ちょうどそれが排卵期に一致することもあるというわけだ。「隠された排卵」と呼ばれている問題は、行動生態学者や生殖生理学者の頭を長い間悩ませてきた。

排卵の前後には女性の様子やふるまいに変化が生じるにもかかわらず、調査結果によれば、自分の排卵期がわかっている女性は三分の一にも満たないし、ほとんどの男性はまったく気づかない。排卵が隠されているのは、女性の繁殖成功度は父親の世話に依存しているからだという説明が最も理にかなっている。もし女性が排卵を宣伝したら、性交したいと思う男性が数多く現れて、メインパートナー(たとえば夫)が自分が父親であるかどうかに自信を持てなくなるだろう。そうなると、子供の世話をあまりしてくれなくなるかもしれない。さらに、夫が妻の排卵期を知ることができたら、排卵期が過ぎて受胎の可能性がなくなったとたんに、別の女性と性交する機会を求めて出歩くだろう。その結果、夫が性交したすべての女性の子供の世話をするようになったら、妻が夫から受ける世話の量は一夫一妻(単婚)でいるときよりも少なくなってしまうだろう。つまり、排卵期を隠した方が男性から子育ての協力を得やすくなり、父親の世話によって女性の繁殖成功度は著しく高まるので、排卵期を隠すことは女性にとって進化的な利点があるのだ[39]。

鳥類には交尾に誘発される排卵は知られていない。その代わりに、メスはオスに交尾を促して、受精が可能になったことを知らせる。メスはオスの求愛行動やさえずりに応えて、交尾を促す独特な姿

キセキレイのメスの交尾促し姿勢

勢を取るのだ。交尾はふつう初卵を産む数日前（場合によっては数週間前）から始まる。その次に起こることは、体内時計やオスの存在に反応して、卵子が入っている卵胞が破れ、卵管の上に卵子を放出することだ。卵子を受け取る（実際には、捕まえる）のは、卵管のうち漏斗の形をした部位で、その名も「漏斗部」と呼ばれる。「漏斗」という名称は悪くはないが、私などは硬質のプラスチックでできた調理器具を想像してしまう。しかし、卵管の「漏斗」は台所用品の漏斗とは似て非なるものだ。この卵管の最上部はむしろ巨大な口を開けた透明なヘビに似ている。解剖した鳥の漏斗部を見ると、それが開いて卵子を飲み込むところは想像しがたいのだが、ちょうどヘビが巨大な獲物に這い寄って包み込むようにして飲み込むのと似て、漏斗部は滑らかに卵子の上に覆いかぶさって卵子を飲み込むのだ。そして、漏斗の口の中には何百、何千という精子が待ち構えているのである。

すべてが終わるのに一五分ですむ。受精してもしなくても一五分経つと、もう精子が入り込めないように、卵子は漏斗部の内壁から分泌される防護膜に覆われる。鳥類は短い受精の機会に備えて、十分な精子が漏斗部の中に確実に蓄えられるようにする戦略

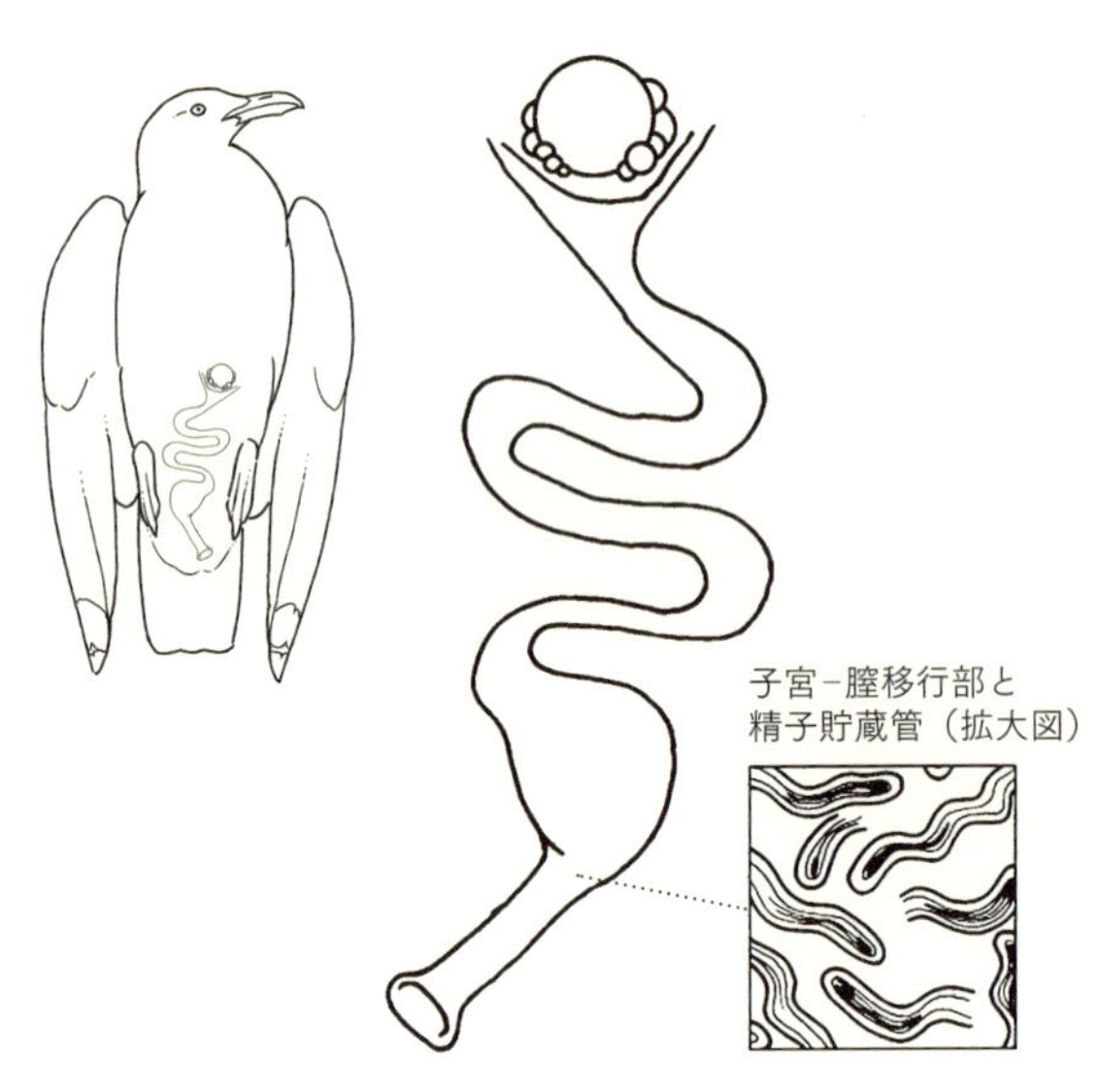

鳥類の卵巣と卵管の模式図
精子で満たされた微小な精子貯蔵管の位置（子宮−膣移行部）を示している。

をとっているのだ。卵子が精子を必要とする瞬間に即座に供給できるように、排卵に先だって交尾をして、精子を蓄えておく。精子が蓄えられるのは、卵管のずっと下方で総排泄口に近いところにある精子貯蔵管である。卵巣から最初の卵子が放出される数日前になると、この管から精子が放出されて、卵管の内壁を覆う細胞によって漏斗部まで運ばれ、そこで受精の機会を待つのである(40)。

前述したように、ニワトリは精子を三〇日間は蓄えておくことができる。通常は一腹でおよそ一〇個の卵を毎日一つずつ産むので、三〇日間で十分なのだ。一方、ハトは一腹卵数が二個にすぎないので（産卵間隔は四八時間）、精子貯蔵期間はわずか六日である。とはいえ、産卵数は精子の貯蔵期間を決める要因の一つにすぎない。産卵期間中も交尾を継続するような種は、産卵数にかかわらず、精子の貯蔵をほとんど必要としない。反対に、つがいの雌雄が頻繁に会うことができないような種は、長期にわたる精子の貯蔵が不可欠である。

アホウドリのような海鳥は単婚制で、繁殖が可能な期間は二〇年から三〇年に及び、その間同じ相手とつがい関係を維持するが、それは一風変わった関係だ。配偶者と水入らずで過ごせるときがたまにしかなくて、限られた機会を最大限に活かす長距離トラックの運転手の生活を思い浮かべると、アホウドリのつがい関係がよくわかるのではないか。

一九九〇年代に入ると、鳥に発信機を取りつけて、衛星で追跡する先駆的な研究が行なわれるようになったが、そうした研究の結果、アホウドリが営巣地から一八〇〇キロも離れた洋上まで採食に行くのは珍しくないことがわかった。採食場所がこれほど遠く、親鳥のどちらかが巣を守るために営巣地に残らなければならないということは、アホウドリのつがいが一緒に過ごせる時間はあまり長くないことになる。たとえば、マユグロアホウドリのオスは南半球の春が始まる九月の下旬に営巣地に帰ってくるが、メスはオスより一週間前後遅れて戻り、つがいは営巣地で一日だけ一緒に過ごす[41]。この日が特別な日であるのは間違いない。交尾が行なわれるのは事実上この日だけだからだ。翌日にはメスは営巣地からいなくなってしまう。メスは何百キロも離れた洋上を滑空しながら嗅覚を頼りに食物を探し、卵を産むのに必要な栄養を蓄えるのだ（一腹卵数は一個である）。メスは二週間ほど洋上で採食すると、オスが待つ営巣地に戻り、もう交尾は行なわず、その二日後に卵を産む。

昔の海鳥の研究者は、メスのアホウドリが営巣地からいなくなるこの時期を何かロマンティックなものと考え、「ハネムーン期間」と呼んでいた。しかし、仮にそういうものがあったとしても、実体とかけ離れた名称である。第一に、メスがひとりで出かけるだけであり、第二に、ハネムーンと聞いて思い浮かべるようなことは何一つ起きないからだ。「産卵前の営巣地脱出」という名称の方が実態をよく表しているだろう。基本的には魚を採りに行くための遠出で、長期にわたるということだからだ。また、アホウドリに似たハイガシラミズナギドリのメスも、栄養を蓄えるために、精子を貯蔵したまま二か月間も営巣地を離れる[42]。

アホウドリとミズナギドリは精子の貯蔵期間の長さを含めて、さまざまな点で並外れているが、海鳥の多くは採食地が繁殖地から遠く離れているので、似たような問題を抱えている。ウミガラスも例外ではないので、産卵前の数週間にメスの体内で起きている出来事を私は数年かけて研究したことがある。しかも、この研究では、メスの体内を覗くことは一切せず、一連の出来事を解明するために家禽学で開発された技術を利用した。

産卵前の数週間、ウミガラスのオスは、メスよりもずっと多くの時間を集団繁殖地で過ごす。メスは交尾のために繁殖地に短時間戻ってくるが、数回にすぎず、その後は卵を産むのに必要な栄養を蓄えるために、洋上へ採食に行く。メスの卵巣内では卵子の一つにすでに卵黄が形成され始めており、成熟した卵子が卵巣から放出される二、三日前に、精子貯蔵管から精子が放出される。精子はラッシュアワー時のロンドンの地下鉄に乗ろうとしている乗客のように、卵管を通ってホームに相当する漏斗部に殺到し、そこで卵子（電車に相当する）の到着を待つのだ。

ヒトを含めた哺乳類と鳥類の卵子の顕著な相違は、哺乳類の卵子は精子が一つあれば新しい命を生み出すことができるが、鳥類は複数の精子を必要とするらしいことだ。一つの卵子の中に複数の精子が入り込む必要がある動物は、鳥類の他にもサメ、イモリ、サンショウウオなど数種が知られており、そうした受精様式は多精受精と呼ばれている。これは、電車がホームに着いてドアが開いたとき、待っていたお客が数人乗れることに相当する。一方、哺乳類の電車だと、待っていた乗客のうち乗れるのは一人だけだ。

受精時に卵子の付近に精子がひしめき合っていると、ヒトでも多精受精が起こる可能性があるが、悲惨な結果に終わる。ヒトの卵子に複数の精子が侵入すると、胚は発生しないので、病理的多精受精と呼ばれている。もちろん、ヒトの卵管は、卵子に到達する精子の数を厳しく規制し、数百万に上る精子を減らして、受精時に卵子に近づける精子が一つだけになるようにしている（他の哺乳類も同様だ）。

稀にヒトの卵子の近くに複数の精子が残ってしまうことがあるが、卵子にはそうした場合に対処できるように、複数の精子が侵入できないようにする機能が備わっている。この機能は「多精拒否」と呼ばれている。ぎこちないが、的を射た呼び方だ。ヒトの卵子に精子が一つ入ると、ある化学反応が起きる。それはちょうど、電車に乗りたい乗客がたくさんいるにもかかわらず、駅長が車両の扉を閉めて、開けないように命令を下すのに似ている。しかし、体外受精の場合に顕著だが、卵子の周囲に精子がたくさん存在することがある。体外受精の場合には、精子の数があまりにも多いので卵子の多精拒否機構は圧倒されてしまい、卵子は精子に乱入され、息の根を止められてしまうのだ[43]。

しかし、前述したように、鳥類ではこういうことにはならない。卵子が何百何千という精子に取り

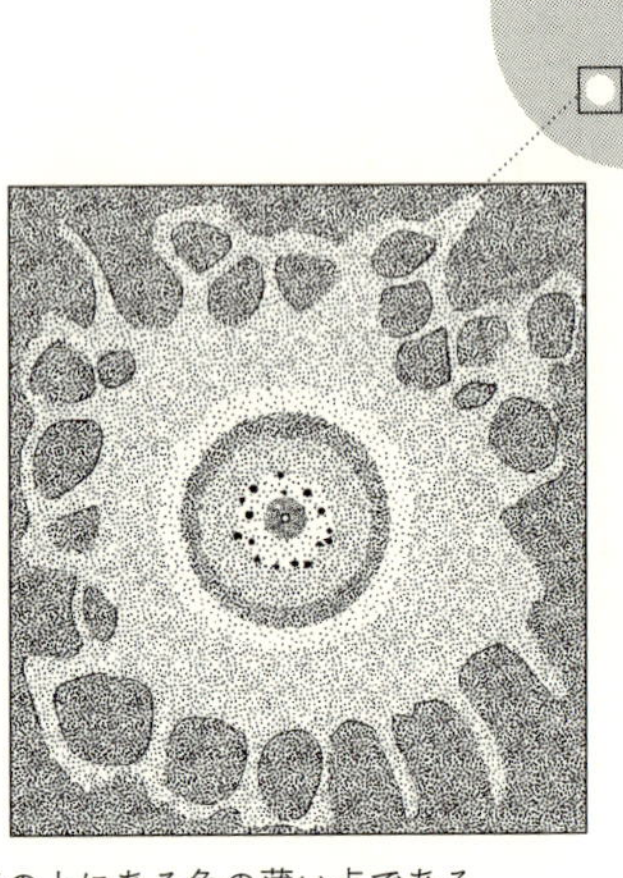

（上）胚盤は卵黄の上にある色の薄い点である。
（下）受精卵の胚盤の拡大図。中央にある白丸は、メスの遺伝物質が入っている雌性前核。その周囲にある黒い点は余剰な精子で、この場合は16個ある。1個の精子の核が雌性前核と融合した後に、胚が正常に発生するためには、複数の精子が（特に鳥類では）必須である。Romanoff and Romanoff (1949) より再描画。

囲まれているのはごく普通のことだからだ。さらに、アメリカのユージーン・ハーパーという生物学者が二〇世紀の初めに発見したように、複数の精子が卵子の胚盤の部分（メスの遺伝物質が存在する場所だ）に侵入するのは日常茶飯事のことなのだ。その結果、胚が死亡するわけではないので、この現象は生理的多精受精といわれている(44)。

鳥類でハーパーが発見した生理的多精受精（以下は簡単に多精受精と呼ぶ）がほとんど注目されなかったのは、意外なことのように思える。哺乳類では受精に必要な精子の数がたった一つなのに、鳥類では（サメやいくつかの両生類でも）複数の精子が必要らしいが、それはいったいなぜなのか、その理由を誰も突き止めようと思わなかったのも不思議である。

同僚のニコラ・ヘミングスが答えを見つけたのは、キンカチョウを用いて人工受精の技術を開発していたときだった。私たちは、精子の長さが異なる二羽のオスの精子を混ぜて、メスに受精させようとしていた。尾の長い精子と短い精子を五〇対五〇（一対一）の割合で混ぜて受精させたら、卵子を覆う組織層に捕まる精子の割合も五〇対五〇（一対一）になるのかどうかを知りたかったのだ。精子の長さが受精の成功にどのように影響を及ぼすかという話は別の機会に譲ることにして、ここでは結果だけ述べておくが、この人工受精の実験は失敗に終わった。漏斗部まで到達できた精子がほとんどいなかったのだ[45]。ニワトリやシチメンチョウでは人工受精は日常茶飯事だし、キンカチョウのような小鳥でも成功した例はあるようなので、とても悔しかった[46]。私たちは精子の長さに関わる仮説を検証する方法を新たに探さなくてはならなくなったのである。しかし、ニコラから話を聞いて考えさせられてしまった。ほとんどの卵は精子が入っていなかったので明らかに未受精だったが、精子が一つ二つ侵入していた卵は受精していたにもかかわらず、胚は発生しなかったというのである。

この段階では、こうした卵をそのままにしておいたら発生したかどうかわからなかったので、再び実験して孵卵してみたが、受精卵はどれも胚が発生しなかった。胚は受精後わずか数時間で死亡してしまったのだ。

この実験結果は、鳥類では多精受精（胚盤に複数の精子が存在すること）がウィリアム・ハーヴェイらのいう「発生（ジェネレーション）（受精と発生の両方を包含する用語）」の過程の要であることを示している。鳥類で余剰精子が果たしている役割はよくわかっていないが、カエルやイモリでは、余剰精子は胚の発生を促進する物質を放出するのではないかと考えられている。そうした物質を必要とする理由は明らかではないが、鳥類もそうなのかもしれない[47]。

鳥類の卵子は受精後数分すると、二四時間かけて卵管を下っていき、前述したように、その間に驚異的な過程を経て卵が形成される。ここまで、卵とともに卵管を旅して、進化の極みである卵が創造される過程をつぶさに見てきた。そして今、子宮の中の暗闇に佇(たたず)んでいる。そこでは、硬い殻で覆われて完成した卵が、舞台の袖で出番を待つ役者のように、生命の表舞台に出るのを待っているのだ。

第8章 産卵、抱卵、孵化

驚異的な強さを備えた卵を壊すのに、卵殻に小さな亀裂を入れるだけで十分である。干からびて不要になった尿膜と羊膜の残滓をかなぐり捨てると、ヒナは外の世界へ踏み出す。

アルフレッド・ニュートン（一八九六年）

ジョナサン・スウィフトの『ガリヴァー旅行記』の中に、リリパット国でゆで卵の殻のむき方をめぐり論争がくり広げられる話が出てくる。リリパット国では伝統的に大きい方の端（鈍端）から殻をむいていたが、鈍端から殻をむこうとして皇帝が手を切ってしまい、小さい方の端（鋭端）からむくべしとお触れを出したのだ。この勅令は万人に受け入れられるところとはならず、殻のむき方をめぐる論争から六回も暴動が起きる。スウィフトはこの鈍端派と鋭端派の卵論争で、聖体拝領（聖餐式）のパンの中に聖体（キリストの体）が実際にあるのか、それとも象徴にすぎないのかという点をめぐって、一八世紀にカトリック教徒（卵の鈍端派）とプロテスタント教徒（卵の鋭端派）の間で行なわれていた論争を揶揄（やゆ）したのだ。[1]

鳥の卵は総排泄口からメスの体外に出てくるのだが、どちらの端が先に出てくるのかという卵の出方をめぐって、ゆで卵のむき方と同じような論争が起きたことがある。異を唱えている人も少しはいるが、大方の人たちは（主にアリストテレスの影響で）、鈍端が先に出てくると考えている。その結果、卵が卵管の中を移動する仕組みについて誤った説明がなされるようになってしまった。一七七〇年代に鳥類の卵について草分け的な著書を著したフリードリヒ・クリスティアン・ギュンターのような初期の研究者は、鈍端が先に出てくるので、卵管の中を移動するときも鈍端が先だろうと考えた。ギュンターは、卵は蠕動（ぜんどう）によって移動するという説を提唱した。消化管内で食物の塊が移動するのと同様に、卵管壁の筋肉が卵の前方で緩み、後方で収縮して、卵を前へ押し出していると考えたのである。卵の鋭端の方が鈍端よりも長いので、そちらが後ろになった方が、卵管壁の収縮をより効果的に移動中の卵に伝えられると考えたからだ。

一九世紀の解剖学者のハインリヒ・メッケル・フォン・ヘムスバッハはギュンターの説を信奉した一人だが、この説明に絶対の自信を持っていたので、「数学的必然」と呼んだ。公正を期すために付け加えると、スコットランドの生んだ偉大な生物学者ダーシー・ウェントワース・トムソンが一九一七年に出版した『生物のかたち』で、この説を取り上げて太鼓判を捺したのも、直感的にわかりやすいからだろう。トムソンは生物学者として名声を博していたので、他の生物学者もトムソンのいうことだから間違いはないだろうと考えた。そうした研究者の中に、一九二三年に出版した『鳥類の生態』で同じ誤りをくり返したJ・アーサー・トムソンもいた。[2]

生物学の仮説の中には、反証が挙がっているにもかかわらず、いつまでも否定されることなく残っているものがあるが、私にはそれが不思議でならない。卵の移動の仕方に関して、自分たちの信奉するギュンターの説に反証が挙がっていたにもかかわらず、ダーシー・トムソンやＪ・アーサー・トムソンは、どうして無視することができたのだろうか？　早くも一八二〇年代には、チェコ人のヤン・プルキンエとドイツ人のカール・エルンスト・フォン・ベーアという二人の偉大な生物学者が、雌鶏の卵はたいてい鈍端から先に出てくるが、卵管の中を移動するときは鋭端が先であると報告しているのだ。さらに、ハトやタカ、カナリアでもこのことが立証されていた。それにもかかわらず、どうしてトムソンらは自分たちの見解を変えなかったのだろうか？　二人は著名な先人のいうことを信じなかったのだろうか？　そうではなく、ドイツ語が読めなかったのではないか。それなら仕方がないが、ハインリヒ・ヴィックマンの論文さえ読んでいれば、二人は確実に自らの誤りに気づいたはずだ[3]。

ヴィックマンはよく馴れた八羽の雌鶏に机の上で産卵させ、産卵の直前と最中の数時間に起きる出来事を記録した。ヴィックマンは産卵の直前に、総排泄口から卵管を覗き、そこから見える卵管内にある卵の先端に器用に鉛筆で印をつけた（ヴィックマンが雌鶏のお尻に鉛筆を突っ込んでいるところへ、たまたま奥さんがコーヒー片手に入ってきた場面を、思わず想像してしまう。奥さんは「あなた、なんてことをしてるんですか！」ということになるだろう）。ヴィックマンはこのようにして、どの卵も鈍端から先に産まれてくるが、産卵の一時間ほど前は、鋭端がお尻の方を向いていることを確認した。そして、卵は産まれる直前に向きを変えるのだと推論したのだ[4]。

卵がこのように向きを変えると聞いたとき、私は長軸に沿って垂直方向に回転するのかと思ったが、実際は水平方向に一八〇度回転するのだ。この卵の方向転換は一九四〇年代になって、第３章にも登場したジョン・ブラッドフィールドによって確認された。ブラッドフィールドは、雌鶏の卵管の後半部を移動する卵をX線を使って観察したのだ。産卵が近づいた雌鶏をX線のスクリーンの前に座らせて、正午ごろに卵殻膜だけに覆われた卵が卵殻腺（子宮）に入るところから画像を撮り始め、午後の九時まで一定の間隔を置いて撮影し、翌日は午前八時から撮影を再開した。ブラッドフィールドが私の研究室の学院生だったら、少なくとも一度は徹夜で観察させただろうが、結果的にはその必要はなかったようだ。ブラッドフィールドは、「夜間に起こる卵殻分泌の過程は見逃すことになるが、午前の早いうちに排卵される卵の動きを追えば、卵管内を移動する前半部の過程と、後半部で最後の数時間の卵の動きを併せて観察することができる（この前半部の過程がいちばん興味深いところだと判明した）[5]」と記しているからだ。

ブラッドフィールドはX線画像を分析していて、驚くべきことを発見した。産卵の一時間くらい前に、卵殻が完成した卵が入った卵殻腺が腰帯から二〜三センチ下がり、雌鶏が立ち上がった一〜二分の間に、卵が水平に一八〇度回転したのだ。出産の際に胎児の頭が通り抜けなければならない、骨が環状になっている哺乳類の骨盤と異なり、鳥類の骨盤はブラッドフィールドにいわせると、船を裏返したような形をしていて、硬い卵殻を備えた大きな卵を産みやすいだけでなく、卵殻腺の降下や卵の回転を可能にもしているのである。

ブラッドフィールドが観察したどの雌鶏でも、卵は鋭端を先にして卵殻腺の中に入り、半回転すると、鈍端から先に産まれてきた。なぜ卵の向きを変える必要があるのか、その理由はわかっていない。鶏卵やスズメ目のほとんどの卵は両端の形がそれほど変わらないからだ。同じ種でも産卵時の卵の向

卵はどちらの端から先に出てくるのか？

（左）卵は鋭端を先にして子宮（卵殻腺）内を移動する。

（中）産卵の直前になると、向きを変える。

（右）産卵時には、鈍端から先に出てくる。

ニワトリのX線画像に基づく鳥の下腹部の模式図。卵、体の輪郭と骨格の一部（腰帯、脊椎の先端部、左足）が描かれている。Bradfield（1951）より。

きがいつも同じとは限らないことを考えると、どちらの端が先でもたいした問題ではないのかもしれない。鋭端から先に産まれた数少ない鶏卵を観察した研究者が、鈍端から先に産まれた卵と形が異なっていたかどうかを記録していなかったのは残念ことだ。卵にとっては（まだわかっていない何らかの理由によって）、卵管内の移動は鋭端を先にした方が好ましいが、産まれるときは鈍端を先にした方が望ましいということなのかもしれない。

ヴィックマンによると、向きを変えた卵がまだ子宮内にとどまっている間に、驚くべきことが起こるようだ。ヴィックマンは、「卵は哺乳類の胎児が生まれるように膣から単純に外へ押し出されるのではない。子宮が膣を通って外に脱出してしまうので、卵は膣や総排泄口の壁に接触することなく産卵されるのだ」と述べている。ブラッドフィールドもX線を使った研究の結果に基づいて、同じ結論を出している。しかし、それからまもなくして、一九五〇年代にアラン・サイクスという家禽学者がこの問題を再検討して、ブラッドフィールドの出した結論に疑念を抱いた。「ヴィックマンの仮説を裏付ける証拠は、産卵時のX線画像を分析しているときに、子宮が外にまくれ出ている画像を見たと述べているブラッドフィールドの記述だけである。しかし、ブラッドフィールドが発表したX線画像では……卵管はX線が透過してしまっているのではっきりと写っていない」とサイクスは述べた。サイクス自身が行なった研究では、子宮が外へまくれ出るのを示す証拠は得られなかった。その代わりに、膣内に卵が入っている鳥（雌鶏）を数羽見つけたが、ヴィックマンの説やブラッドフィールドの観察結果が正しければ、ありえないことである。サイクスはヒトの分娩第二期で腹筋の収縮によって胎児が膣に押し出されるように、卵も膣に押し出されるのではないかと述べている。卵が総排泄口の開口部に到達すると、雌鶏は出産するときの妊婦のように息み、うまく行けば、卵は速やかに外へ出てくる。[6]

鳥類が「分娩」に要する時間は種によって著しく異なるようだ。数時間かかる種もいれば、わずか数秒で終わるカッコウのような托卵鳥もいる（229ページ参照）。

ウミガラスは産卵の仕方も他の鳥とは異なる。卵は必ず鋭端から先に産まれてくるので、いわば「鋭端派」である。産卵するときのメスは首を肩の間に埋め、翼をやや開いて体から離し、（ふだんは水平に伏せている）脚を垂直にして、まっすぐに立ち上がった姿勢になる。卵が出てくるまで、この姿勢で一〇分以上立っていることもある。卵は全体が出てくるまで、たいてい鋭端だけが地表に接した状態になる。メスはさらに腹部を収縮させると、つま先立ちになり、卵を完全に産み落とすが、瞬間的に身をかがめて、嘴で卵を受け止め、さらに翼を伏せて卵の転落を防止する。そして、卵を数秒間眺める（おそらく卵の外見を記憶するためか、あるいは繁殖経験のあるメスならば、外見を思い出すためではないかと思われる）。それから、鋭端が脚の間に来るようにして卵を腹の下に置き、長い期間にわたる抱卵に入る。[7]

ウミガラスの卵が他の鳥のように産卵の直前に回転するのかどうかはわかっていない。しかし、卵の大きさからだけでも、ありそうもないように思える。ウミガラスの卵も他の鳥と同様に、卵管内を鋭端を先にして移動するのならば、鋭端から先に産まれるわけなので回転する意味はないだろう。どうすれば明らかにできるだろうか？　産卵の直前にウミガラスの体の中を見ることができれば、いずれかはっきりする。マイク・ハリスはスコットランドのメイ島で私と同じくらい長いことウミガラスを研究している同僚だが、本章を執筆しているとき、マイクに話を聞いてみた。その話では、捕食者の犠牲になったメスのウミガラスを解剖したことがあるが、そのメスの子宮の中には鋭端を総排泄口の方に向けた卵が入っていたそうだ[8]。

鋭端から先に卵を産むのはウミガラスに限ったことではない。アヒルやガチョウ、ミズナギドリやアホウドリの仲間の卵はどれも、ウミガラスよりも丸みを帯びた左右対称の形の卵を産むが、「鋭端」から先に出てくる[9]。しかし、コウテイペンギンやオウサマペンギン、渉禽類のように、明らかに鋭端が尖った形をした卵を産む鳥はどうなのだろうか？　渉禽類の卵は鋭端から先に産まれるが、驚いたことに、二種のペンギンは鈍端から先に産むのだ。こうしたことから、鋭端を先に産卵することは、ウミガラスにとって生物学的に重要な意味を持っているように思われる（最後の章でくわしく扱うつもりだ[10]）。

小鳥は明け方に卵を産むものが多いが、このことを最初に記した人物は、一七〇〇年代の初めにカナリアの育種を始めたジョゼフ＝シャルル・エルヴュ・ドゥ・シャンテルーだろう[11]。人に馴れた飼育下の鳥は、産卵が行なわれる時間を知るまたとない機会を提供してくれるが、こうした知見が野鳥に興味のある人たちにどの程度広まったのかはわからない。いずれにしても、早朝に産卵する傾向が鳴禽類に見られることに最初に気づいた野外鳥類学者は、アレクサンダー・ウィルソンである。ウィルソンは一七九〇年代に祖国のスコットランドを後にして北米に渡り、アメリカの鳥類を最も包括的に記述した『アメリカの鳥類学』を著した。相対的に大きな卵を産む小鳥にとっては、早朝に産卵しておけば、形成し終わった卵を子宮に入れたまま移動せずにすみ、卵を壊す危険を避けられるのだと思われる。一九九〇年代に北米で行なわれたキイロアメリカムシクイの詳細な研究の結果、メスは産卵期になると巣から離れたところで塒(ねぐら)をとり、かなり正確に日の出の一〇分後に巣に戻ってくると、二分以内に産卵することがわかった。ここまで時間的に融通の利かない行動しかとれないということは、メスは産卵の時期を自分では自由に決められない可能性がある。[12]

こうした朝型の小鳥と際立った対照をなすのが、いつも昼下がりに産卵するカッコウだ。カッコウのこの習性に気づいたのは、アマチュアの鳥類学者で鳥卵コレクターのエドガー・チャンスである。チャンスは一九二〇年代に産卵中のカッコウを必死になって探していた。当時はカッコウが宿主の巣に托卵する方法をめぐって、論争が後を絶たなかったのだ。いったん地面に卵を産んで、それを口にくわえて宿主の巣へ運ぶのだと断言する人もいれば、宿主の巣に座り、他の鳥と同様に産卵すると考えている人もいた。托卵方法の解明にしばらく時間はかかったが、チャンスは産卵中のカッコウを撮影することに成功した。チャンスの快挙によって、産卵の仕方は他の鳥と変わらないが、カッコウの方がずっとすばやいことが確認できたのである。[13]

その後、ケンブリッジ大学のニック・デイヴィスが、カッコウが午後に産卵する理由を説明した。カッコウの宿主は早朝に産卵を終えると午後はたいてい採食のために巣を離れているので、カッコウが午後に托卵すれば、宿主に托卵に気づかれたり、巣に戻ってきたときにその卵を放り出される可能性が低いのだという。カッコウの卵は親鳥の体に比べて不釣り合いなほど小さいので、完成卵を体内に入れたまま丸二四時間動き回っても、メスにとって大きな負担にはならないだろう。[14]

ウミガラスなどの海鳥や猛禽類、カモの仲間のようなもっと体が大きい鳥は、産卵の時間帯が一定していないものが多い。しかし、ウミツバメやミズナギドリのような海鳥は集団繁殖地に夜間に戻ってくるので、産卵も夜間に行なわれる。メスの体に比べて卵が特別大きくはない鳥にとっては、身重の体で昼夜を問わず飛び回ったり産卵したりすることは、大きな問題ではないのかもしれないし、卵も壊れにくいのかもしれない。しかし、ウミガラスの卵はメスの体重の一二％に及ぶほど大きいし、集団繁殖地で頻発する大騒ぎの犠牲にもなりやすい。ウミガラスのオスは特によそのつがいのメスに対して「顰蹙(ひんしゅく)を買うほど交尾欲」が強いのだ。[15] つがい外受精がオスにもたらす利点は明らかだが、メスの利点は見当たらない。したがって、必ずしも避けられるとは限らないが、メスはつがい外交尾を極力避けようとする。メスが産卵を始める直前の時期は、集団繁殖地はみだらなオスだらけなので、営巣地に戻ってきたメスはそうしたオスに強姦されてしまう危険が高い。つがい相手がその場に居合わせれば助けに来てくれるだろうが、メスは数羽のオスに乗りかかられて、悪戦苦闘する羽目になることもある。メスが産卵の数日前になると営巣地を離れ、産卵直前まで戻ってこないのは、こうした理由からではないかと思われる。[16]

抱卵と人工孵化

私が卵の本を書いていることを友人に話すと、トマス・ハーディの『日陰者ジュード』の中に、若きアラベラが空色をしたウタツグミの卵を胸の谷間で温める話が出てくると教えてくれた。『ジュード』はずいぶん前に読んだことがあったが、その話は記憶になかった。友人にいわれて、もしかしたらとはかない希望を抱いたが、確かめてみるとがっかりしたことに、ウタツグミの卵ではなくニワトリの卵（コーチンという珍しい品種だったが）だった。さらに、その卵は娘が直接肌で温めたのではなくて、「用心のために」羊毛で包んで豚の膀胱に入れてあった。こうして私が最初に抱いていたイメージは、途中で電源を切られたレコードの音が消え入るように瓦解してしまった。

ハーディの作品には一風変わった話がよく出てくるが、この膀胱と羊毛のくだりは、新聞で読んだ記事に基づいているのではないかと思われる。いずれにせよ、このような方法でコーチンの卵を温めようとした人物が実際にいたとすれば、その人はプリニウスが記したリウィアの逸話を読んで、それを真似したのかもしれない。リウィアはティベリウス・クラウディウス・ネロの妃で、妊娠したとき、占い師にお腹の子の性別を尋ねると、胸でニワトリのヒナを孵すことができたら、そのヒナはお腹の子と同じ性になると告げられたというくだりがあるからだ(17)。

リウィアの逸話から構想を得たように思える話は他にもある。ルネ・アントワーヌ・レオミュールは一七二二年に著した『家禽全種の孵化と飼育の技法』の中で、ある女性がゴシキヒワの卵を五つ胸で温めて、一〇日後に四卵を孵化させたが、一卵は腐ってしまい、孵化しなかったと述べている(18)。

人が鳥の卵を孵化させた事例は少なくとももう一つある。「アルカトラズのバードマン（鳥男）」と呼ばれていたロバート・ストラウドという人物は、終身刑に処せられた殺人犯で、一九〇九年から刑務所に収監されていたが、服役中に絆創膏で作った保護袋の中にイエスズメやカナリアの卵を入れ、腋の下で温めて孵化させたのだ(19)。

鳥の卵を孵化させることが人間にできるという考えの信憑性を一段と高めたのは、マーガレット王女の元夫君のスノードン卿だ。スノードン卿は一九六九年に人々のペット愛好を紹介する「ラブ・オブ・ア・カインド」というドキュメンタリー番組を制作したのだが、そのテレビ番組で六〇歳の女性が胸の谷間でヒヨコを孵化させる映像を放映したのである。しかし、この映像もご多分にもれず、やらせだったのだ。そこで抱卵されたわけではなく、スノードン卿は孵化直前の鶏卵を入手すると、それを女性の胸の谷間に入れて撮影したのである。

ある視聴者から、女性の体温は鶏卵を孵化させるほど高くないので、番組で放映した映像はありえないという内容の投書が寄せられた。投書を検討して、家禽の専門家に意見を求めたテレビ局は、人間の体温でも鳥の卵を孵化させることができるという回答を得た。鳥類の体温は四〇度前後なので、人間の平均的な体温（三七・五度）よりも高いが、卵は体の外で抱卵されるので、平均的な抱卵温度は三六度から三八度だからだ。

レオミュールの著書は、鶏卵の人工孵化技術を開発しようとする研究の成果である。古代エジプトと中国では、卵を人工孵化して生産を最大にする技術が開発されていた。一方、フランスは一八世紀に人工孵化技術の開発に熱心に取り組んだが、ある意味では、それが養鶏産業による大量生産の始まりともいえる。一九〇〇年代に入ると、孵卵器の開発が相次いだ。チズウィックで農業を営むウィリアム・ジェイムズ・カンテロが一八五〇年代に製作した孵卵器が評判を呼んだ。性能がよさそうに見えたのもさることながら、カンテロが博覧会の催し物として、上から卵を入れると下からヒナが出てくるところを実演してみせたからだ。しかし、この孵卵器が役に立ったとは思えない。孵卵器は温度を一定に保つことができなければ使い物にならないのだが、温度の維持に不可欠なサーモスタットが孵卵器に利用されたのは、一八七〇年代になってからのことだからだ。カンテロは興行師にすぎなかったのかもしれない。一八〇〇年代の後半から一九〇〇年代の初めにかけて、養鶏が発展するにつれて、産業用孵卵器の開発が相次ぎ、孵卵器が大型化するとともに性能も向上していった。今日では、一〇〇万個を超える卵を温めることができる孵卵器も開発されている。卵に関連するさまざまな情報と同様に、鶏卵を孵化させる最良の方法に関しても膨大な知見が蓄積されている。もちろん、自然選択で適応してきた野鳥は自力でヒナをちゃんと孵化させることができるが、養鶏産業は温度や湿度、転卵〔抱卵中の卵を転がすこと〕の問題を一から一つ一つ解決していかなければならなかった[20]。

そうした条件のうち、温度はいちばんわかりやすく、最適の抱卵温度は前述したように三六度から三八度であることが明らかになった。抱卵はメスだけが行なう種やオスだけの種もいるが、雌雄で行なう種が多い。いずれにしても、野生下のほとんどの鳥では、熱は親鳥の抱卵斑から伝えられる。抱卵斑というのは産卵の直前に羽毛が抜けて皮膚が露出した部分だが、抱卵斑には温度センサーや血管が豊富に備わっているので、親鳥は卵の温度を調節することができるのだ[21]。抱卵では巣が重要な役割を果たすので、たとえば、寒冷な地域の巣が断熱性に優れているように、外気温に応じた造巣が進化を遂げてきた。

その極めつきの例が、地衣類やコケで作った巣に羽毛を詰め込んで、断熱効果を驚異的に高めたキクイタダキの巣だろう。しかし、キクイタダキには断熱性に優れた巣を作らなければならないわけがあるのだ。キクイタダキは体重がたったの五グラム（小さじ一杯の砂糖ぐらい）しかないので、きわめて熱を失いやすいからである。キクイタダキは体が小さいが、一腹で一〇個と体の割にはたくさんの卵を産み、抱卵するのはメスである。キクイタダキの小さな体で直接に接触して温められるのは一度に二、三個にすぎないが、メスは単独でなんとか抱卵しなければならない。この場合、断熱性に優れた巣だけでは十分ではないのだ。キクイタダキの抱卵戦略の謎を解き明かしたのは、ドイツ人動物行動学者のエレン・ターラーだった。飼育下で抱卵しているキクイタダキを近くで観察していたターラーは、メスが抱卵の休憩をとったときに、ふだんは茶色味を帯びた黄色をしている脚が真っ赤になっているのに気がついた。しかし、一〇分後に巣に戻ってきたときには、脚の色は茶色になっていた。脚が赤くなっていたのは、血流が増して体温が上がっていたからではないかと考えたターラーは、同僚が作った装置（飛翔中のバッタの体温を測る器具）を借りてきて、抱卵しているメスの脚の温度を記録した。驚いたことに、巣の中で抱卵しているとき、脚の温度は四一度だったが、巣から離れて一〇分経つと、三六度に下がっていた。抱卵中のメスが脚の血流量を増やして、体の下に山盛りになっている卵の抱卵温度を上げているのだとターラーは考えた。水槽に入れる投げ込みヒーターのように、後肢を利用して卵を三九度に維持していたのだ。さらに驚いたことに、キクイタダキのメスはそっと脚を動かして、多くの卵に熱が行き渡るようにするとともに、転卵も行なっていたのである。それを確かめるためにターラーが巣の中に小さなマイクを設置したところ、メスが足で卵をあちこちに動かしているので、卵がぶつかり合う音がずっと生じているのを聞くことができた。抱卵に足を利用する鳥は他にも少数いるが、ほとんどの鳥はたいてい後肢から体熱が逃げないようなつくりになっている。(22)

それとは対照的に、ウミガラスは巣も作らず、断熱材も使わずに露出した岩棚の上で卵を温める。私が観察した北極地方のラブラドールなどでは、ウミガラスが氷の上で抱卵するのも珍しいことではない。確かにウミガラスにも抱卵斑はあるが、そこに接するのは卵の一部分だけで、反対側の部分は氷や岩棚に接している。足の上に卵を載せる種もいるが、ウミガラスはそれもしない。ウミガラスがそのような状況でどうやって抱卵の効果をあげているかはわかっていない。

昔の博物学者は抱卵に驚きの念を禁じ得なかった。ウィラビーとレイは一六七八年に、「鳥類は長い間、昼も夜も辛抱強く、じっと巣に座っていなければならない。……どんなに臆病な鳥でも、肝を据えて勇敢に卵を守る。……生きているようには見えない冴えない卵に対する鳥の愛情には、本当に驚きの念を禁じ得ない」と述べている。現代の私たちは抱卵のことなど考えてもみないが、この記述を読むと、抱卵という営みがいかに驚異的なものか、改めて考えさせられる。[23]

子供のころに、抱卵している鳥を巣から追い出してしまうと、卵が冷えて死んでしまうと注意されたが、胚は順応性がきわめて高い。ほとんどの種の卵は寒さにかなり耐えられるのだ。抱卵している親鳥が何らかの理由で巣を離れざるを得ない場合、耐寒性が卵の生存には不可欠である。養鶏業では、ニワトリの新鮮な受精卵は室温で一週間くらい保管しておいても、孵化率が低下することはないといわれているが、驚くほどのことではない。ニワトリの祖先であるセキショクヤケイは、たいてい一腹で八個から一〇個の卵を一日に一個ずつ産み、最終卵を産み終えるまでは抱卵を始めないので、産卵された卵は抱卵されずに八日から一〇日間は生きていなければならないからだ。しかし、第6章で述べたように、産卵された卵の生存期間は環境に左右される。

胚が発生する前の新鮮な卵の方が、胚が発生し始めた卵よりも寒さにはるかに強いと常識では考えられているが、これも鳥類のグループによって異なる。営巣地から遠く離れた場所で採食する海鳥の多くでは、耐寒性に優れた胚が進化してきたようだ。たとえば、アラスカで繁殖するハイイロウミツバメが卵を置いて何日間も巣を離れるのは珍しいことではなく、七日間放置された卵が孵化した例もあるほどだ。その結果、このウミツバメの抱卵期間は、三七日から六八日まで大きく変動する。並外れた柔軟性だ[24]。一方、ウミガラスは献身的に抱卵を行ない、捕食者が近づいたときや深刻な食料不足に見舞われたときのような非常時を除き、卵を置いて離れるようなことはしない。しかし、私は以前、四日間放置された後で、再び抱卵されたウミガラスの卵が孵化したのを見たことがある。

卵にとって危険なのは、親鳥の体温（四〇度）をはるかに超える温度にさらされることだ。四〇度以上で温めた卵はほとんど孵化しない。実は、鳥類が体内で胚を発生させるのではなく、体温より温度が低い体外で抱卵するのは、そのためなのかもしれないのだ。温度が四〇度になると、胚の発生速度が速くなりすぎて、正常な発生ができなくなるのではないだろうか[25]。きわめて温度が高い環境で繁殖している鳥も少数ながらいる。たとえば、カラハリ砂漠で営巣するフタオビスナバシリは気温が下がる夜間は抱卵するが、気温が三〇度から三六度になる日中は、日陰を作るために卵の上に立ってい るだけである。しかし、気温がこれよりも高くなると、矛盾しているように思えるかもしれないが、親鳥は卵が熱くなりすぎないように、再び抱卵を始めるのだ。ナイルチドリという鳥（名称だけでチドリの仲間ではない）は、熱帯の日差しを遮るものが何もない河川の開けた砂州で営巣する。この鳥について、一八五〇年代にアルフレート・ブレームというドイツ人鳥類学者が驚くべき発見をした。なんと、ナイルチドリは卵を砂の中に埋めるのである。この行動をめぐり、ツカツクリのように繁殖するからではないかという説や、日中の砂の表面温度は四五度を超えると思われるので、卵を埋めるのは卵の温度上昇を抑えるためではないかという説が鳥類学者の間で提唱された。観察結果と合致していたのは、後者の説だった。親鳥は定期的に川べりへ歩いていき、水に腹を浸すと巣に戻り、埋めた卵の上に水を滴らせていたのである。一九七〇年代にトマス・ハウエルというアメリカの鳥類学者がナイルチドリをくわしく観察し、「体温と太陽熱と砂が維持している温度がバランスよく組み合わさることによって、抱卵温度が適切な範囲内に収まっている」と結論を出した。砂に埋めて水で濡らす行動は、卵の過熱防止に役に立ち、さらに埋めれば卵を捕食者から隠すことにもなる（ヒナの場合も同様だ）。そのおかげで、ナイルチドリは他の鳥が利用できないような環境で繁殖できるのだ。[26]

養鶏業では、人工孵卵器の湿度を五〇％前後に保っている。鶏卵ではこうすれば孵化率が最大になるらしい。湿度を調整しなければならないのは、湿度が卵の水分蒸発率に影響を及ぼすからだ。湿度が高すぎても低すぎても、胚は死んでしまうのである。野鳥の場合、温度については抱卵する親鳥が行動や生理機能で直接調節することができるが、湿度はそうはいかない。そこで、営巣場所や環境を選択したり、特定の環境で効果的に機能する卵殻を進化させたり、さらに、標高に応じて卵殻構造を変化させる（第2章を参照）など、環境に適した卵殻を作り出す生理的柔軟性を駆使して、湿度を間接的に調整している。湿度や酸素濃度を適切に保つために、営巣場所の換気を積極的に行なう必要があるのは、樹洞や穴の中で営巣する鳥だけだ。たとえば、抱卵中のキツツキやハチクイの仲間は巣の換気を行なうために、毎晩、曲がりくねった巣穴の中を数回行ったり来たりする。[27]

一九六五年に流行った『ターン！　ターン！　ターン！』というザ・バーズの曲があったが、抱卵中の鳥にこの曲が理解できたら、適切な助言になっただろう。ヒナを孵化させるには転卵（ターニング）が不可欠だからだ。レオミュールは一八世紀に発表した抱卵に関する論文で、転卵によって、一腹で産んだすべての卵を適切に温められるようになると理にかなった説を提唱をしているが、一九五〇年代に誤りであることが明らかにされた。鶏卵を均一に温めることができるきわめて効率のよい業務用の孵卵器でも、転卵を行なわないと、卵が孵化しない。早くも一八九〇年代に、転卵をしないと胚が卵殻膜に貼りついてしまい、死亡するという説が提唱されていた。この説はその後、広く受け入れられて、転卵機能を備えた業務用孵卵器も開発されたが、リンカーン大学のチャールズ・ディーミングが、転卵をしなかった卵に生じる生理的支障を研究し、胚が卵殻膜に貼りつくという説は誤りであることを明らかにした。死んだ胚は卵殻膜に貼りついているが、それが死因なのではなく、卵白を適切に利用できなくて死んだのである。転卵（特に抱卵開始後の数日間には不可欠である）の役割は、胚の外部血管網の発達を促し、卵内の栄養や水分を拡散しやすくするとともに、胚が卵黄と卵白に対して最適な位置になるようにすることだ。そうすることによって、発生中の胚は卵白を最大限に利用できるようになるのである。[28]

胚の発生が終わりに近づくと、卵の内部の重量分布が偏ってきて、上面と下面（重い側）ができてくる。この時期の親鳥の「転卵行動」は、ただ卵を動かすのではなく、卵を適切な方向に保つためのものだ。そうすることで、ヒナは孵化のときに、植物や巣の中の障害物に接していない卵の上面を割って出てこられるのである。[29]

一方、ツカツクリの仲間やヤシアマツバメのように、転卵ができない種もいる。ヤシアマツバメは、奇妙な形をした小さな巣の中に、卵を二つ、唾液を使って貼りつける。ちなみに巣そのものも、ヤシの葉の裏側に貼りつけられている。前述したクサムラツカツクリやヤブツカツクリも、卵を土や落ち

孵化時のヒナに見られる両極端の発生段階
（左）スズメ目に典型的な晩成性のヒナ。目が見えず、裸同然で、無力である。
（右）早成性のチドリのヒナ。目が見え、走り回って採食できる。

葉の塚の中に埋めるので、転卵することはできない。また、キーウィも転卵を行なわないが、それは巣穴の中に巨大な卵を産むので、転卵する余地がないからにすぎない。ヤシアマツバメの場合は、ヤシの葉が風で翻るので、それが転卵の代わりになっているのだろうと、転卵をしない理由を簡単に思いつくかもしれないが、ツカツクリやキーウィの場合は、そうは問屋が卸してはくれない。転卵をせずに、どうやってヒナを孵化させているのだろうか？その謎を解いたのはチャールズ・ディーミングだった。鳥類には、孵化後すぐに活動できる早成性の鳥（孵化したヒナは目が見えており、走り回れる）と、孵化後しばらくは親鳥の世話を必要とする晩成性の鳥（孵化したヒナは丸裸で、目があいていない）がいる。転卵は胚の卵白利用を促すという知見に基づいて、ディーミングは晩成性の鳥が産む卵白量が相対的に多い卵は、早成性の鳥の卵よりも転卵の必要性が高いだろうと予測した。この予測は正しいように思われるし、それだけでなく、卵白の量が相対的に少ない卵を産むツカツクリとキーウィ（さらには爬虫類）が、転卵を行なわずに卵を孵化させられる理由の説明もつくのである。晩成性の鳴禽類の卵は卵白がおよそ八〇％を占めているが、早成性のカモの仲間は卵白の占める割合がおよそ六〇%である。さらに、超早成性のクサムラツカツクリは五〇%、極超早成性のキーウィに至っては三〇%にすぎない。爬虫類の卵白量はキーウィとクサムラツカツクリの中間くらいで、およそ四五%である。[30]

鶏卵が孵化するまで二一日かかることはアリストテレスの時代以前から知られていたが、それ以外の鳥の抱卵期間は二〇世紀になるまでほとんどわかっていなかった。一九〇〇年代の初めに、オスカル・ハインロートとマクダレーナ夫人がベルリンの自宅の孵卵器でカナリアやガチョウを孵化させて飼育を始めたが、正確な期間が測定されたのはこのときが初めてだった。ハインロート夫妻は二八年にわたり、三〇〇種の鳥を一〇〇〇羽以上孵化させて育てた。その過程で、ベルリン動物園の副園長だったオスカルは鳥の行動に関して数多くの新発見をしたが、そうした発見の多くは後に他の人たちの功績にされることになってしまった。マクダレーナ夫人はこの長期にわたる研究が終了した二週間後に、研究の成果を発表するまもなく、惜しくも亡くなってしまった。その後、夫妻の研究結果は四巻の『中央ヨーロッパの鳥類』という著書に集大成されて出版されたが、第二次世界大戦の勃発でうずもれてしまった。

抱卵期間(産卵から孵化までの期間)の最短記録は、小型の鳴禽類の一〇日である。一方、最長記録はキーウィの仲間とシロアホウドリのおよそ八〇日である。大まかにいえば、大きな卵ほど抱卵期間が長い。しかし、卵の大きさと抱卵期間の関係には、いわばノイズがかなりあり、同じ大きさの卵でも抱卵期間が種によって著しく異なることがある。たとえば、ハインロート夫妻が指摘しているように、シロエリハゲワシの卵は二五〇グラムほどで、四九日かけて晩成性のヒナが孵化するが、一五〇〇グラムあるダチョウの卵からは親のミニチュア版のような早成性のヒナが三九日で孵化する[31]。

鳥類の抱卵期間は進化の歴史と生態の組み合わせによって決まる。たとえば、ミズナギドリ目に属するミズナギドリやウミツバメ、アホウドリなどの海鳥は、いずれも抱卵期間が比較的長い。これは系統進化による影響である。また、海鳥は採食場が営巣地から遠く離れているので、そのヒナは孵化前の胚の時期も含めてゆっくりと成長する。これは生態に影響を受けた結果だ。シジュウカラやコガラなどのように樹洞や穴の中で繁殖する鳥は、捕食される危険性が比較的低いので抱卵期間が長いが、これも生態による効果である。ハインロート夫妻が一九二〇年代に指摘しているように、抱卵期間が長い鳥は概してヒナが巣内で養育される期間も長い。これは胚の発達と孵化したヒナの成長が、同じような遺伝子の制御を受けていることを示している[32]。

卵の孵化

孵化は抱卵の最後を飾るクライマックスだ。実のところ、受精と抱卵のどちらにとっても最終段階であり、受精、抱卵に続いて、卵が経験する三番目の大きな出来事でもある。閉所恐怖症を引き起こしそうな卵殻の中に閉じ込められているヒナが、どうやってそこから出てくるのだろうか？　鶏卵のてっぺんがきれいに割れて、黄色いフワフワの綿毛に覆われた暖かそうなヒヨコが出てくるという漫画があるが、それによって私たちの孵化過程のイメージは美化され、歪められている。実際の孵化はそんなものではない。孵化は確かに驚異的な出来事ではあるが、私たちが信じ込まされているほど、すぐに終わるものでも、単純でも、きれいでもないのだ。

発生を完了した胚は卵の鋭端に踵（かかと）を、鈍端に頭を向けて、丸まった格好で卵の中に収まっている。頭が胸に接するまで首が曲がり、嘴は右の翼の下から突き出して卵殻膜に接している。この孵化前の姿勢はツカツクリの仲間を除いて、すべての鳥類種に共通しているようだ。

ヒナには卵殻を破り始める前にやっておかねばならないことが三つある。それまで、ヒナは呼吸のために、卵殻の内面に走る血管網に気孔を通して拡散する酸素を利用していたが、それ以後は肺呼吸に切り替えなければならない。ヒナは卵の先端にある気室を破った瞬間に、最初の息を吸って肺に空気を満たす。発生のこの段階になると、卵殻の気孔から入ってくる酸素だけではヒナが必要とする量を賄えないので、この切り替えは欠かせないことなのだ。気室の空気を吸うことで、ヒナが卵殻を破るのに必要な酸素とエネルギーが得られるのだ。

肺呼吸に切り替える前に、ヒナは卵殻の内面に走っている血管網に血液を供給するのを止めて、体内に取り込む必要がある。ヒナが卵殻を破り始める直前に、この血管網はヒナの臍（へそ）から出た部分で遮断されるようにプログラムされている。

さらに、ヒナは卵黄の余りを吸収して腹に収める必要がある。ヒナは小腸と卵黄をつなぐ細い管で残りの卵黄を吸い上げるのだ。この「卵黄嚢」は孵化後の数時間から数日間、ヒナの食物源になる。

人間の胎児は酸素と食物を胎盤に依存していた状態から、肺呼吸と食物の経口摂取へ切り替えなければならないが、ヒナも基本的にはこれと同じことをしなければならない。このように考えてみると、これは非常に大規模な切り替えだ[33]。

いよいよ孵化の準備が整うと、ヒナは嘴を卵殻の内壁に押しつけて卵殻を割り始める。このとき、ヒナは嘴の先端にある特別に硬い物質でできた小さな突起の助けを借りる。この小突起は卵歯と呼ばれており、その機能は一八二六年にウィリアム・ヤレルという鳥類学者によって発見された。ヤレルは初期の孵卵器を用いて、アヒルやニワトリの孵化を観察していたのだが、そのときに卵殻の破片を取り除いてみたところ、ヒナが小さな鋭い卵歯を卵の内側に押し当て、ついに「自分を閉じ込めている壁を自力で破る」様子を見ることができたのである。[34] カモノハシやハリモグラのような卵生の哺乳類と同様に、（少なくとも一種の恐竜も含めて）爬虫類も卵歯を備えている。殻を割って脱出するのになくてはならないものなのだ。鳥類の卵歯はカルシウムでできており、上嘴の先端に備わっているのが一般的だが、ソリハシセイタカシギやセイタカシギ、ヤマシギの仲間のように、上嘴と下嘴の両方の先端についている種もいる。卵歯はたいてい孵化して数日経つと嘴から取れるが、ヒワやスズメの仲間のようなスズメ目の小鳥は嘴の中に吸収される。一方、ミズナギドリの仲間は孵化後三週間くらいまでは卵歯が残っている。[35]

ヒナは卵殻を破ると、生まれて初めて卵の外の大気を吸い込むが、このとき吸い込んだ酸素の力で、さらに卵殻を内側からつつくと同時に、肩と脚を殻へ押しつける。また、卵の鈍端から見て反時計回りに体を殻の中で回し始める。このとき、卵歯によって卵殻に小さな穴が開くが、この行動は「ピッピング（嘴打ち）」と呼ばれている。しかし、私はこの行動は元はヒナが出す鳴き声にちなんで、「ピーピング」と呼ばれていたのではないかと考えている。一六二一年にファブリキウスがヒナの発生についた記した著書の中に、「ピーピングはヒナが卵から出たいというサインである」という注釈があるからだ。嘴打ちが続くと、やがて卵の最も幅広の部分より上の卵殻が割れて取れ、ヒナが姿を現す。

ほとんどの鳥はこのようにして卵から出てくるが、卵の側面を割って、ぞんざいに開いた穴から出てくる種もいる。渉禽類のような嘴の長い鳥では、そうした孵化の仕方が一般的なようだ[36]。

ツカツクリの仲間は特別だ。温かい土や発酵している植物の中で卵を温めるので、卵殻は抱卵する親鳥の体重を支える必要がなく、比較的薄くても支障をきたさない。また、自然の孵卵器の中で誉れ高き孤立を保っているので、親鳥に蹴られたり、突かれたり、卵同士がぶつかり合ったりして、壊れる心配もない。さらに、卵殻が薄いので、ガス交換がしやすいだけでなく、ヒナも比較的容易に殻を破ることができる。卵歯は発生初期に進化の亡霊のように現れるが、孵化を迎えるころまでには消えてしまうので、ヒナには卵歯がない。ヒナは足で卵殻を蹴破り、足から先に生まれてくる。孵化するときにヒナが怪我をするといけないので、足の鋭い爪にはゲル状の覆いがかぶさっており、それは地上に出るとじきに取れるようになっている。卵殻が割れるとすぐに、ヒナが空気を吸い始めるのもツカツクリが他の鳥と異なる点だ。地上に出るために土や植物の塚を掘り進むのは二日ぐらいかかる大仕事なので、酸素を大量に必要とするからだ。恐竜も、ツカツクリと同じように孵化したとかつては考えられていた(おそらく、恐竜も卵を埋めていたからだろう)。しかし、孵化直前の恐竜の胚というきわめて珍しい化石が発見され、その一つに卵歯が見られたので、恐竜の孵化の仕方はツカツクリとは異なるようだ[37]。

ヒナが卵から出てくるのを助ける親鳥の行動は、フクロウの仲間からセキセイインコまでさまざまな種で見られる。ヒナの嘴が卵殻を突き通したところで、親鳥が卵殻を割って破片を取り除いてやる種もいれば、周囲が割れて鈍端の殻が取れると、卵を傾けてヒナを外へ出してやる種もいる。

周囲に割れ目を入れて、上側の鈍端部分を丸く切り取る鳥の中には、ダチョウのように、卵殻の周囲の四分の一に割れ目を入れただけで、殻を割って出てくる種もいる。一方、ハトやウズラの仲間やメンフクロウは、周囲に割れ目を入れ、鈍端部分をきれいに切り取ってから出てくる。コリンウズラも卵殻の鈍端を完全に切り取るが、卵の中で一周以上回って割れ目を入れるのだ。[38]

卵から出てくるやり方が鳥類種によってこれほど異なるのはどうしてなのか、その理由を研究者は推測してきた。クロウタドリやヨーロッパコマドリのような晩成性の種よりも、ニワトリのような早成性の種の方が力が強く、卵殻から出てきやすいのならば、発生の度合いが孵化に影響を及ぼしているのではないかと考えている研究者もいる。しかし、こうした考えは理にかなっているようには思えない。同じ早成性の鳥といっても、卵から出てくる前に、嘴打ちをして卵殻に入れる割れ目がいちばん少ないダチョウもいれば、いちばん多いウズラの仲間もいるからだ。硬くてもろい卵よりも、卵殻膜や卵殻が柔軟で丈夫な卵の方が、ヒナが卵から脱出するのに必要な割れ目が多いという説の方が、むしろ理にかなっている。カモの仲間やニワトリの卵殻は硬いので、数回突けば割れやすくなり、その後は比較的少ない回数突くだけでヒナは出てこられる。一方、ウズラやハトの仲間やウミガラスでは、卵殻と卵殻膜はもろくなく比較的丈夫なので、ヒナは卵殻に割れ目を多く入れる必要がある。[39]

ヒナが殻から出てくる孵化の最終段階にかかる時間は、小型の鳴禽類の数分から、一日以上まで幅がある。ニワトリは孵化の三〇時間ほど前に気室を破り、一二時間前に卵殻に最初の穴を開けて、卵から出てくる五〇分前になってようやく卵殻の中で回転を始める。ウミガラスのヒナは孵化の三五時間前に気室を破り、二二時間前に卵殻に最初の穴を開けて、卵から出てくる五時間ほど前に回転を始める。ウミガラスの孵化の過程が長いのは、比較的厚い卵殻膜（一二〇マイクロメートル）と卵殻（五〇〇マイクロメートル）に割れ目を入れなければならないだけではなく、孵化する前にヒナと親鳥が互いの声を認識し合えるようになる必要があるからだ。ウミガラスは巣を作らず、つがい同士が接するように集団で繁殖していることを思い出してほしい。第5章で述べたように、親鳥は自分の卵を識別できるが、ヒナの識別もできるようにならなければならないので、それまでに数日間かかるのだ。ウミガラスのヒナは気室の膜を破るとすぐに鳴き始める。親鳥もまだ割れ目の入っていない卵の中から聞こえてくるヒナの声に応えて鳴くのだが、魔法でも使っているように思える。ヒナと親鳥の鳴き声には個体差があり、個体ごとに違う鳴き声で呼び合うことで、親子の絆ができあがる。そのおかげで、ヒナが卵から出てきた瞬間に、親鳥とヒナが確実に認識し合えるようになるのだ。一方、ウミガラスと近縁だが、つがい同士が離れ離れに孤立して繁殖するオオハシウミガラスは、他のつがいのヒナが混ざってしまう心配がないので、親子の認識はこれほど直接的なものではない[40]。

ウミガラスのヒナが卵の中にいるときから親鳥とやり取りをしているという説にはとても興味をそそられる。早成性の鳥ではもっと驚くべきことが起こる。早成性の鳥にとっては、一腹の卵が同時に孵化して、ヒナが一団で親鳥の後について安全な場所へ移動できることが重要だ。たとえば、カモの仲間はそれぞれの卵の孵化時期のズレを最小にするために、一腹の卵をすべて産み終えるまで抱卵を始めない。しかし、抱卵しなくても（あるいは最小限の抱卵でも）発生が始まる胚もあるので、孵化時期にはかなりの幅が生じると思われる。

ハインロート夫妻はさまざまな新発見をしたが、マガモの一腹のヒナがわずか二時間の差という驚くべき正確さで同調して孵化したことも発見している。この発見は注目に値したにもかかわらず、それから四〇年後にリヒャルト・ファウストという別のドイツ人鳥類学者が飼育下のレアで同じ観察結果を報告するまで、孵化の同時化はないがしろにされていた。産卵から孵化までの期間は、レアのつがい間で二七日から四一日まで幅があったが、一腹卵の孵化のズレは二、三時間にすぎなかった。ファウストは孵化の同時化には何らかの要因が働いているに違いないと考えていたが、それを突き止めることはできなかった。[41]

一九六〇年代にケンブリッジ大学のマーガレット・ヴィンスという研究者が、卵が互いに話し合っていることを発見し、この問題を解き明かした。ヴィンスは孵化直前のウズラの卵に耳に当てると、コツンという独特なクリック音が聞こえることに気がついたのだ。ヒナは初めて卵殻に穴を開けてから一〇時間から三〇時間の間に、この音を出すのである。ヴィンスは同じ巣の卵が互いに合図し合って、行動を同調させているのではないかと考えた。その仮説を検証するために、ヴィンスはコリンウズラをさまざまな条件下で飼育して、同時に孵化するためには卵同士が触れ合っていなければならないことを明らかにした。この研究結果から、卵同士は聴覚と触覚の両方を使ってやり取りをしていると思われる。実際に、ヴィンスがウズラの卵に人為的に振動を与えたり、クリック音を聞かせたりすると、同時に孵化させることができたのだ。ヒナの出すクリック音は、隣接する卵の孵化速度を遅くしたり、早めたりすることができた。驚いたことに、二四時間経ってから一腹の卵に実験的にもう一つ卵を加えてみたところ、その卵は孵化時期を早めて他の卵と同じ時期に孵化したのである。[42]

孵化時のヒナの発達状態は種によって異なる。孵化時には自分では何もできない「晩成性」の鳴禽類のヒナと、羽が生え揃っていて飛ぶこともできる、完全に自立した「超早成性」のツカツクリのヒナが両極端をなす。その中間に位置するのがわれらがニワトリのヒヨコで、綿羽に覆われて目が見え、自力で採食はできるが、しばらくは親鳥の保護と世話に頼っている。ウミガラスのヒナは、綿羽に覆われ、目は見えるが、まだ走り回ることも体温の調節もできないという点では、ヒヨコよりもわずかに晩成性である。しかし、その方がヒナのためだろう。ヒナは成長する過程で、次第に体のバランスをとれるようになり、岩棚の危険性を認識してゆくが、少なくともそれまでは断崖の岩棚は走り回るのに適した場所ではないからだ。ウミガラスのヒナは体温を一定に保つことができないので、親鳥の抱卵斑に身を寄せて暖をとる必要があるが、そうしていれば危ない目に遭うこともない。

ヒナが孵化した後には何が残っているのだろうか？　卵殻だけである。しかも、その卵殻は、ヒナが骨格を形成するためにカルシウムの一部を利用したので、元の厚さよりも少し薄くなっている。しかし、空の卵殻は困った存在になる。殻の鋭い縁で小さくかよわいヒナが怪我をする心配や、殻の中にはまり込んで出られなくなる恐れがあるだけでなく、卵殻の外側は隠蔽色だが、割れた後に見える内側は白い色をしているので、捕食者の目を引いてしまうからだ。親鳥はこうした問題を起こしかねない用済みの卵殻に対して、食べてしまうか、巣から運び出すか、いずれかの方法で対処しており、たいていの親鳥は二つに割れた卵殻をそれぞれ運び出している。しかし、樹上の高い場所で営巣するアオサギのような鳥は、巣からわざわざ運び出すのではなく、卵殻片を放り出すだけだ。一方、水上で営巣するカイツブリは、巣の下の方へ卵殻片を押し込んで見えないようにする。カモメのような地上で営巣する鳥は、嘴で卵殻片をくわえて、数十メートル離れたところまで捨てに行く。

ニコ・ティンバーゲンは一九五〇年代と六〇年代に、営巣しているユリカモメで的確な野外実験を行ない、卵殻の除去行動を引き起こすきっかけとその行動の生存価を明らかにした。卵殻除去行動を引き起こすきっかけは、空になった卵殻の軽さだった。一方、その生存価は、カラスのような捕食者がうまそうな幼いヒナを見つける手がかりになる内側の白い卵殻片を取り去ることである。カモは卵殻を巣の中に放置するが、その代わりに、同時期に孵化したヒナたちを捕食される心配のない安全な場所へ移動させる。ウミガラスやミツユビカモメのような崖で営巣する鳥も卵殻を放置するが、それはヒナが捕食される恐れが比較的少ないからだ[43]。

次の最終章では、本書で探究してきた各章のテーマをまとめてみよう。

第9章　エピローグ――ラプトンの遺産

私は物心がついてこの方、博物学を趣味にしてきたが、博物学に興味を持てたのはこの上なく幸せなことだった。楽しいひとときを過ごせてこられたのも博物学のおかげだ。

ウィリアム・ヒューイットソン『英国の鳥卵学』（一八三一年）

ジョージ・ラプトンは金に不自由することがたびたびあり、一九四〇年頃に、豪華なウミガラスの卵のコレクションをヴィヴィアン・ヒューイットという異色の大富豪に売却した。

一八八八年にグリムズビーという町にある大成功したビール醸造会社の一族に生まれたヒューイットは、スポーツカーと飛行機が大好きで、偉業を三つ成し遂げて名声を得た。一つは、最長飛行距離を樹立した史上初のアイリッシュ海横断飛行だ。一九一二年四月二六日に、木材とワイヤーにキャンバスを張ったグライダーで、ノースウェールズのホリヘッドからアイルランドのダブリンへ、七三マイル（約一一七・五キロ）を一時間で飛行したのだが、この飛行は危険極まりないものだった。その前年だけでも、この新しく開発されたグライダーの操縦を身につけようとして、飛行家志望の若者が六五人も命を落としていたのだ。当時二四歳だったヒューイットは、この快挙により一躍有名になった。[1]

しかし、ヒューイットは第一次世界大戦後まもなくして、健康上の理由から飛行機をやめた。家業のビール会社の資産を受け継ぎ、生活のために働く必要がなかったので、何か打ち込めるものを求めていた。そこで、船を購入すると、バージー島やグラスホルム島のような海鳥の集団繁殖地のあるウエールズの島々を訪れ、鳥卵のコレクションを始めた。しかし、スコーマー島の断崖に近づくことは、地主のルーベン・コッドが許さなかったと思われる。コッドは島の野生動物を熱心に保護していたからだ。ラプトンのようなコレクターと同様に、ヒューイットもベンプトンの卵採りたちからウミガラスの卵を買い取っていたが、珍しい卵には金に糸目をつけなかったので、卵採りたちの評判はよかったに違いない。[2]

ヒューイットは一九三〇年代に風光明媚なアングルジー島の北端に近いケムリンに土地を購入して、鳥類保護区を作った。自分自身で一〇年ほど卵を収集していたが、その後は他のコレクターから卵のコレクションを丸ごと買い取るようになり、「キャビネットマン」になった。ヒューイットを有名にした二番目の偉業は、この膨大な数に上るコレクションの所蔵者になったことである。

ヒューイットは桁外れの大富豪だったが、ケムリンには水道も電気もなかったので、私生活は質素なものだった。ヒューイットが常宿にしていたロンドンのサヴォイホテルで享受した贅沢とは雲泥の差があった。生涯を独身で過ごした（専横な母親が影を落としていたからではないかと思われる）が、成人してからは誠実に尽くしてくれるパリー夫人と息子のジャックという二人の使用人の世話を受けていた。ヒューイットが鳥類の保護を名目にして敷地の周囲にめぐらせた巨大な壁の中で、三人は隠遁者のように暮らしていた。

ヒューイットは卵だけでなく、鳥の剝製、エンジン、コイン、切手、銃も買い取っていたので、ケムリンは膨大な量の雑多なコレクションを保管しておく巨大な倉庫になった。好きなだけお金を使えたので、欲しいと思ったものは金に糸目をつけずに購入し、衝動買いも珍しくなかった。最も有名な買い物は、オオウミガラスの卵を数個と数体の本剝製だった。オオウミガラスは最後の個体が一〇〇年前に捕殺されてしまったので、その剝製と卵はこの上もなく稀少で高価だった。スコットランドの城に剝製と卵があることを耳にしたヒューイットは、ピーター・アドルフという卵のコレクターに未記入の小切手を持たせて、両方とも買い取りに行かせた。アドルフを迎えた領主は、たとえヒューイットでもそれだけの金は出せないだろうといったが、提示した金額はアドルフが想定していたより七五％も安かった。買い取りは無事にすみ、ヒューイットが所蔵するオオウミガラスの剝製と卵は、全部でそれぞれ四体と一三個にもなった。これだけの数のオオウミガラスの剝製と卵を所有したことがある個人のコレクターは、後にも先にもヒューイットだけである。これがヒューイットを有名にした三番目の偉業だ。

ケムリンでのヒューイットの私生活を実際に見たことがある人はほとんどいなかったが、その数少ない人物の一人が主治医のウィリアム・ハイウェルで、ヒューイットの死後に伝記を執筆した。ハイウェルは、ヒューイットの生涯を「財産を相続したとたん、それまで持っていた野望はすべて消え失せてしまい、いろいろなことに手を出すが、ほとんど完成しない人生だった」と総括している。手に入れることがすべてだったのは明らかだ。ヒューイットは収集したコレクションを整理することなどまったく念頭になく、他のコレクターから買い取った卵の入った箱は開けずに放置されていたものも多かった。ラプトンのコレクションは二五年以上も所蔵していたが、見たかどうかもわからない。もし見たとしたら、大英自然史博物館トリング館の卵を保管している部屋で、私が目にした雑然とした嘆かわしい状態は、ヒューイットのぞんざいな扱いにも責任の一端があるのではないかと思われる。

一九六五年にヒューイットが死去したとき、五〇万個に上る卵のコレクションはすべてジャック・パリーが相続した。パリーには無用の長物だったので、近くの崖から捨ててしまうことを勧める人もいたが、英国鳥類学協会（BTO）に寄付するように説得する人がいたのは幸いだった。

トリングのBTO本部へ卵のコレクションを持っていくのに、大型トラックが四台も必要だった。BTOにはそれを全部収容するスペースがなかったので、同じくトリングにある大英自然史博物館の分館に収蔵を依頼した。博物館に了承はしてもらえたが、期限つきだった。博物館は改修工事を間近に控え、そのスペースもいずれ使う予定になっていたからである。コレクションの噂が広まるとまもなく、鳥卵コレクターで、デラウェア自然史博物館の創立者でもあるジョニー・デュポンというアメリカ人の大富豪が見にきた。当時、BTOの会長を務めていたジム・フレッグの話によると、デュポンは二人のボディガードを連れて、運転手つきのロールスロイスでやってきたそうだ。デュポンはコレクションを見ると、購入したい意向を示し、価格を申し出た。それに対して、フレッグはBTOの財源の確保に苦慮していたので、二倍の金額である二万五〇〇〇ポンドを提示した。このとき、BTOはすでに大英自然史博物館と地方の博物館にコレクションから好きなものを持っていってもよいと伝えてあったのだが、そのことをデュポンが知っていたかどうかは定かでない。さらに、オオウミガラスの卵を含めた選り抜きの収蔵品は、ヒューイットの別荘があったバハマに保管されていたことを知っていたかどうかもわからない。[3]

ＢＴＯとデュポンの間で売買契約が結ばれた後まもなくして、ジョーデイン協会（旧英国鳥卵学協会）会員の英国の鳥卵学者が、ヒューイットのコレクションには協会の創立者だったフランシス・ジョーデインが所有していた卵が含まれていることに気づき、コレクションを英国から持ち出すことに反対を唱えた。その結果、ジョーデインのコレクションの一部は大英自然史博物館トリング館に保管されることになった。しかし、トリング館の学芸員が話してくれたところによれば、「杜撰なやり方でコレクションが分割されたために、データの混乱をきたしただけでなく、ジョーデインのコレクションの一部はデラウェアに、ヒューイットのコレクションの一部（つまり、ラプトンのコレクションの一部）はトリングに収蔵されている状態になってしまった。その結果、どちらの博物館でも、卵にデータカードがついていなかったり、逆にデータカードだけで、卵がなかったりという問題を抱えており、標本の整理の目処も立っていない」そうである。[4] 私はデラウェア自然史博物館のジーン・ウッズ学芸員にも話を聞いてみたが、そこに収蔵されているウミガラスの卵のコレクションも、トリングと同様に、整理に相当の手間をかける必要がありそうだった。[5]

ジョージ・ラプトンは脳卒中で倒れ、その一五年後の一九七〇年に死去した。ラプトンの家族は、高齢になったラプトンが写っている色褪せた写真を私に送ってくれた。古ぼけた革製のアームチェアにうずくまるように座って、カラーつきのシャツにネクタイを締め、スポーツジャケットを着ていた。

部屋の壁には絵画や写真がかけてあり、その一つに見覚えがあった。一八九六年に出版されたヘンリー・シーボームの『英国の鳥の卵』に掲載された、ウミガラスの卵が六個描かれている彩色挿絵だった。(6)

ウミガラスの卵の適応的意義

ラプトンが死去したとき、私は二〇歳で、ウミガラスを見始めたばかりだったが、卵の形状を含め、鳥の生態の理解を深めるためにコレクションを利用したことをラプトンは喜んでくれたのではないかと思っている。

いずれにしても、ウミガラスの卵があのような風変わりな形をしているのはなぜなのだろうか？　親鳥が捕食者に脅かされると、大量の卵が岩棚から転落することを考えると、円錐の形状は転がるのを防止するために進化したのではないように思われる。第3章で紹介したパウル・インゴルトによる卵を転がす実験では、卵が円弧を描いて回転するという仮説を裏付ける結果はほとんど得られていない。卵の回転半径は、産みたての卵だと一七センチ、抱卵の進んだ卵は一一センチなので、いずれの半径もウミガラスが営巣している岩棚の幅より大きいという点も仮説に反する。さらに、二種のウミガラスでは、大きく重い卵の方が鋭端が尖っているというインゴルトの仮説を裏付ける有力な証拠も見つかっていない（第3章）。こうした事実は、ウミガラスの卵の形状がまったく転落防止の役に立っていないことを示しているわけではなく、転落防止が形状の進化を促した主因ではないことを示唆しているのだ。

何が適応的なのかという判断を下すのは簡単なことではない。生物学者なら誰でも、どの適応も完璧ではないということは知っている。進化はさまざまな選択圧の妥協の産物だからだ。ウミガラスの卵の進化は、（これまで研究の中心だった）転落と（これまでほとんど考慮されていなかった）排泄物の汚染という二大選択圧の妥協の産物である。これまでの研究結果に基づく個人的な見解だが、ウミガラスの卵が尖っているのは、鈍端を排泄物の汚染から守るためというのが、いちばん理にかなった説明ではないかと思われる。卵が鋭端から先に産まれてくるのもそのためではないか。私たちがウミガラスの卵殻に見られる排泄物の分布を調べたかぎりでは、汚染箇所は鋭端に集中していた。すべてではないが、ほとんどの卵は鈍端がきれいだった。鈍端には胚の頭が収まっており、気室があり、卵殻の気孔を通じて空気が拡散する上でもきわめて重要な場所である。さらに、鈍端はヒナが外へ出てくる場所でもある。[7]

ウミガラスの卵の形状の適応的意義を明らかにするのが、これほど難しいと誰が想像しただろうか？　私の研究で新しい視点がもたらされたと思うが、これですべて解決されたと考えるほど初心（うぶ）ではない。

鳥卵研究の意義

鳥卵の研究は道楽にすぎないように思われるかもしれないが、鳥の卵をコレクターから守ることに関心を持っている保全意識の高い人は大勢いるし、野鳥の保全に役立てることもできる。野鳥の卵は一〇％前後が孵化に至らない。大きな卵黄に満たされた卵はメスにとって大きな投資であることを考えると、その一〇%が水泡に帰すのは甚大な損失のように思える。絶滅に瀕した鳥は、孵化しない卵の割合がさらに高くなる。たとえば、ニュージーランドに生息するカカポ（フクロウオウム）は緑色の美しい羽をした飛べない大きなオウムだが、卵の三分の二以上が孵化しないのだ。孵化率の低下のせいで絶滅の危機に瀕することは通常はないが、窮状を悪化させるのは確かだ。

　鳥類学者は孵化しない卵を「無精卵」と呼ぶことが多いが、この呼び方は誤解を招く恐れがある。孵化しない原因は主に二つあるからだ。精子の数が足りなかったり、皆無だったりしたために受精しなかった卵は、正真正銘の無精卵といえるだろう。一方、受精した後で胚が死んでしまったために孵化しないこともある。そうした卵は家禽学者や飼育家の間で「胚死亡卵」と呼ばれている。受精の数日後に胚が死亡した場合は、胚の死亡が孵化しなかった原因であると簡単に断定することができるが、受精後すぐに胚が死んでしまった場合は、卵の中身は人間の目には未受精卵と区別がつかないので、原因の特定が難しくなる。

　特に、絶滅に瀕した鳥の卵が孵化しない原因を特定したい場合は、この違いは重要だ。未受精卵は、オスの側に問題があることを示している場合が多い。精子を作れない、メスに精子を渡せない、漏斗部まで到達できる精子を作れない、胚を形成するためにメスの配偶子と融合することができないといった問題だ。一方、胚が発生の初期段階で死んでしまったために孵化に至らなかった場合は、メスの側に問題があることも考えられるが、それよりも、雌雄の遺伝子の遺伝的不適合の可能性の方が高い。人間では初期胚の死亡や自然流産は遺伝的不適合に起因することが知られているからだ[8]。

　孵化しない鳥類の卵に対して「無精卵」という用語が無差別に使われているので、はっきりした胚発生が見られずに孵化しなかった卵は、受精しなかったから孵化できなかったのだろうと考えられてしまうことが多い。私は同僚のニコラ・ヘミングスと一緒にさまざまな鳥類種の孵化しなかった卵を調べてみたが、その結果はまったく逆で、ほとんどが受精していたのだ。私たちが調べた五九七五個のシジュウカラの卵の一一%が孵化に至らなかったが、その九八%は受精していた。また、アオガラも七八一三卵の三・六%が孵化に至らなかったが、その九七%は受精していた。シジュウカラもアオガラも普通に見られる身近な野鳥なので、健全に見える個体群でもなにがしかの理由で、胚が発生の初期段階で死亡するのは珍しいことではないのだ。さらに、絶滅が危惧される鳥類についても、孵化に至らなかった卵を調べてみたが、結果に大きな違いは見られなかった。たとえば、ニュージーランド沖の捕食者のいないいくつかの島だけに生息しているシロツノミツスイ（現地語でヒヒ）は、卵の三五%が孵化しないのだが、その九一%は受精しているのだ。シロツノミツスイは乱婚制で、オスの精巣は大きく、交尾も頻繁に行なうので、精子が不足しているとは考えにくい[9]。

初期胚の死亡は個体数がきわめて少ない種に特に多く見られるようなので、血縁の近い個体間の近親交配が原因になっている可能性が最も高い。人間を含め他の動物では、近縁の個体同士が繁殖すると、自然流産の頻度が著しく高まる[10]。たいていの文化や宗教が近親結婚を禁じているのは、まさにこの理由によるのだ。たとえ、そのような近親交配が自然流産や胚の死亡をもたらさなくても、子孫の質を低下させることがある。チャールズ・ダーウィンの時代には、近親婚の禁止は兄弟や姉妹のような第一度血縁者に限られていたので、ダーウィンのように従姉と結婚しても、社会的にはまったく問題はなかった。しかし、ダーウィンの存命中に、従姉妹のように近親度の高い相手と子供をつくるのはよくないらしいということが次第に明らかになり、ダーウィンも自分の子供が病弱で、数人が幼児のうちに死亡した原因の一部は、従姉との結婚にあるのではないかと考えるようになった。

絶滅の危険がきわめて高い種は、生き残っている個体を捕獲して飼育下で繁殖させるのが絶滅から救う最後の手段になることが多い。カリフォルニアコンドルのように、うまく行きそうな場合もあるが、一方で孵化の失敗率が一段と高まり、繁殖成功率がさらに下がってしまう場合もある。その最たる例は、野生絶滅したアオコンゴウインコだろう。現在では飼育下の個体が世界中で七〇羽前後しか生き残っていない[11]。卵がほとんど孵化しないので、私たちが調べてみたところ、その半分が受精していなかった。原因は明らかのように思える。飼育下での極端に進んだ近親交配である。現在生き残っている個体は、ほとんどが同じつがいから生まれた子供たちなのだ。精巣の機能低下は近親交配の弊害の一つである。生き残っているアオコンゴウインコのほとんどは、遺伝的多様性がきわめて少ないので、クローンのようなものである。それでも、私たちは孵化しなかった卵を調べて、メスの卵子に十分な精子を提供できるオスを特定したことで、この美しいインコを絶滅から救う保護計画の少なくとも一助になったと思っている[12]。

鳥の卵の「完璧さ」はどのようにして進化したのか

私は生物学者として、鳥の卵は完璧さの見本だと考えている。さもなければ、少なくとも鳥が経験するさまざまな選択圧の完璧な妥協だと思う。また、美的な観点からしても、色彩、形、大きさという点で完璧だと思っている。当然のことだが、この生物学と美学という二つの視点は互いに無関係なものではない。私が生物学者として卵に魅せられているのは、卵の惚れ惚れするような美しさに心を奪われたからでもある。

このような完璧さはどのようにして進化したのだろうか？　最も単純な生物から鳥類までの卵の進化史をくわしくお話しする紙面はないが、進化の最終段階で起きたことについて考えてみるのは無駄ではない。つとに推測されていたことだが、鳥類が恐竜であることを示す証拠はいまや枚挙にいとまがない。他の爬虫類と同じように、恐竜も鈍端と鋭端の区別のない左右対称の無地の卵を産み、巣の中で太陽の熱や腐敗する植物の発酵熱で温めていたのではないかと思われる。また、現生のワニのように、卵を埋めた巣場所を守っていた恐竜もいたようだ。しかし、厳密な意味での抱卵（接触抱卵）が始まった時期、つまり、恐竜が自分の体温で卵を温め始めた時期は、残念ながらまだわかっていない。恐竜は「温血」だったと考えている研究者もいるが、温血だったからといって、卵を温められる熱を発生させることができたとは必ずしもいえない。この「熱」の問題に関してはいまだに「熱い」議論がくり広げられている。保温性に優れた羽毛で覆われた恐竜の系統が、熱を発生させて体温の維持ができるようになったときに、接触抱卵は進化したのかもしれない。巣の上に座って卵を守ることと、卵の上に座って体温で卵を温めることにはほんのわずかな違いしかない。しかし、第6章で述べたように、接触抱卵を行なうためには卵の形状や構造を同時に変える必要がある。鳥類の卵は、爬虫類の卵のように周囲の植物や土壌から水分を取り込めないために、卵の中に胚が必要とする水分を蓄えておく必要があるので、爬虫類の卵よりも卵白の占める割合が大きい[13]。

接触抱卵には、爬虫類の孵卵様式よりも有利な点がいくつかある。一つ目は、抱卵期間の短縮だ。

環境の熱で温めるよりも、接触抱卵で温める方が卵が早く孵化するのだ。二つ目は、予測不能な環境の影響を受けずにすむことだ。接触抱卵のおかげで、鳥類は環境の変化を心配せずに抱卵できるので、爬虫類に利用できない環境を利用したり、爬虫類がすでに利用している環境をさらに効率よく利用したりできるようになった。親が行なう他の世話に加えて、卵を自分で温められるようになったことで、鳥類の繁殖は爬虫類よりも効率的で成功したものになった。ここでの成功とは、地理的・生態的拡大を意味する。北ヨーロッパで羽毛で裏打ちされた心地よさそうな巣で抱卵するキクイタダキから、気温が零下五〇度に達する冬の南極で繁殖するコウテイペンギンや、日中の気温が五〇度を超えるチリのアタカマ砂漠で抱卵するハイイロカモメ、水浸しの巣で抱卵するカイツブリやアビの仲間、腐った植物の塚の中に卵を埋めるツカツクリ、巣を作らずに露出した断崖の岩棚で糞にまみれて抱卵するウミガラスまで、鳥類がこれまでに対処するために進化してきた環境の幅を考えてみてほしい[14]。

卵の大きさや形状、色彩にさまざまな選択圧をかけたのは繁殖環境のこのような驚くべき多様性であり、そうした選択圧があったからこそ、鳥類とその卵はそれに応えて進化を遂げたのだ。あらゆる生物の場合と同様に、私たちが見ているのは成功例、つまり、うまく適応した例である。そう考えれば、卵が完璧と思えるのは少しも不思議ではない。私が感心しているのは、自然選択によって、種ごとに異なるさまざまな選択圧の間で巧妙に妥協した産物がこれほど多く創り出せるほど、鳥類に豊かな遺伝的多様性が備わっているということだ。

しかし、鳥の卵が完璧だといっても、それは相対的なものである。鳥類の卵はさまざまな選択圧に適応した最適な妥協の産物という意味で完璧なのだ。選択圧が変われば、現在は完璧であっても、将来はそうではなくなるかもしれない。

それを如実に示しているのが、養鶏産業の大規模実験だろう。鶏卵の人工孵化に取り組むことにしたとき、養鶏産業は意図せずして大規模実験を行なっていたのである。抱卵している親鳥から卵を取ってしまうことは、選択圧の変化のうちでも最大級の変化だった。抱卵の要件を特定して、理想的なヒナを人工孵化させることができるようになるまでに膨大な研究が必要だったことからも、それは明らかだろう。

気候の変化に関しても似たようなことが起きているかもしれない。環境の変化が急激でなければ、鳥や卵はその変化に応じて進化できると思われる。鳥類はさまざまな抱卵環境に対処するために、これまでも行動においても、生理機能においても、驚くべき柔軟性を進化させてきた。さまざまな種がさまざまな環境に対処するために、さまざまな構造の卵を進化させてきただけでなく、第2章で述べたように、同一のメスが繁殖地の標高に応じて構造の異なる卵殻を生成することができるような生理的柔軟性も進化させてきたのだ。鳥類が気候変動に起因する気温や湿度、二酸化炭素濃度の変化に応じて卵の構造を変える生理機能を備えているのかどうかはまだわかっていない。しかし、植物学者がこの二世紀の間に収集された博物館の植物標本を利用して、葉の気孔密度の変化を調べ、それに基づいて気候の変動を明らかにしたように、博物館に収蔵されている卵の標本も、気候やその他の変動を特定する貴重な情報源になるかもしれない[15]。

海鳥研究の未来

そして、最後になるが……。

現在、採卵鶏は世界中で五〇億羽を数え、年間に生産される卵の数は中国だけでも四九〇〇億個に上る。ちなみに、米国は九〇〇億個である。これだけの生産量が達成されているのは、品種改良と行き届いた環境管理を行なっているからだが、ニワトリの先祖であるセキショクヤケイの一腹卵が一二卵であるのに対して、採卵鶏は一年に三〇〇個前後の卵を産むことができるのだ。鶏卵は私たちの食生活と文化において重要な役割を果たしている。

膨大な数の鶏卵が消費されている。たとえば、英国の年間消費量は一一五億個に上り、国民一人が二〇〇個前後の卵を食べていることになる。安くて栄養があるので、英国では卵を食べるようにとずっと宣伝されている。代表的なのが、鶏卵販売促進委員会が一九五〇年代に考え出した「卵を食べて仕事に行こう!」というキャッチフレーズだ。蛇足ながら付け加えると、この宣伝文句は、朝食に卵を食べると一日を好調に滑り出せるというほどの意味だ[16]。

卵は豊穣のシンボルでもある。精子も同様に重要ではあるが、卵の方が健康増進の役に立ち、実用的である。「復活祭の卵(イースターエッグ)」ならぬ「復活祭の精子(イースタースパーム)」では魅力に欠ける。温帯地方では、昔は農家の庭で外飼いされていた家禽も含めて、鳥類は日照時間が長くなるのに反応して、復活祭のころに繁殖を始める。卵は新しい生命だけではなく、復活のシンボルでもある。また、キリスト教徒にとっては、イースターエッグはキリストの復活も象徴している。カトリック教徒は鶏卵をキリストの血を表す赤い色で塗り、卵殻はキリストの墓を、殻を割ることは墓を開けることを象徴していた。多くの行事と同様に、イースターエッグの宗教的な起源はわかりにくくなってしまったが、そうなった理由として、卵を装飾する習慣（たいていは入念に美しい装飾を施す）が広まったことや、子供たちの卵探し、とりわけチョコレートエッグの大量生産と大量消費が挙げられるだろう。

もう一つの身近な卵のイメージは、擬人化された卵のハンプティ・ダンプティだろう。一七〇〇年代後半に童謡（なぞなぞ歌）に初めて登場したハンプティ・ダンプティは、塀から落ちて割れてしまい、元の姿には戻れない。この童謡の元の意味は失われてしまったが、ハンプティ・ダンプティは人間のもろさや弱さ、人生につまずいた後で新たに再出発することの難しさを象徴しているのかもしれない。その後、ルイス・キャロルが一八七〇年代に『鏡の国のアリス』でハンプティ・ダンプティを復活させている。この小説に登場する、狭い塀の上に今にも落ちそうに腰かけたハンプティ・ダンプティは、ものを知らない普通の人（この本ではアリスに象徴されている）を威圧するために、専門用語をくり出して博識ぶりを印象づける最低の文芸評論家を象徴している[17]。

私は「卵を食べて仕事に行こう」ならぬ「卵のために仕事に行こう」というスタンスで長年ウミガラスの卵を研究してきたが、その卵は並外れた選択圧の申し子といえる。四〇年にわたり研究を行なってきたのは、ウミガラスは海洋汚染の影響を被りやすい種なので、保全の役に立つように、卵を含めた生態についてしっかりした知識を確立したいと思ったからだ。ニシツノメドリの方が可愛らしいので、明らかに保全の対象になりやすいが、ウミガラスは北半球の海洋生態系における鳥類の大黒柱である。海洋食物連鎖の中枢に位置するのだ。しかし、そのウミガラスが油汚染により毎年何万羽も、長い間苦しんだ末に死を迎えているのである。それだけでも痛ましいかぎりだが、魚の乱獲や気候変動により、さらに多くの個体が命を落としている。ウミガラスは海洋生態系の健全さを示すバロメーターなので、ウミガラスを保全することができなければ（つまり、魚の乱獲を続け、油汚染を防止できず、気候変動に対して十分な手を打たないならば）、金の卵を産むガチョウを殺してしまうことになるといっても過言ではない。

ウェールズ政府の助成金のおかげで、二五年にわたりウミガラスの研究を続けてこられたが、予算の削減により助成金が二〇一三年に打ち切られた。スコーマー島のウミガラスの研究は、予算削減の煽（あお）りを食らった環境関連の取り組みの多くと同様、終焉を迎えてしまった。

助成金が打ち切られた直後の二〇一四年の春に、気候変動の影響と思われるが、西ヨーロッパの沿岸が記録的な暴風に見舞われ、少なくとも五万羽の海鳥が死亡した。暴風で採食できず、餓死してしまったのだ。この惨事は「海鳥の大量死」と呼ばれているが、犠牲になった海鳥の半分はウミガラスで、多くの死体にはスコーマー島でつけた足環がついていた。自分が保全の責任を負っているという意味で、「私の島」だと思っている鳥たちであった。

このときの大量死がもたらした影響を知っておくことは重要である。そこで、私はウェールズ政府に足を運び、状況を説明して助成金の再交付を要請した。新聞に記事を書き、マスコミに話もしたが、結局、実らなかった。

しかし、幸いなことに、勤務している大学が急遽（きゅうきょ）、援助の手を差し伸べてくれた。二〇一四年に野外調査を行ない、大量死が個体群に与えた影響を特定するのに必要な資金を出してくれることになったのである。主要な影響は、冬を越すことができた個体の数がきわめて少なかったことだ。大量死以前に比べて個体数が大幅に減少したのだから、当然のことだといえる。また、大量死の結果、多くの個体が長年にわたりつがい関係を維持してきた相手を失ったために、新たに相手を見つけ、長い時間を要するつがい形成の過程を一から始めなくてはならなくなった。このような理由から、大量死のような重大な出来事が起きると、事態が収束するまでには数年はかかるので、調査費がさらに必要になる。

クラウドソーシングで研究費を調達することを勧めてくれる人もいたが、うまく行くようには思えなかった。どうすればこの研究に興味を持ってくれる人を見つけたり、多くの人に意義を認めてもらえるようにしたりできるだろうか？

しかし、いろいろな出来事が重なって、クラウドソーシングが実現したのだ。まず、二〇一四年の野外調査の間、クリス・ウォールバンクという若いビジュアルアーティストに協力して、私の研究と断崖で営巣するウミガラスの大集団の光景の両方を取り込んだ、集団繁殖地の巨大な絵を制作してもらうことになった。私たちはすぐに意気投合し、私はクリスの絵が気に入った。中国の巻物のような巨大な巻紙に描かれた絵には、活気に満ちた繁殖地の雰囲気が見事に捉えられていた。この作品は二〇一四年の九月にシェフィールド大学で催された「フェスティバル・オブ・ザ・マインド」という学園祭の一環としてシェフィールド大聖堂に展示されたが、そこに勝る展示場所はなかっただろうと思われる。クリスの描いた「ウミガラスのルーマリー（集団繁殖地）絵巻」の迫力が、岩壁のようにそびえる大聖堂の構造によって一段と増したからだ[18]。

私たちのコラボレーションがメディアの関心を呼び、「ネイチャー」誌に研究と資金不足に関する記事の執筆を依頼された。そこで私は、自分が行なってきたウミガラスの研究のことだけでなく、長期にわたるモニタリング研究の重要性を訴えた。長期研究は費用対効果がきわめて高く、大きな成果をあげられることを示す証拠は枚挙にいとまがない。研究対象の生物を熟知して知識豊かな研究者が、将来を見据えた長期的な展望に立つ研究（条件の良い年や悪い年、現在進行中の気候変動など、さまざまな環境条件の下で、長期にわたる対象生物のモニタリング）を行なうという組み合わせがあってこそ、こうした長期研究の成果はもたらされる。長期研究の最も重要な点は、それまで予想もされなかった環境問題が起きたときの調査を可能にすることではないだろうか。一八〇〇年代から一九〇〇年代に鳥卵コレクターによって採集され、現在では博物館に収蔵されている卵が、後に酸性雨の影響を調べたり、猛禽類の卵が孵化しなくなったのは殺虫剤が原因だと突き止める（第2章）ために使われたことからもわかるように、長期的な生態学的研究は環境の将来に対する投資なのである。

「ネイチャー」誌の記事は大成功だった。「ネイチャー」は世界中で読まれている一流の科学雑誌なので、この記事がクラウドソーシングを後押しする宣伝になることはわかっていた。「ネイチャー」誌に記事が掲載されたことと、すべての知り合いに連絡したおかげで、大きな反響が得られた。それからは「新着メール」のお知らせで、私のコンピューターは休む暇がなかった。寄付が続々と寄せられ、気持ちの昂る二週間だった。クラウドソーシングがうまく行きそうなのがわかったこともさることながら、多くの人から励ましをいただき、長期にわたる環境モニタリングと社会の壁を打ち破る重要性を認めてもらえたことがとてもうれしかった。行政は環境のことなど気にもかけていないかもしれないが、大勢の人たちは心配しているのだ。[19]

当分の間は、ウミガラスとその卵の研究は無事に続けられそうだ。クラウドソーシングに寄付を寄せて、研究を継続できるようにしていただいた多くの方々に本書を捧げたい。

謝辞

二〇〇三年に、ウィリアム・ヒューイットソンの美しい挿絵入りの『英国の鳥卵学』（一八三一年）をもらった。一九九二年以来、私が同僚のハリー・ムーアと一緒に幹事役を務めて、二年に一度開催している卵と精子の研究会の労をねぎらって、生殖生物学者のグループが贈ってくれたのだ。初回から参加しているスコット・ピトニックが、プレゼントを贈ろうと他の参加者に呼びかけて、鳥類の古書で私が持っていないものは何か、妻のミリアムからこっそり聞き出していたのだ。ヒューイットソンの二巻本を見つけて購入しておいたスコットから、研究会で本を贈られたとき、私は本当に驚いた。そのときには、その本が本書を執筆するきっかけになるとは想像もしていなかった。

本書の資料集めや執筆を行なっている間に、多くの方々からお力添えをいただいたが、とりわけ司書や、出典が不明の引用文献を探し出せる図書館員を紹介してくれた方々にはお世話になった。クリス・エヴェレスト（シェフィールド大学図書館）、フィオナ・フィスケン（ロンドン動物学会）、エフィー・ウォー（大英自然史博物館）、リンダ・ダ・ヴォルス（ロンドン動物学会）、ジョン・シンプソン（アクリントン図書館）、アン・シルフ（ロンドン動物学会）、マイク・ウィルソン（オックスフォード大学アレクサンダー図書館）にはこの場を借りてお礼申し上げる。

多忙にもかかわらず、収蔵されている卵の調査の便宜を図ってくれた博物館の学芸員の方にもお世話になった。ロブ・バレット（トロムソ）、ジュリアン・カーター（カーディフ）、クレム・フィッシャー（リバプール）、ヤン・フィエルザ（コペンハーゲン）、ダン・ゴードン（ニューカッスル）、ヘンリー・マッギー（マンチェスター）、および大英自然史博物館トリング館のロバート・プリス＝ジョーンズと、とりわけダグラス・ラッセルには心より感謝申し上げる。

たくさんの鳥卵研究者から貴重な助言や意見をいただいたことに感謝申し上げる。本書で紹介した知見の多くは、フィル・カッシー、チャールズ・ディーミング、マーク・ハウバー、スティーヴ・ポーチュガル、ジム・レイノルズの優れた研究に基づいている。

エレノア・ケイヴス、ブルース・ライアン、ヴェリティ・ピーターソン、クレア・スポッティスウッド、クリス・ウォールバンクは写真や画像を提供してくれた。デイヴィッド・クインには挿絵を、エミリー・グレンデニングには図を描いてもらった。見返しには、クリス・ウォールバンクの見事なウミガラスの絵を載せることができた〔邦訳では割愛〕。所蔵しているゾウチョウの卵を調査させてくれたデイヴィッド・アッテンボロー卿、その写真（カバー袖の著者写真）を撮影してくれた弟のマイクにも、心より感謝申し上げる。

また、キャリー・アクロイド、クレイグ・アドラー、アンドレ・アンセル、パトリシア・ブレッケ、パティ・ブレナン、ジャン・ピエール・ブリヤール、イザベル・シャーマンティエ、ニック・デイヴィス、ジム・フレッグ、マーク・ゲーガン、ジェレミー・グリーンウッド、アラン・ギルバート、ビル・ヘイル、レン・ヒル、ポール・ホッキング、パウル・インゴルト、イーヴ・ニース、ピーター・ラック、トビー・ラプトン、マイク・マッカーシー、レベッカ・マンリー、ピーター・マレン、マイケル・ミドルトン、イアン・ニュートン、ユーリー・ニコラエフとナタリー・ニコラエヴァ、ブライアン・オリヴァー、ヴェリティ・ピーターソン、アンナ＝マリー・ルース、リチャード・サージャントソン、スチュアート・シャープ、クレア・スポッティスウッド、ハルワルド・ストローム、クレイグ・スタロック、エレン・ターラー、ジム・ウィテカー、バーニー・ゾンフリーロをはじめとする多くの方々には、私の問い合わせに辛抱強く対応していただいた。特に、カール・シュルツ＝ハーゲンには、ドイツ語の鳥類学文献を数多く翻訳してもらっただけでなく、他にもいろいろとお世話になった。心より感謝申し上げる。

シェフィールド大学の同僚のキース・バーネット、アッシュ・キャドビー、カロライン・エヴァンス、パトリック・フェアクロウ、ジェイムズ・グリナム、ニコラ・ヘミングス、ダンカン・ジャクソン、ロジャー・ルイス、トニー・ライアン、ヴァネッサ・トゥールミン、フィリップ・ライトにも、卵の研究ではいろいろとお世話になった。特に、シェフィールド大学に在職して以来ずっと知的刺激を与えてくれている、良き友でもある統計学教授のジョン・ビギンスには感謝申し上げる。また、ジエイミー・トンプソンは私と一緒にヨーロッパ各国の博物館へ調査に出向いてくれただけではなく、ウェールズのスコーマー島でウミガラスの糞にまみれた岩棚に這いつくばって、本書に記した実験を一緒に行なってくれた。心よりお礼申し上げたい。さらに、スコーマー島の歴代のレンジャーの方々をはじめ、野外調査では大勢の方にお世話になった。南西ウェールズ・ワイルドライフ・トラストには、世界でも稀に見る美しい場所で研究をさせていただき、お礼申し上げる。

ウミガラスの俳句を作ってくれた友人のジョン・バーロウにも感謝したい。

寄せる波
岩棚　錦に
ウミガラス卵

ダンカン・ジャクソン、ボブ・モンゴメリー、ジェレミー・マイノットは多忙にも関わらず、本書の原稿に目を通し、貴重なコメントをしてくれた。お礼申し上げる。

エージェントのフェリシティ・ブライアンとブルームズベリー社編集者のビル・スウェインソンとスタッフ、とりわけ、ニック・ハンフリーには大変お世話になった。心より感謝申し上げる。

最後に、妻のミリアムと子供たちのニック、フラン、ローリーにも感謝したい。

訳者あとがき

著者のティム・バークヘッドは、著名な鳥類学者であるクリス・ペリンズに鳥類学を学び、四〇年以上にわたって、ウミガラスの行動や繁殖生態、社会性などについて研究してきた。シェフィールド大学の教授として、学生の教育に携わる一方、啓蒙書も数多く書いている。本書は『鳥たちの驚異的な感覚世界』に続く、自然史ものの一つである。鳥の卵をテーマに、その正体と、それを探るために古代ギリシャの時代から続けられてきた探究の歴史をつづった物語である。

著者の研究は、多岐にわたっているようだが、本編では淡々とした記述の中に簡単にウミガラスの例が登場するにすぎず、その他についてはあまり詳細に述べていない。しかし、エピローグを見ると、著者の研究の全体像が明らかになり、大いに盛り上がるのだ。鳥の繁殖生態の基礎研究を長期に渡り行なってきた著者が、それを活かして、絶滅危惧種の保全に役立てる方向性を示すあたりはさすがだと思わざるを得ない。万一、読者が本編の途中で飽きがきたら、エピローグを先に読んでみることをお勧めする。そこでは、著者の鳥を愛する熱い思いに触れることができて、他の部分を読む視点が変わるかもしれない。

では、鳥の卵とはいったいどのようなものだろうか？　日本では、鳥の卵といえば、栄養に富んだ食物としての鶏卵やウズラ卵を思い浮かべる人が多いだろう。一方、イギリスやドイツでは、鳥の卵は食料としての価値の他に、歴史的にコレクションの対象として大きな価値があった。

イギリスやドイツでは、一九～二〇世紀にかけて、少年たちが野鳥の卵を集めることは、自然に親しむ身近な方法であり、その卵殻を比較して分類を試みるような研究分野があり、「鳥卵学（Oology）」という名で呼ばれていた。しかし、中にはその収集癖が嵩じて、大人になると私財を投げうって鳥卵を買い集めるコレクターも出てくるようになる。そうなると、鳥の卵コレクションは、物欲や、投機の対象となり、また収集活動の高まりは野鳥の個体群を脅かすほどの勢いが生じた。このように、元来は自然と親しむための自然史的興味から始まった「鳥卵学」は、「学問」の枠組みをはるかに逸脱した活動になってしまった。その後、二〇世紀の中頃に自然保護の観点から、野鳥の卵収集は法的に禁止され、「鳥卵学」は影をひそめて、今は学問領域としては存在しない。

現在、西欧の博物館には、鳥の卵（正確には、中身を抜いた卵殻）が数多く収蔵されているが、それはこの時代のコレクションに由来するものが多い。著者は、この時代の「鳥卵学」を復活させることを目指しているわけではないが、こうした歴史を踏まえた上で、二一世紀という新時代の「鳥卵研究」の在り方を読者に考えさせてくれている。

卵は一度中身を抜いておけば、保存して標本にするだけでなく、装飾を含めたさまざまな用途に利用できる。特に西欧では、イースターエッグの習慣があるので、卵の中身を抜いて卵殻を保存・活用するのは日常的な技術であり、そのための道具も市販されている。一方、日本では根付いた文化ではないので、博物館の専門家でも卵殻標本の作成法を学ぶ機会は特にないらしい。そこで、よい機会なので、卵の中身を抜いて卵殻を保存する方法をここで簡単にまとめておく。

生の卵の鈍端にピン先などで小さめの穴を一つ開け、そこから中身を取り出すのが、卵殻の標本作成には最も一般的な方法のようだ。利点は穴が一つなので、鋭端を上に向けて置けば、傷が見えないことである。大きなスポイトのようなエッグブロアーという道具で小穴の中に何回も空気を入れながら、少しずつ中身を流し出してゆく。プロのコレクターは洗練された方法を使い、それぞれ独自のスタイルをもっていたという。穴の大きさも、直径が一〜二センチもあるような大きなものから三〜四ミリほどの繊細なものまであった。また、鋭端にピン先ほどの小穴を開けておいて、次に鈍端に数ミリほどの穴を開け、竹串などで中身をかき混ぜておき、小穴側から息で吹いて、鈍端側から中身を流し出す方法もある。手早く取り出せるのが利点だが、穴が二つ開いてしまうので、装飾用にはやや劣る。最後に、一つ穴を開けたところから、苛性カリ（水酸化カリウム）などの薬剤を入れて中の組織を溶かす方法もある。有精卵で抱卵が始まって胚が発生してからだと、この方法か、先の尖ったはさみで物理的に中身を切り刻む方法が使われることになる。中身を抜いた後は、卵殻をしばらく水に漬けておき、濯いで乾燥させる。一つずつ卵の種、採集場所、日付、製作者などを書いたデータカードを付けて、キャビネットやガラスの蓋のある引き出しに入れ、暗い乾燥状態で保管する。

鳥の卵は、鶏卵をはじめとして、世界中で食料として重要な位置を占めており、また近年では、広く生命科学で利用される生物素材としても脚光を浴びている。その基盤となる卵の中身について、本書では卵黄、卵白、卵殻膜、そして硬い卵殻について、それぞれのでき方と、その役割について説明する。また、古来からの不思議である卵殻の形の謎、その色の謎、卵の産まれ方の謎などについて、それぞれの研究例を歴史的に披露している。

また、世界中で卵の研究といえばニワトリが圧倒的に多いが、ニワトリは元来は、東アジアのセキショクヤケイなどを家畜化した家禽であり、もう一つの主要な食用卵であるウズラも日本の鳥である。日本はこうしたモデル生物を抱えているわけなので、日本の研究者がもっと卵の研究に寄与してもよいのではないか?と歯がゆい思いをしていたところ、ウズラで卵殻に色が付く過程を初めて観察した日本の家禽学者の事例が挙げられていた。野鳥の卵についてはあまり研究が進んでいないが、こうした家禽学の研究から学べることは多々あるだろうと思われる。一般に、家禽学者と野鳥の研究者の情報交換の機会は非常に少ないが、今後、本書のような著書をきっかけに、より学際的な交流が進み、その結果、視野の広い研究が進むことを期待したい。

新しい科学技術が発展すると、同じ対象を調べても、それまではわからなかったことが解明できることがある。顕微鏡の発明で微細な精子や卵子の存在が発見されて初めて受精の仕組みが解明され、また、X線技術で産卵の過程が明らかになった。収蔵されている卵殻を時代ごとに比較してみることで、環境汚染物質の蓄積度合いを知ることができた。電子顕微鏡の技術で、卵殻表面の構造がわかるようになって初めて、その機能を推測することもできるようになった。また、本書には登場しないが、二〇一七年にストッダードらは多種の卵殻を定量的に測定して数理モデルを作り、卵の形が決まる理由を推定した(「サイエンス」三五六巻、六三四四号)。このように、新発見は新時代の新技術がもたらしてくれる可能性を考えると、博物館の引き出しにひっそり眠っているいにしえの野鳥の卵は、我々がまだ知らない、自然の神秘に目を開かせてくれる宝物のカプセルなのかもしれない。「新鳥卵学」を可能にするためには、博物館標本を大事に維持管理して、こうした宝物を将来に引き継ぐ必要がある、と考えさせられる本である。

本書の内容についての注意事項として、「ウミガラスが巣を作らない」という表現が出てくるが、これは巣材を使用した構造物を作らないという意味にとらえるのが適当だろう。実際には岩棚の決まった地点で抱卵し、ヒナを育てる行動をするようだ。その意味で、「巣」とは親鳥が子育てのために占有する一定の場所であり、種によって巣材の利用は〇～一〇〇％と幅があり、そのグレーディエントのどこかに位置すると考えてよいだろう。また、卵の受精において、「ヒトの卵子に複数の精子が侵入すると、胚は発生しないので、病理的多精受精と呼ばれている」という表現が出てくるが、ヒトの授精において「一卵子に二精子ていどが入り込んで双子が生まれることはあるので、少なくとも日本の産婦人科学ではそれを病理的多精受精とは考えない」そうである。さらに、本書には標準和名が決まっていない種が登場してくるが、その場合には仮の和名を付け、巻末の鳥名リストに「＊」を付して区別しておいた。

最後になったが、本書の翻訳にあたっては、専門的事項について北海道大学総合博物館の江田真毅博士、札幌マタニティ・ウィメンズ南一条クリニックの八重樫稔医師の助言をいただいた。また、白揚社編集部の阿部明子氏には、いつもながらたいへん丁寧な編集作業をしていただいた。この場を借りてお礼を申し上げたい。

プロトポルフィリン　ポルフィリンの一種で、鳥卵の斑紋を形成する暗赤色の色素。

膨大部　卵管の漏斗部と峡部の間の部位。

抱卵期間　抱卵を始めてからヒナが孵化するまでの期間。中には初卵を産んでもすぐに抱卵を始めない鳥もいるので、産卵開始から孵化までの期間と必ずしも同じとは限らない。

抱卵斑　営巣期に鳥の腹部に見られる、羽がなく皮膚が露出した部分で、親鳥の体熱を卵に伝えられる。種によって一つから三つほどある。

洋ナシ形　卵の形状の一つ。一端が丸く、もう一端が尖っている卵の形。

卵黄嚢　卵黄を覆う膜。

卵殻付属物　卵殻の一番外側の覆いで、有機物のクチクラ層と無機物のカルシウム塩層の両方を指す。

卵殻膜　卵白を覆っている二層からなる非常に薄い繊維質の層で、卵殻の内面に接している。

卵管（輸卵管）　卵子と卵が卵巣からメスの体外に出るまで移動する管。卵子は移動する途中で卵殻を備えた卵になる。卵管には漏斗部、膨大部などのいくつかの部位がある。

卵子（卵細胞）　メスの成熟した生殖細胞。

卵歯　ヒナの上嘴（種によっては上下の嘴）の先端部についている白色の硬い突起。孵化を迎えたヒナが卵殻を割るために使用する。

卵巣　卵子を生成するメスの生殖器官。人間を含めて哺乳類は卵巣が一対あるが、鳥類はほぼ全種が左側に一つ備えるだけになっている。

卵母細胞　卵巣にある未熟なメスの生殖細胞で、これが成熟して卵子になる。

漏斗部　卵管の一番前（頭部に近い）の部位で、卵巣に隣接している。ここで受精が起こる。

矮小卵　その種の平均的な卵よりも小さいもので、たいてい卵黄が形成されていないので、孵化に至らない。

漿尿膜（しょうにょうまく） 漿膜と尿膜が融合した血管を備えた卵の組織。卵殻膜の内側に広がり、胚とつながる毛細血管網を形成している。哺乳類の胎盤と同じ役割を果たす。

水素イオン指数（pH） 酸性とアルカリ性の程度を1から14までの対数目盛で表した物理量。7を中性とし、それ以下は酸性、それ以上はアルカリ性。

スズメ目の鳥 木に留まるのに適した足を備えた鳴禽類で、鳥類種の半数以上が属している（→非スズメ目）。

精子貯蔵管 先端が袋になっているソーセージ形をしたきわめて微少な管で、卵管の子宮と膣が接する部位（子宮−膣移行部）にある。精子が受精のために漏斗部に運ばれる前に、一時貯蔵されている。

早成性のヒナ 孵化したときにすでに目が見え、歩行や採食ができる。ツカツクリは飛ぶこともできる。（→晩成性のヒナ）

総排泄口（総排出腔） 肛門とも呼ばれ、体の後部に開いた開口部。消化管、尿管、生殖器系（メスの膣、オスの精管）に共通した開口部になっている。

托卵鳥 他の鳥の巣に自分の卵を産む鳥。托卵鳥には、カッコウのように別の種の巣に卵を産む種間托卵を行なう種と、ホシムクドリやアメリカオオバンのように同種の他個体の巣に卵を産む種内托卵を行なう種がいる。

多精受精 複数の精子が関わる受精のこと。一部の両生類やサメ、鳥類では正常な受精過程の一部であり、生理的多精受精と呼ばれる。一方、哺乳類では、複数の精子が偶然に未授精卵に侵入すると、胚を死亡させるので、病理的多精受精と呼ばれる。

膣 卵管のうち、卵巣から最も遠く、子宮に隣接して総排泄口に最も近い部位。

超疎水性の表面 疎水性（撥水性）の表面はいずれもある程度水をはじくが、そのうち「水の接触角」が150度より大きいときに超疎水性という。

胚盤 未授精の卵子の中のメスの遺伝物質が入っている部分。卵黄の表面にある色の薄い斑点状の部分で、ここで受精が起こる。

排卵 未受精の卵子（卵母細胞）が卵巣から卵管へ放出されること。

嘴打ち（はしうち） ヒナが孵化する直前に卵殻に割れ目を入れる行動。ピッピングとも。

晩成性のヒナ 孵化時に裸で、目があいていないので何も見えず、しばらくの間、親鳥の世話を必要とするヒナ。（→早成性のヒナ）

斑紋 卵の斑点状の模様。

用語集

ヴァテライト　炭酸カルシウム（$CaCO_3$）の一種。

カラザ（卵帯）　卵黄の両端に付着している二本の撚り合わせたひも状のもの。卵黄を卵内の所定の位置に保つとともに、胚が常に上になるように卵黄を回転させる役目を担っている。

機能についての説明　生物学的現象の適応上の意義に関する考察。「なぜこの特性が進化したのか？」、また「なぜこの特性が生存率や繁殖成功率を高めるのか？」のように、ある機能が進化した理由（「なぜ？」）を解明する）。（→仕組みについての説明）。

クチクラ（外皮、キューティクル）　卵殻の表面を覆う有機物の薄い覆い。（→卵殻付属物）

軍拡競争　利害が対立する二者（個体、群れ、種）の間に生じる。利害の対立の結果、一方が優位に立つために行動、形態、生理機能を変化させると、もう一方も自分が被る損害を減らすために対抗手段を講じる。共進化的な軍拡競争では、一方が適応すると、もう一方が対抗適応をするが、この現象は種内でも種間でも起きる。たとえば、托卵鳥の適応（宿主の卵を擬態する）は、宿主の対抗適応（托卵された卵を識別する）をもたらし、こうした両者の適応は種内か種間かを問わずに生じる。

砂嚢（さのう）　鳥類の筋胃。鳥には、口と胃の間に一時的に食べ物を貯めておく嗉嚢（そのう）という部位があるが、それより下の胃の位置にある。

子宮　卵管の峡部と膣の間にある部位で、卵殻腺とも呼ばれている。鳥類の子宮は「赤色部」とその後部にある袋状部からなる。

仕組みについての説明　生物学的現象について、「生物のどのような生理や仕組み（メカニズム）が、その形質に影響を及ぼしているのか？」のように、ある形質の仕組み（「どのように？」）を解明する。（→機能についての説明）

和名	学名
ミツユビカモメ	*Rissa tridactyla*
ミミカイツブリ	*Podiceps auritus*
ミヤマガラス	*Corvus frugilegus*
ムナジロカワガラス	*Cinclus cinclus*
ムラサキエボシドリ	*Musophaga rossae*
メンガタハタオリ	*Ploceus velatus*
メンフクロウ	*Tyto alba*
モリバト	*Columba palumbus*
ヤシアマツバメ	*Cypsiurus parvus*
ヤツガシラ	*Upupa epops*
ヤドリギツグミ	*Turdus viscivorus*
ヤブツカツクリ	*Alectura lathami*
ユリカモメ	*Larus ridibundus*
ヨーロッパアオゲラ	*Picus viridis*
ヨーロッパカヤクグリ	*Prunella modularis*
ヨーロッパコマドリ	*Erithacus rubecula*
ヨーロッパムナグロ	*Pluvialis apricaria*
ライチョウ	*Lagopus muta*
レア	*Rhea americana*
ワタリガラス	*Corvus corax*
ワライカモメ	*Leucophaeus atricilla*

鳥の学名リスト

和名	学名
ハシブトウミガラス	*Uria lomvia*
ハシボソガラス	*Corvus corone*
ハシボソミズナギドリ	*Ardenna tenuirostris*
ハジロウミバト	*Cepphus grylle*
ハジロコチドリ	*Charadrius hiaticula*
ハジロホウオウ	*Euplectes albonotatus*
ハタホオジロ	*Emberiza calandra*
ハヤブサ	*Falco peregrinus*
パラワンツカツクリ	*Megapodius cumingii*
ヒバリ	*Alauda arvensis*
ヒメウミツバメ	*Hydrobates pelagicus*
ヒメタンビムシクイ	*Camaroptera brevicaudata*
ヒメヨシゴイ	*Ixobrychus minutus*
フィヨルドランドペンギン	*Eudyptes pachyrhynchus*
フタオビスナバシリ	*Rhinoptilus africanus*
フルマカモメ	*Fulmarus glacialis*
ホオジロシマアカゲラ	*Picoides borealis*
ホシムクドリ	*Sturnus vulgaris*
ホンケワタガモ	*Somateria mollissima*
ホンセイインコ	*Psittacula krameri*
マガモ	*Anas platyrhynchos*
マダラニワシドリ	*Chlamydera maculata*
マダラヒタキ	*Ficedula hypoleuca*
マミジロキクイタダキ	*Regulus ignicapilla*
マミジロスズメハタオリ	*Plocepasser mahali*
マミハウチワドリ	*Prinia subflava*
マユグロアホウドリ	*Thalassarche melanophris*
マンクスミズナギドリ	*Puffinus puffinus*
ミサゴ	*Pandion haliaetus*
ミソサザイ	*Troglodytes troglodytes*

和名	学名
ズアオアトリ	*Fringilla coelebs*
セイラン	*Argusianus argus*
セキショクヤケイ	*Gallus gallus*
セキセイインコ	*Melopsittacus undulatus*
セグロカモメ	*Larus argentatus*
ゾウチョウ（エピオルニス）	*Aepyornis maximus*
ソリハシセイタカシギ	*Recurvirostra avocetta*
ダイシャクシギ	*Numenius arquata*
タゲリ	*Vanellus vanellus*
ダチョウ	*Struthio camelus*
チュウシャクシギ	*Numenius phaeopus*
チョウゲンボウ	*Falco tinnunculus*
ツバメ	*Hirundo rustica*
ナイルチドリ	*Pluvianus aegyptius*
ナンベイレンカク	*Jacana jacana*
ニシセグロカモメ	*Larus fuscus*
ニシツノメドリ	*Fratercula arctica*
ニシブッポウソウ	*Coracius garrulus*
ニッケイセッカ*	*Cisticola cinnamomeus*
ニワトリ	*Gallus domesticus*
ニワムシクイ	*Sylvia borin*
ノスリ	*Buteo buteo*
ハイイロウミツバメ	*Oceanodroma furcata*
ハイイロカモメ	*Leucophaeus modestus*
ハイイロチュウヒ	*Circus cyaneus*
ハイイロヒレアシシギ	*Phalaropus fulicarius*
ハイガシラミズナギドリ	*Pterodroma macroptera gouldi*
ハイタカ	*Accipiter nisus*
ハシグロアビ	*Gavia immer*
ハシビロガモ	*Anas clypeata*

和名	学名
キセキレイ	*Motacilla cinerea*
キバラニワシドリ	*Chlamydera lauterbachi*
キンカチョウ	*Taeniopygia guttata*
キンクロハジロ	*Aythya fuligula*
クサムラツカツクリ	*Leipoa ocellata*
クビワツグミ	*Turdus torquata*
クロウタドリ	*Turdus merula*
クロヅル	*Grus grus*
コアジサシ	*Sternula albifrons*
コウウチョウ	*Molothrus ater*
コウテイペンギン	*Aptenodytes forsteri*
ゴシキヒワ	*Carduelis carduelis*
コノドジロムシクイ	*Sylvia curruca*
コノハズク	*Otus scops*
コマツグミ	*Turdus migratorius*
コリンウズラ	*Colinus virginianus*
ササゴイ	*Butorides striata*
ササフサケイ	*Pterocles coronatus*
サザンブラウンキーウィ*	*Apteryx australis*
サバクセッカ	*Cisticola aridula*
サヨナキドリ	*Luscinia megarhynchos*
サンドイッチアジサシ	*Thalasseus sandvicensis*
シジュウカラ	*Parus major*
シュバシコウ	*Ciconia ciconia*
シロアホウドリ	*Diomedea epomorphora*
シロエリハゲワシ	*Gyps fulvus*
シロカツオドリ	*Morus bassana*
シロカモメ	*Larus hyperboreus*
シロツノミツスイ	*Notiomystis cincta*
シロハラアマツバメ	*Tuchymarptis melba*

和名	学名
インドクジャク	*Pavo cristatus*
ウズラ	*Coturnix coturnix japonica*
ウタツグミ	*Turdus philomelos*
ウミガラス	*Uria aalge*
エジプトハゲワシ	*Neophron percnopterus*
エミュー	*Dromaius novaehollandiae*
オウゴンチョウ	*Euplectes afer*
オウサマペンギン	*Aptenodytes patagonicus*
オオウミガラス	*Alca impennis*
オオウロコツグミモドキ	*Margarops fuscatus*
オオカモメ	*Larus marinus*
オオコガネハタオリ	*Ploceus xanthops*
オオシギダチョウ	*Tinamus major*
オオニワシドリ	*Chlamydera nuchalis*
オオハシウミガラス	*Alca torda*
オオホシハジロ	*Aythya valisineria*
オニアジサシ	*Hydroprogne caspia*
オニオオハシカッコウ	*Crotophaga major*
カササギ	*Pica pica*
カッコウ	*Cuculus canorus*
カッコウハタオリ	*Anomalospiza imberbis*
カナリア	*Serinus canaria*
カラフトライチョウ	*Lagopus lagopus*
カリフォルニアコンドル	*Gymnogyps californianus*
カワウ	*Phalacrocorax carbo*
カワラバト	*Columba livia*
キアオジ	*Emberiza citrinella*
キーウィ	*Apteryx mantelli*
キイロアメリカムシクイ	*Setophaga petechial*
キクイタダキ	*Regulus regulus*

鳥の学名リスト

本文中に登場した鳥の名前を挙げた。学名は国際鳥学委員会（IOC　www.worldbirdnames.org）に基づいている。大まかなグループとして扱った「ミズナギドリ（類）」とか、「キツツキ（類）」などは省略した。便宜的に五十音順に並べている〔なお、＊がついている名前は、標準和名が決まっていないので、新規に提案した〕。

和名	学名
アオガラ	*Cyanistes caerules*
アオコンゴウインコ	*Cyanopsitta spixii*
アオサギ	*Ardea cinerea*
アカアシコムシクイ	*Camaroptera stierlingi*
アカガオセッカ	*Cisticola erythrops*
アカガタホウオウ	*Euplectes axillaris*
アカハシウシハタオリ	*Bubalornis niger*
アフリカセッカ	*Cisticola chiniana*
アフリカツグミ	*Turdus pelios*
アマゾンカッコウ	*Guira guira*
アメリカウミスズメ	*Ptychoramphus aleuticus*
アメリカオオアジサシ	*Thalasseus maximus*
アメリカオオバン	*Fulica americana*
アリスイ	*Jynx torquilla*
イエスズメ	*Passer domesticus*
イスカ	*Loxia curvirostra*
イソシギ	*Actitis hypoleucus*

が難易度が高いと考えられた。とはいえ、ヒューイットの横断飛行成功は正当な評価を得ていないと見る向きもある。その2週間前に起きたタイタニック号の沈没事故の影になってしまったからである。

2. Howells (1987). ヒューイットに関する情報はDavid WilsonとJeremy Greenwood（私信、2014年3月17日）に提供してもらった。ヒューイットの死後、「ウミガラスやオオハシウミガラスの卵が一杯詰まったトランクが見つかった」（David Wilson私信、2014年3月17日）。
3. Jim FleggとJeremy Greenwood（私信、2014年2月1日）。
4. Douglas Russell（私信、2014年2月12日）。
5. ジーン・E・ウッズ（私信、2014年2月20日）。「残念ながら、こちらのラプトンの卵コレクションは整理が行き届いていない上に、膨大な数に上ります。最大の問題点は、卵とデータカードが別々に送られてきたので照合しなければならないのですが、それがほとんどできていないことです。コレクションに一通り目を通して、ラプトンの名が記された紙片（たとえば「ex Lupton Coll.」など）はいろいろ見つかりましたが、それに合う卵が見つからないのです」。デュポンが1997年に友人を殺害した容疑で有罪判決を受けたことも、混乱に拍車をかけている。
6. この情報はラプトン家の方が提供してくれた。
7. Tim Birkhead, Jamie Thompson and John Biggins（未発表データ）。
8. Karl Schulze-Hagen（私信）。
9. Hemmings et al. (2012).
10. https://medlineplus.gov/ency/article/001488.htm
11. Juniper (2002).
12. Hammer and Watson (2012); Hemmings et al. (2012).
13. Deeming 2002 (in Deeming (ed.) 2002); Deeming and Unwin (2004); Deeming and Ruta (2014).
14. Carey（2002：Deeming 2002: 238–53に引用）.
15. McElwain and Chaloner (1996).
16. https://www.egginfo.co.uk/egg-facts-and-figures/industry-information/data
17. Lewis Carroll, *Alice Through the Looking-Glass*（ルイス・キャロル『鏡の国のアリス』）; Priestley (1921).
18. 「ルーマリー」というのは、ウミガラスの集団繁殖地を指す古語である。https:itunes.apple.com/gb/itunes-u/loomery-scrolls/id953108274?mt=10
19. *Nature*: http://www.nature.com/news/stormy-outlook-forlong-term-ecology-studies-1.16185 ; *Guardian* : http://www.theguardian.com/environment/2014/oct/26/guillemots-study-skomer-wales-budget-cut-tim-birkhead https://www.theguardian.com/science/animal-magic/2014/nov/10/crowdsourcing-funding-seabird-guillemot-skomer

20. カンテロについては、Vanessa Toulmin による（私信、2014 年 10 月 23 日）。「カンテロの特許水力鶏卵孵卵器」。孵卵器の概要については、http:www.theodora.com/encyclopedia/i/incubation.html
21. Drent (1975)。胚は発生し始めて数日経つと、自分でも熱を発生させることも注目に値する。
22. Thaler (1990).
23. Ray (1678).
24. Boersma and Wheelwright (1979).
25. Birkhead (2008: 69).
26. フタオビスナバシリについては Drent (1975)。ナイルチドリについては Howell (1979)。興味深いことに、ハウエルの研究ではナイルチドリの卵殻に特別な適応を示す証拠は見つからなかった。
27. Ar and Sidis (2002); Deeming (2002: Chapter 10).
28. Réaumur (1750). 転卵を行なわないと、胚が卵殻膜に貼りついてしまい、孵化できないという説の提唱者はダレストである (Dareste 1891)。その後の研究については以下を参照してほしい。Deeming (2002); Baggot et al. (2002); C. Deeming（私信、2014 年 12 月 12 日）
29. Drent (1975).
30. Deeming (2002). 鳥の卵に含まれる卵白の相対量については Sotherland and Rahn (1987); 爬虫類の卵については Deeming and Unwin (2004).
31. ハインロートについては、以下を参照。Schulze-Hagen and Birkhead (2009).
32. Lack (1968).
33. Burton and Tullett (1985).
34. Yarrell (1826).
35. Thomson (1964); Garcia (2007).
36. Bond et al. (1988); Adelmann (1942: 224).
37. Garcia (2007).
38. Bond et al. (1988).
39. 同上。Tschanz (1968).
40. Tschanz (1968).
41. Heinroth（1922, Drent 1975 に引用）; Schulze-Hagen and Birkhead (2015: 40); Faust (1960).
42. Vince (1969).
43. Tinbergen et al. (1962).

第 9 章

1. ルイ・ブレリオは 1909 年に英仏海峡横断飛行（23 マイル）を行なっている。実は、ヒューイットのアイリッシュ海横断飛行は 2 番目だった。その 4 日前にデニス・ウィルソンが、ペンブルックシャー州のグッドウィックからアイルランドのエニスコーシーまで横断飛行をしていたのだ。しかし、ヒューイットの飛行の方

5. Bradfield (1951).
6. Wickmann (1896); Sykes (1953).
7. 個人観察。抱卵はつがいの雌雄が8時間から17時間交代で32日にわたって行なう。研究助手のジョディ・クレインとジュリー・リオーダンが産卵の様子をビデオに録画してくれたおかげで、詳細に観察することができた。お礼申し上げたい。
8. Michael Harris（私信、2014年10月3日）。とはいえ、それで決着がつくわけではない。鳥の体内で形成途中の卵を観察することが必要なのだ。
9. アヒルやガチョウについてはSalaman and Kent (2014) を参照。Warham (1990: 273–4) は、ミズナギドリの仲間は尖った方（鋭端）から先に卵を産むが、親鳥の体の大きさの割には卵が大きいので、産卵の前に体内で卵が回転することは考えられないと述べている。
10. コウテイペンギンとオウサマペンギンについては、André Ancel（私信、2014年10月9日）。コウテイペンギンとオウサマペンギンでは、親鳥の大きさと比べた卵の相対的な大きさが、鳥類の中で最も小さいからではないか。コウテイペンギンの卵はメスの体重の2.3 %にすぎない (Williams 1995: 23)。ウミガラスの12%とは大きな違いだ。したがって、コウテイペンギンの方が産卵は楽だろう。興味深いことに、コウテイペンギンもオウサマペンギンも、氷や地面の上ではなく、足の上に卵を産む。これで、ウミガラスが卵を鋭端を先にして産卵する理由の説明がつくのではないか。卵の鋭端は、卵殻が最も厚く丈夫な部分なのだ。卵を鋭端から先に産むことで、ウミガラスは岩棚に当たっても割れない丈夫な鋭端と、孵化するヒナが割りやすい鈍端を備えた卵を進化させることができたのである。渉禽類については、タゲリ（映像・Ingvar Byrkjedal）とソリハシセイタカシギ（映像・Astrid Kant）の産卵を録画したビデオをそれぞれ送ってもらったが、いずれの種も鋭端から先に産卵していた。
11. Hervieux de Chanteloup (1713).
12. Ord (1836) によれば、アレクサンダー・ウィルソンは早朝に産卵することを知っていたようだ。キイロアメリカムシクイについては、McMaster et al. (1999) を参照。
13. Davies (2015).
14. 同上。カッコウは48時間間隔で卵を産み、24時間後には卵が完成している。
15. レイはオスの交尾欲に言及して、「顰蹙を買うほど交尾欲」が強いという表現を使っている (Ray 1691)。多くの種の例にもれず、ウミガラスも繁殖成功を最大にするためである。
16. Birkhead et al. (1985).
17. リウィアは紀元前43年に最初にティベリウス・クラウディウス・ネロ（後に皇帝になった悪名高きネロとは別人）と結婚したが、この逸話に出てくるのはこの結婚のことである。ネロとの間には2人の息子をもうけている。その後、アウグストゥス帝と結婚し、51年間連れ添ったが、流産も含めて、子供には恵まれなかった（J. Mynott 私信、2014年10月17日）。
18. Réaumur（1750: 英語版。初版は1722年）.
19. Gaddis (1955).

30. Tarschanoff (1884); Sotherland et al. (1990).
31. Schwabl (1993).
32. Aslam et al. (2013).
33. Gil et al. (1999).
34. Lipar et al. (1999).
35. Deeming and Pike (2013).
36. Short (2003); Harvey: Whitteridge (1981) の中で引用。
37. ハーヴェイの著書の口絵には二つに割れた卵を持つゼウスが描かれており、卵からは異なる種類の生物が飛び出している。『動物発生論』は1651年にラテン語の初版 (*De Generatione Animalium*) が、続いて1653年に英語版 (*On the Generation of Animals*) が出版された。
38. Briggs and Wessel (2006). ヘルトヴィヒ以前にウニ卵の受精を観察していた人物は数人いた。
39. Alexander and Noonan (1979); Strassmann (2013).
40. Stepinska and Bakst (2007).
41. Astheimer et al. (1985).
42. ハネムーン期間という概念は、マーシャルとサーヴェントリーが雌雄が一緒にいなくなるハシボソミズナギドリに関して初めて使用したらしい (Marshall and Serventy 1956: Warham 1990 の中で引用)。ハシボソミズナギドリの他にも、数種のミズナギドリに同様の行動が見られるが、ウォーラムがまとめているように、メスだけがいなくなる種もいる (Warham 1990: 258-60)。ハイガシラミズナギドリについては、Imber（1976: Warham 1990 の中で引用）を参照。
43. Snook et al. (2011).
44. Harper (1904).
45. Bennison et al. (2015).
46. しかし、成功は明らかに言い過ぎである。受精卵は卵黄を取り巻く卵黄膜内層（PVL）に精子が存在しているほか、精子が貫入した穴が見られ、胚盤には胚細胞がある。一方、未受精卵の場合はPVLに精子や穴がまったく（あるいはほとんと）見られないだけでなく、胚盤には胚細胞がない。さらに、ややこしいことにキンカチョウは、オスがまったく関与しなくても、胚が発生を始めることがある。単為発生（単性生殖）と呼ばれている現象で、胚盤に胚細胞があるが、PVLには精子も精子が通った穴も見当たらない (Birkhead et al. 2008)。
47. Hemmings and Birkhead (2015).

第8章

1. スウィフト『ガリヴァー旅行記』（1726年）
2. Aristotle: *On the Generation of Animals*; Wirsling and Günther (1772); Meckel von Hemsbach (1851); Thompson (1908; 1917); Thomson (1923).
3. Purkinje (1830); von Baer (1828–88); Wickmann (1896).
4. Wickmann (1896).

年代のことだ。

7. Tilly et al. (2009).
8. Waldeyer (1870).
9. Zuckerman (1965: 136) から引用。
10. Zuckerman (1965).
11. 同上。
12. Wallace and Kelsey (2010).
13. なぜそんなに多くの精子が必要なのか？　最も説得力のある理由は「精子競争」である。ほとんどの種のメスは複数のオスと交尾するので、オスは自分の精子を受精させるために競争することになる。その精子競争を勝ち抜く最強の戦略が、精子の生産量を増やすことなのだ (Parker 1998)。
14. Wallace and Kelsey (2010).
15. Tilly et al. (2011).
16. ウィラビーとレイは魚類や昆虫に関する本を著すために資料を集めていたが、1672年にウィラビーが死去して、計画は暗礁に乗り上げてしまった。しかし、レイは独力で著述を続け、『鳥類学』を手始めに、1686年に『魚類の歴史』を、次いで1710年に『昆虫の歴史』を出版した。
17. Harvey: Whitteridge (1981: 154) の中で引用。
18. Ray (1678: 10).
19. Pearl and Schoppe (1921)。皮肉なことだが、それは安全装置の働きなのかもしれない。人間の女性には卵巣が2つ備わっているが、鳥類には機能を果たす卵巣が1つしかないからだ。
20. Harvey: Whitteridge (1981: 173–4) の中で引用。
21. 同上。
22. Daddi (1896); Rogers (1908).
23. Grau (1976; 1982).
24. 重クロム酸カリウムは腐食性が強いだけではなく、発癌性もあることを付け加えておいた方が望ましいだろう。私が子供の頃には、リーズにあった学校の近所のレイノルズ・アンド・ブランソンの店で、健康リスクの警告も規制もなしに、他の化学薬品と同様に購入できた。Grau (1976).
25. Roudybush et al. (1979); Astheimer and Grau (1990).
26. Birkhead and del Nevo (1987); Hatchwell and Pellatt (1990).
27. Burley (1988).
28. Cunningham and Russell (2000); Horvathova et al. (2011).
29. Aristotle: *History of Animals*, vol. vi, 559a 20. 実は、バーテルメズが苦労して指摘したように、卵黄は完全な球体ではない (Bartelmez 1918)。卵の尖った方（鋭端）を右側にして横に置き、殻に穴を開けて中を見てみると、卵黄は縦方向（天地）よりも水平方向（左右）の方が長いことがわかるだろう。さらに、胚が載っている上面の方が平たくなっているので、胚は常に斜めになっていて、頭が時計の文字盤の2時の位置にある。

39. Buffon (1770–83: vol. VII: 336–53).
40. ドイツのハレ博物館の館長だったクリスティアン・ルートヴィヒ・ニッチュ（1782 ～ 1837 年）は、著名な鳥類学者のエルヴィン・シュトレーゼマンが後に、「きわめて正確かつ慎重で想像力豊かな形態学者で、ずっと鳥類の解剖に携わっていた」と評した人物だ (Stresemann 1975: 308)。ニッチュは H・ブルマイスターと共著で 1840 年に『羽の配列様式 (*System der Pterylographie*)』を著し、その中にヤツガシラの尾腺の記述が載っている。なお、この著書は『ニッチュの羽の配列様式 (*Nitzsch's Pterylography*)』という書名で 1867 年に英訳されている。
41. *Bacillus licherniforis* – Soler et al. (2008).
42. Nathusius (1879): Tyler (1964) に引用されている。
43. ヤツガシラの卵白に特殊な抗菌性があるかどうかはわかっていない。
44. Vincze et al. (2013).
45. Walters (1994); Hauber (2014).
46. Hincke et al. (2010), Ishikawa et al.(2010); Cassey et al. (2011) に引用されている。
47. Cassey et al. (2012).
48. 私たちはこの問題に手を染め始めたのだが……。
49. Board and Fuller (1974); Kern et al. (1992).
50. Beetz (1916).
51. Hill (1993); Finkler et al. (1998). 興味深いことに、卵黄量の減少が胚の発育に及ぼす影響は、爬虫類の方が鳥類よりもはるかに少ない。爬虫類の卵の方が卵白の含有量がずっと少ないからだと思われる (Sinervo 1993)。鳥類では卵白が重要なので、卵白と卵黄の比率がきわめて重要だ。卵黄だけを取り除くと、卵白と卵黄の均衡が崩れるので、胚に現れた影響が卵黄の減少によるものなのか、卵白と卵黄のバランスの変化によるものなのか、区別するのが難しくなる (Finkler et al. 1998)。
52. Carey (1996); Sotherland et al. (1990); Hill (1993); Romanoff and Romanoff (1949).

第 7 章

1. Kerridge (2014).
2. Ray (1678); Pearl and Schoppe (1921) から引用。卵巣が（左側に）1 つしかない鳥類は、脊椎動物の中では異色の存在だ。飛翔するために体重を軽くする適応と考えられている。しかし、キーウィは例外的に機能を果たす卵巣を 2 つ備えている。
3. Ray (1678: 10).
4. Abati (1589).
5. レイとウィラビーは、アバティが「メスの鳥は生涯に必要とする卵を最初にすべて生成して、その後はそれを産卵していくものと思われる」と述べていたと記している。この件について、アバティのラテン語の原文に当たって確認してほしいとリチャード・サージャンソンに依頼したところ、アバティがはっきりそう言い切っているわけではないということだった（R. Serjeantson 私信、2013 年 8 月 13 日）。
6. 人間の卵子を最初に観察したのはカール・エルンスト・フォン・ベーアで、1820

する。

14. Baudrimont and St Ange (1847).
15. 最初に提唱したのはナトゥージウスである (Nathusius 1884, 1887)。Tyler（1964）を参照してほしい。
16. SAM（卵殻付属物）という用語を提唱したのは Board and Scott (1980) だ。Sparks (1994) によれば、SAM は微小な球体(直径 0.5 ～ 3㎛)でできているそうだ。
17. Board (1981); Lack (1968).
18. Board (1981).
19. Board and Tranter (1991).
20. Wurtz (1890): Romanoff and Romanoff (1949: 499) に引用されている。
21. Burley and Vadhera (1989: 295–6).
22. Board and Fuller (1974; 1994); Benrani et al. (2013) も参照してほしい。卵黄にも母親由来の抗体が含まれており、発生中の胚を感染から守るのに役立っている。
23. Nys and Guyot (2011). ファブリキウスは卵白がさまざまな部分で構成されていることに言及している (Fabricius 1621 in Adelmann 1942)。卵白を構成する各部分の役割はわかっていないようだ（Y. Nys 私信、2014 年 12 月 10 日）。1 つの可能性として、物理的性質とおそらく化学的性質もまったく異なる同心の 4 つの層があるおかげで、微生物が胚に近づくのがより難しくなるのだろうと考えられる。カラザの形成は Rahman et al. (2007) が論じている。
24. Rahn (1991).
25. pH は対数を用いて表される量。酸性は 1 ～ 2、7 が中性である。Davy (1863) と Board and Tratner (1995) が提唱している仮説だが、推測である。
26. Cook et al. (2005).
27. 稀ではあるが、鳥は 1 日に卵を 2 個産むこともある。一般的に熱帯の鳥は温帯の鳥よりも一腹の卵数が少ない。
28. Board and Fuller (1974).
29. Beissinger et al. (2005).
30. 同上。
31. Ray (1678: 385).
32. ダチョウは卵を産み放しにしたり、砂に埋めて太陽の熱で温めたりすると考えられていたこともあった。中世の写本にはそうした行動を描いた挿絵が数多く載っているが、実際にダチョウを見たことのある挿絵画家はほとんどいなかったので、ほとんどがダチョウには見えない。以下を参照。http://bestiary.ca/beasts/beastgallery238.htm#
33. Board et al. (1982).
34. D'Alba et al. (2014).
35. Deeming (2004: 63, 262).
36. Board and Fuller (1974).
37. Romanoff and Romanoff (1949).
38. Orians and Janzen (1974).

したことはわかっているが、ドレッサーが第8巻の573頁で言及しているグレイの著作を特定できなかった。さらに、ドレッサーは第8巻の573頁で、人間が近づくと、ウミガラスは卵を岩棚から蹴落として、人に採らせるようなことはしないというシェットランド地方で広く信じられている俗説について論評している。
34. Tuck (1961: 127).
35. Tschanz et al. (1969).
36. Gaston et al. (1993).
37. Davies (2015).
38. Lyon (2003).
39. Lyon (2007).
40. Bertram (1992). 自分の卵を真に認識することが重要な役割を担っている集団繁殖鳥には、さらにオニオオハシカッコウという熱帯に生息するカッコウの仲間がいる。その青い卵は、ウェッジウッドの陶磁器の模様のような白いヴァテライトで表面が覆われているので、長いこと鳥類学者や鳥卵学者を魅了してきた。格子模様は巣の中で擦れると薄れるようになっているので、巣の持ち主であるメスはこの模様の薄れ具合を手がかりにして、托卵された卵を見分けて、巣から排除する (Riehl 2010)。
41. Cassey et al. (2011).

第6章

1. Aristotle in Harvey in Whitteridge (1981: 173).
2. Harvey in Whitteridge (1981: 173), Adelmann (1942: 156) も参照。
3. Harvey in Whitteridge (1981: 174).
4. Harvey in Whitteridge (1981: 319).
5. Harvey in Whitteridge (1981: 475).
6. Giersberg (1922) は、1893年にジャコミーニが発見したと述べている。膨大部から分泌された卵白の方が、完成卵の卵黄を覆っている卵白よりずっと密度が高いことに気づいたのは家禽学者のレイモンド・パールとメイニー・カーティスである (Pearl and Curtis 1912)。
7. Haines and Moran (1940): Romanoff and Romanoff (1949: 169) の中で引用。Gole et al. (2014).
8. サルモネラ菌は100種を超え、中には危険なものもある。
9. Board and Tranter (1995). 最後の文章は2001年12月26日の「デイリー・テレグラフ」紙から引用。
10. http://www.forbes.com/sites/nadiaarumugam/2012/10/25/why-american-eggs-would-be-illegal-in-a-british-supermarket-andvice-versa/
11. Van Wittich. Romanoff and Romanoff (1949: 495) に引用されている。
12. Davy (1863).
13. その時代を如実に物語っているともいえるマルカム・ブラッドベリの小説 *The History Man* には、これとかなり違ったタイプのもう1つの典型的な研究者が登場ルの仲間）の卵に緑青色の色素が沈着しているのを発見した Wiemann et al. (2015) も参照してほしい。こうした化石卵殻に沈着している色素は現生鳥類の卵殻に見られる2種類のものと同じである。*Heyuannia huangi* もある程度上部が開いた巣で抱卵したと思われることから、卵の色彩と覆いのない巣は共進化を遂げたのではないか。

8. ウォレスの『ダーウィニズム』(Wallace 1889) には Hewitson (1831) のことはまったく言及されていない。
9. Wallace (1889: 214).
10. Thomson (1923).
11. McAldowie (1886). 樹洞で営巣する鳥の卵が白い理由を説明するもう1つの仮説は、白い卵の方が色のついた卵よりも見えやすいので、親鳥が踏みつけたり、傷つけたりする危険が少ないというものだ。最初に提唱したのはヘンリー・シーボームである（Seebohm 1883）。
12. Cassey et al. (2012) は卵の色と生活史と繁殖生態の間にいくつかの関連を見出した。
13. Cook et al. (2012); Webster et al. (2009).
14. Lovell et al. (2013).
15. Gosler et al. (2005); Magi et al. (2012).
16. Swynnerton (1916).
17. Cott (1951, 1952)、また Birkhead (2012) も参照。
18. Butcher and Miles (1995).
19. Moreno and Osorno (2003); Moreno et al. (2004, 2005).
20. Reynolds et al. (2009).
21. English and Montgomerie (2011).
22. Montevecchi (1976); Bertram and Burger (1981).
23. Baldamus の同僚のゴットローブ・ハイリッヒ・クンツ（1821 ～ 1911 年）がそうだ。Shulze-Hagen et al. (2009) も参照してほしい。
24. Cole and Trobe (2011: 22).
25. ジョン・ロブジェントの未発表の日記から引用。
26. 実は、大英自然史博物館トリング館はその後ロブジェントの日記を入手した。
27. カッコウハタオリは伝統的には、広義のハタオリドリの一種で、別の托卵性フィンチであるテンニンチョウ属と近縁とされる (Sorensen and Payne 2001)。
28. Davies (2015).
29. こうした「タイプ」は 1800 年代にカッコウで初めて確認され、「宿主に似た卵を産む系統（母系氏族仮説）」として知られている。現在では数種の托卵鳥に見られる。
30. 以下を参照。http://www.africancuckoos.zoo.cam.ac.uk/systems/cuckoofinch.html
31. Pennant (1768).
32. Gurney（1878）が言及しているのはサム・レングという人物だ。同名の卵採りがいたが 1935 年に 56 歳で死去しているので、その人の父親か親戚ではないか。
33. Dresser (1871–81): グレイがアルサ・クレイグ島を訪ねて、そこの鳥類について記

15. Kennedy and Vevers (1976); Schmidt (1956).
16. Tyler (1969: 102).
17. ナトゥージウスの見解は誤りだろうと思う。同僚のマイク・ハリスが死んだウミガラスのメスを解剖したとき、子宮内に色のついた完成卵があり、色素は定着していたと教えてくれたからだ。
18. Kutter (1877–8); Taschenberg (1885); Romanoff and Romanoff (1949); Gilbert (1979).
19. Tamura and Fujii (1966); Lang and Wells (1987). Pike (2016).
20. Romanoff and Romanoff (1949: 100).
21. Ian Newton（私信）。
22. Kilner (2006) がこうした説を概説している。色素の枯渇説は Nice (1937) が最初に唱えたもので、その後、イエスズメは一腹卵数が多いほど、最終卵の色彩が通常と異なる頻度が高くなるという Lowther (1988) の観察結果である程度裏付けられている。
23. Maurer et al. (2011). Maurer et al. (2015) は比較研究を行ない、卵殻の厚みを考慮に入れても、樹洞で営巣する鳥の卵の方が卵殻を透過して入り込む光量が多いことを明らかにした。さらに、卵殻の色彩は十分な採光と有害な紫外線の遮断との妥協の産物ではないかと述べている。このような比較研究で卵の彩色理由を説明することができるかもしれないが、こうした興味深い説も今度は実験で検証する必要がある。
24. Cassey et al. (2011); Maurer et al. (2015).
25. Gaston and Nettleship (1981: 170).
26. Whittaker (1997).
27. Nathusius: Tyler (1964: 590) の中で引用。
28. John Clare, 'The Yellowhammer's Nest.' http://www.poetryfoundation.org/poem/179904
29. Whittaker (1997).

第5章

1. http://darwin-online.org.uk/content/frameset?pageseq=1&itemID=F350&viewtype=side
2. 通常はオスがメスをめぐって争い、メスがオスを選ぶが、逆の場合もある。その好例は鳥類ではヒレアシシギの仲間だ。メスの方がオスよりも体が大きく、色彩が鮮やかで、競争心も強い。
3. Wallace A. R. (1895). *Natural selection and tropical nature* , 2nd edn, New York, NY: Macmillan and Co., pp. 378–9; Prum: http://rstb.royalsocietypublishing.org/content/367/1600/2253.full#sec-1 も参照。
4. ダーウィンとウォレスの論争は Cronin (1991) が論じている。
5. Birkhead (2012) が論じている。
6. Erasmus Darwin (1794): http://quod.lib.umich.edu/e/ecco/004874881.0001.001/1:7.39.5?rgn=div3;view=fulltext p. 510; チャールズ・ダーウィンも Darwin (1875) の中で Dixon (1848) を引用して、卵のことを簡単に論じている。
7. Kilner (2006) を参照。6600 万年前の *Heyuannia huangi* という恐竜（オヴィラプト

とすれば、体重の変動はすべて（100 %）身長で説明がつく。しかし、実際はそうではない。体脂肪の量も体重に大きな影響を及ぼしているので、身長と体重の関係には大きなバラツキが生じて、身長で説明がつく体重の変動は 50 % 前後にすぎない。50 % という値はまだ生物学的に意味があるが、3 % 以下は意味があるとはいえず、他にも 1 つないし 2 つ以上の要因が大きな影響を及ぼしていることをはっきり示している。

38. Romanoff and Romanoff (1949: 262).
39. Romanoff and Romanoff (1949: 286).
40. Whittaker (1997).
41. Romanoff and Romanoff (1949: 280).
42. Fabricius in Adelmann (1942: 212).
43. Fabricius in Adelmann (1942: 212); Harvey in Whitteridge (1981: 310).
44. Barta and Szekely (1997).
45. Bain (1991)

第 4 章

1. 私のシギダチョウ仮説は叩き台である。生物学上の問題に対して多様な見方ができることを示す一助になればと思って提唱した仮説なのだ。シギダチョウの卵は不味いと本当に思っているわけではない（だがその可能性はある）。シギダチョウの卵殻デザインの問題は Igic et al. (2015) が論じている。
2. 特に 17 世紀のジョン・レイ (Birkhead 2008) 。
3. Davies et al. (2012).
4. Higham (1963).
5. Giersberg (1922) にソービー以前の研究者の名前が挙げられており、Tiedemann (1814) が含まれる。ソービー以降の研究者には、Wicke (1858) 、Blasius (1867) 、Ludwig (1874) 、Liebermann (1878) がいる。一方、Carus (1826) 、Coste (1847) 、Leuckart (1854) は彩色は子宮で行なわれるとすでに考えていた。
6. Opel (1858); Dresser (1871–81, vol. 8: 573).
7. Sorby (1875).
8. 同上。
9. Battersby (1985).
10. 実は、カラスやツグミの卵の地色を作り出している青緑色素は Sorby (1875) の研究の数年前に Wicke (1858) というドイツ人の研究者によって発見され、ビリベルジンと名づけられていた。
11. Thomson (1923: 278) https://archive.org/details/biologyofbirds00thom
12. 同上。
13. 同上。
14. 同上。Thomson (1923: 278) が著書の口絵にウミガラスの卵の図版を使っていることに注意してほしい。秋の紅葉の適応的意義については、Hamilton and Brown (2001) を参照。

ていない。

13. Martin (1698). 大学で教育を受けたマーティンは同僚に勧められて、スコットランドのヘブリディーズ諸島を「誰よりも綿密に」調査した。セント・キルダ群島の住民は膨大な量の卵を消費して満腹していたとマーティンは記している。滞在中は、毎日の食事に大麦のケーキとウミガラスの卵を18個出してくれた。
14. Pennant (1768).
15. Blackburn (1987); Waterton (1835; 1871).
16. Waterton (1835; 1871).
17. Hewitson (1831).
18. Morris (1856); Allen (2010).
19. MacGillivray (1852).
20. Dresser (1871–1881, vol. 8: 573).
21. Uspenski (1958: 126): 石鹸に卵を使うのは、卵黄が脂肪源だからである。
22. Belopol'skii (1961: 6).
23. Belopol'skii (1907–1990).
24. Wikipedia.org/wiki/Chukchi_Sea
25. Kaftanovski (1941a: 60; 1951).
26. Belopol'skii (1961: 130).
27. Belopol'skii (1961: 132).
28. 同上。
29. トロフィム・ルイセンコ（1898 〜 1976年）やルイセンコがソヴィエト連邦の科学と社会に及ぼしたおぞましい影響のことを論じている著書は枚挙にいとまがない。ルイセンコはさておき、適応に関する考え方について、1960年代以前と現在との大きな違いは、(「利己的な」個体に有利に働く）個体選択ではなく、群選択（種のグループに有利に働く適応）に基づいて進化を考える研究者が多かったことである。
30. Nowak (2005) の記述は1959年にモスクワで開催された第二回全ソ連鳥類学大会で行なわれたベロポリスキーのインタビューに基づいている。
31. ピート・チャンス（1920 〜 2013年）については、教え子のパウル・インゴルトが多くの情報を提供してくれた（私信、2013年9月24日)。
32. Cullen (1957).
33. Tschanz (1990); パウル・インゴルトによる追加情報（私信、2013年9月24日)。
34. Tschanz et al. (1969); Drent (1975).
35. Drent (1975: 372).
36. Geist (1986) はベルクマンの規則が当てはまらないことを示したが、ウミガラスの仲間は体が大きくなると卵も大きくなる（Harris and Birkhead 1985: 168)。
37. Ingold (1980) を参照してほしい。卵の体積（重量に相当する）で説明できるのは尖り具合の変動の3％以下だということがわかった。統計学では、1つの変数が他の変数の変動を説明できる度合いを「変動係数」と呼び、通常はパーセントで表される。わかりやすい例は身長と体重の関係だろう。体重が身長だけで決まる

1500年代後期にファブリキウスも気孔があることに気づいていた。「(新鮮な鶏卵を灰の上で炙ったとき、汁が出てくることから明らかなように)、卵殻は多孔質である」と述べているからだ。しかし、抱卵している雌鶏の熱を胚に伝えやすくするためだと考えていた。(Fabricius 1621. これについてはAdelmann 1942: 215を参照のこと)。

30. Davy (1863).
31. Romanoff and Romanoff (1949: 166–7).
32. Rahn, Paganelli and Ar (1987). 卵殻の厚みを最初に測定したのは、ドイツ人の鳥類学者で鳥卵学者のマックス・シェーンヴェッター(1864 〜 1961年)である。あらゆる鳥類種の卵殻標本を集め、卵の長さ、幅、重さから、卵殻の厚さや表面積、卵の体積などの特徴を推定できるようにするのが目的だった。シェーンヴェッターは調査をやり遂げ、その鳥卵学と数学的研究成果は『鳥卵学の手引』という大冊に集大成された。最初の巻は死去する前年の1960年に出版されたが、残りの46巻はヴィルヘルム・マイゼの編集によって、それから30年にわたって刊行された。この著書は「読まれていない鳥類学の傑作」と言われている。(Maurer et al. 2010).
33. Sossinka (1982).
34. Rahn and Paganelli (1979; 1991). ハーマン・ラーン(1912 〜 90年)は最も非凡で独創的な成功を収めた鳥卵学者と一般に考えられている。(Pappenheimer 1996).
35. Rahn et al. (1977, 1982).
36. Bertin et al. (2012).

第3章

1. Birkhead (1993).
2. 手元の『コリンズ英語辞典』(1991)によると、洋ナシ形(pyriform)のpyriはラテン語で洋ナシを表すpirumの綴りを誤って語源としているそうだ。
3. Newton (1896); Pitman (1964); Hauber (2014).
4. Bradfield (1951); Geirsberg (1922) もこのことを示唆している。
5. Warham (1990: 289).
6. Prynne (1963); Rensch (1947); C. Deeming(私信)。
7. Newton (1896).
8. Cherry-Garrard (1922).
9. Hewitson (1831, vol. 2: xii).
10. Andersson (1978); Norton (1972) も参照。ノートンは、抱卵されていないとき、尖った卵の方が熱の損失率が小さいのではないかと述べている。
11. Harvey in Whitteridge (1981).
12. デーベスの記述はRay (1678) に引用されている。レイとウィラビーはウミガラスや海鳥の生態に関するデーベスの正確な記述を要約しているが、二人は英国沿岸にある海鳥の集団繁殖地を訪れていたにも関わらず、補足はほとんどしていない。興味深いことに、卵が岩に貼りつけられているというハーヴェイの説には言及し卵を押し込むことに言及したのはハーヴェイで、アリストテレスではない。

7. ツバメに関する知見は Angela Turner の研究（Reynolds and Perrins 2010 の中で引用されている）を参照した。
8. Reynolds and Perrins (2010).
9. Johnson (2000: 560). カルシウムを探している鳥は、硬くてもろい白い物質なら何でも突いてみるので、これは（当時の動物行動学の用語で）「特別な解発機構」による行動ではないかとコンラート・ローレンツは述べている (Lorenz 1965: 14)。
10. E. Roura（私信）; Tordoff (2001).
11. Hellwald (1931).
12. イスカの件。モルタルを食べていた報告（Payne 1972）は Tordoff (2001) に引用されていた。マツの実にはカルシウムが 1 % しか含まれていないことは確かだが、鳥がそれをどの程度利用できるのかはわかっていない。Jonathan Silvertown（私信、2014 年 9 月 30 日）.
13. MacLean (1974).
14. Mongin and Sauveur (1974).
15. Graveland (1998: 45).
16. Reynolds and Perrins (2010).
17. Drent and Woldendorp (1989).
18. Graveland and Baerends (1997).
19. Green (1998). 1940 年代の半ばごろ、殺虫剤が原因で猛禽類や魚食性の鳥の卵殻が薄くなるという被害が出たが、興味深いことに、ツグミの仲間は影響を受けなかったようだ。
20. Reynolds and Perrins (2010).
21. DDE（ジクロロジフェニルジクロロエチレン）は DDT（ジクロロジフェニルトリクロロエタン）の代謝産物である。マーク・コッカーは欠陥のあるミヤマガラスの卵殻を発見したことに触発されて、著書（Cocker 2014）で DDT の弊害を論じている。
22. Birkhead et al. (2014: 415). http://www.nytimes.com/2010/11/16/science/16condors.html?pagewanted=alland_r=0
23. Carson (1962). オレスケスとコンウェイの『世界を騙しつづける科学者たち』(Oreskes and Conway 2010) も参照してほしい。新たに開発された DDT とタイプが異なるネオニコチノイドという農薬も、野生動物に同じように壊滅的な影響を与えているようだ。Goulsen (2013) を参照。
24. Prynne (1963).
25. Grieve (1885: 104); Thienemann (1843).
26. 卵殻の気孔の数を推定するさまざまな方法が開発されているが、オオウミガラスの卵にはいずれの方法も利用できなかった。
27. Fuller (1999).
28. 鳥の卵の漿尿膜は真獣類の哺乳類の胎盤と同じ機能を果たす。
29. Siegfried (2008). 卵殻の気孔を発見したのはデイヴィーの功績だとされているが、

15. Newton (1896: 182). Cole (2016) も参照。
16. Cocker (2006).
17. 鳥類の類縁関係を知るために卵が役立つのではないかと考えた初期の研究者の一人がティーネマンである (Thienemann 1825–38)。最近の DNA 分析に基づく類縁関係については Jet et al. (2012) を参照してほしい。
18. Newton (1896: 182–4).
19. Prynne (1963) によれば、彫刻家でロイヤル・アカデミー・オブ・アーツ会長のチャールズ・ウィーラー卿が 1959 年のテレビ番組で「完成された形態」について話をして、卵の形と女性の体形の類似性に言及したらしいが、この番組を突き止めることはできなかった。
20. Manson-Bahr (1959).
21. ルロワ・ド・バルド子爵（1777–1828 年）は卵を描いた数少ない画家の一人である。彫刻については、インターネットで「卵と彫刻（egg and sculpture)」を検索してみてほしい。私の同僚の画家であるキャリー・アクロイドは、鳥の卵が静物画に登場しないのは、富や地位を喧伝するのにはまったく役に立たないからだろうと述べている（私信、2014 年 11 月)。
22. 大英自然史博物館トリング館に収蔵されているラプトンのウミガラスの卵が整理されていないのは残念なことだが、通常とは異なって、ベンプトンでは日付と正確な場所の記録をとらずに、膨大な数の卵が収集されていたのでそうなっているのだ。当然のことながら、大英自然史博物館ではデータが揃った科学的価値の高いコレクションを優先して整理している。
23. 私は同じメス個体から 26 年間にわたって採集されたメトランドの卵を探したが、結局見つけることはできなかった。ラプトンのコレクションの中でも極めつきの逸品だったと思われるのでどこかにあるはずだが、ラプトンの死去から大英自然史博物館トリング館に収蔵されるまでの間になくなってしまった可能性もある。
24. B・ストッケは卵殻膜から DNA を抽出した（私信、2014 年 1 月 23 日)。博物館に収蔵されている卵のコレクションの有用性に関しては、Green (1998), Green and Scharlemann (2003), Russel et al. (2010) も参照してほしい。

第 2 章

1. Rahn et al. (1979).
2. Gebhardt (1964).
3. Tyler (1964). クッターは 1890 〜 91 年にドイツ鳥学会の会長を務めた（Stresemann 1975 を参照)。ナトゥージウスの卵殻の一部は現在もウィーン自然史博物館に収蔵されている。
4. Johnson (2000). 卵殻膜の 2 層の厚み（外側の方がわずかに分厚い）に関しては、Romanoff and Romanoff (1949: 144) も参照してほしい。
5. Burley and Vadhera (1989: 58–9). 順番は明らかではないが、最初の石灰化（子宮の赤色部での乳頭状突起の形成）は膨化の前に起こるようだ。
6. Aristotle (*Generation*, book 3); William Harvey (Whitteridge 1981:63)。狭い瓶の口に

註

はじめに

1. Drane (1897; 1898–9). 卵の撮影と彩色はチャールズ・E・T・テリー、制作（おそらく印刷）はダービー市のベンローズ・アンド・サンズ社による。J・J・ニールはカーディフ・ナチュラリスト協会に携わり、会長を2期務めた。1919年に死去。
2. ヴォーン・パーマー・デイヴィスの娘たちと友人のアン・ラッシュがスコーマー島で1860年代から1892年の間のいつごろかにウミガラスとオオハシウミガラスの卵を吹いて中身を抜いている写真は、Howells (1987) に載っている。デイヴィスはこの期間はスコーマー島に居住していたので、ドレインが訪問する以前のことだ。ドレインが美しいリトグラフを制作した卵の標本が、本人が設立したカーディフ自然史博物館に今も収蔵されているかどうか確かめてみたが、危惧した通り、ないようだ。現館長のジュリアン・カーターに前任のピーター・ハウレットに尋ねてもらったが、ドレインの卵に関する記録は見つからなかった。
3. Higginson (1862). The Life of Birds, *Atlantic Monthly* 10: 368–76.

第1章

1. Vaughan (1998).
2. Whittaker (1997). ジョージ・リッカビーが記したベンプトンの卵収集日記はホイッタカーが古書店で見つけて購入し、出版した。
3. 海鳥の卵と成鳥を捕る鳥猟はベンプトンでは1500年代から行なわれている。16世紀にはウィリアム・ストリックランドがベンプトンの鳥猟権を持っていたという記録がある。(Exchequer, King's Rembrancer Miscellaneous Book Series 1, 164/38 f.237).
4. Birkhead (1993).
5. Vaughan (1998).
6. J. Whittaker（私信、2014年2月21日).
7. Kightly (1984).
8. パトリシア・ラプトンの写真はラプトン家から提供していただいた。
9. Whittaker (1997).
10. Cocker (2006). 北米では、卵の採集はもっと早い時期の1918年に違法になった。
11. 性転換してオスが産卵する鳥に関しては、拙著 (Birkhead 2008) を参照してほしい。
12. ジョン・イヴリンの日記。http://www.gutenberg.org/ebooks/42081
13. Wood (1958).
14. Salmon (2000).

of the Author and a view of Walton Hall. London: Mawman.

Webster, R. J., Callahan, A., Godin, J-G. J., and Sherratt, T. N. (2009). Behaviourally mediated crypsis in two nocturnal moths with contrasting appearance. *Philosophical Transactions of the Royal Society B: Biological Sciences* 364: 503–10.

Whittaker, J. (ed.) (1997). *A Diary of Bempton Climbers*. Leeds: Peregrine Books.

Whitteridge, G. (1981). *Disputations Touching the Generation of Animals*. Oxford: Blackwell.

Wicke, W. (1858). Ueber das pigment in den Eischalen der Vogel. *Naumannia* 8: 393–7.

Wickmann, H. (1896). Die Lage des Vogeleies im Eileiter vor und während der Geburt. *Journal für Ornithologie* 44: 81–92.

Wiemann, J., Yang, T-R., Sander, P. N., Schneider, M., Engeser, M., Kath-Schorr, S., Müller, C. E., and Sander, P. M. (2015). The bluegreen eggs of dinosaurs: how fossil metabolites provide insights into the evolution of bird reproduction. *Peer J Preprint*. 3:e1323 doi: https://dx.doi.org/10.7287/peerj.preprints.1080v1 https://peerj.com/preprints/1080v1/

Williams, T. D. (1995). *The Penguins*. Oxford: Oxford University Press.（ウィリアムズ『ペンギン大百科』ペンギン会議訳、平凡社）

Wirsling, A. L., and Günther, F. C. (1772). *Sammlung von Nestern und Eyern verschiederener Vogel*.

Wood, C. A. (ed.) (1958). *The Continuation of the History of the Willughby Family by Cassandra Duchess of Chandos*. Windsor: University of Nottingham.

Yarrell, W. (1826). On the small horny appendage to the upper mandible in very young chickens. *Zoological Journal* 1826: 433–7.

Yarrell, W. (1843). *A History of British Birds*. London: Van Voorst.

Zuckerman, S. (1965). The natural history of an enquiry. *Annals of the Royal College of Surgeons of England* 37: 133–49.

Texas (1972).

Tordoff, M. G. (2001). Calcium: taste, intake, and appetite. *Physiological Reviews* 81: 1567–97.

Tschanz, B. (1968). Trottellummen: Die Entstehung der personlichen Beziehung zwischen Jungvogel und Eltern. *Zeitschrift für Tierpsychologie* Biheft 4.

Tschanz, B. (1990). Adaptations for breeding in Atlantic alcids. *Netherlands Journal of Zoology* 40: 688–710.

Tschanz, B., Ingold, P., and Lengacher, H. (1969). Eiform und Bruterfolg bei Trottellummen (*Uria aalge*). *Ornithologische Beobachter* 66: 25–42.

Tuck, L. M. (1961). *The Murres: Their Distribution, Populations and Biology, as study of the genus Uria*. Ottawa: Canadian Wildlife Service.

Tyler, C. (1964). *Wilhelm von Nathusius 1821–1899 on Avian Eggshells.* Reading: Berkshire Printing.

Tyler, C. (1969). Avian eggshells: Their structure and characteristics. *International Review of General and Experimental Zoology* 4: 82–127.

Uspenski, S. M. (1958). *The Bird Bazaars of Novaya Zemlya*. Ottawa: Department of Northern Affairs and National Resources, Canada.

Vaughan, R. (1998). *Seabird City: A Guide to the Breeding Seabirds of the Flamborough Headland.* Otley: Smith Settle.

Vince, M. A. (1969). Embryonic communication, respiration and synchronisation of hatching. Chapter 11 in: *Bird Vocalisations* (ed. Hinde, R. A.). Cambridge: Cambridge University Press.

Vincze, O., Vagasi, C. I., Kovacs, I., Galvan, I., and Pap, P. L. (2013). Sources of variation in uropygial gland size in European birds. *Biological Journal of the Linnean Society* 110: 543–63.

Waldeyer, W. (1870). *Eierstock und Ei*. [Ovary and Egg]. Leipzig: Engelmann.

Wallace, A. R. (1889). *Darwinism: An Exposition of the Theory of Natural Selection, with some of its Applications*. London: Macmillan. (ウォレス『ダーウィニズム』長澤純夫ほか訳、新思索社)

Wallace, A. R. (1895). *Natural Selection and Tropical Nature*. New York: Macmillan & Co.

Wallace, W. H. B., and Kelsey, T. W. (2010). Human ovarian reserve from conception to the menopause. *PLoS ONE* 5 (1): e8772. doi:10.1371/journal.pone.0008772

Walters, M. P. (1994). *Birds' Eggs*. London: Dorling Kindersley. (ウォルターズ『世界「鳥の卵」図鑑』山岸哲監修、丸武志訳、新樹社)

Warham, J. (1990). *The Petrels: Their Ecology and Breeding Systems*. London: Academic Press.

Waterton, C. (1835). Notes of a visit to the haunts of the guillemot and facts on its habits. *Magazine of Natural History and Journal of Zoology, Botany, Mineralogy, Geology and Meteorology* 8: 162–5.

Waterton, C. (1871). *Essays on Natural History, Chiefly Ornithology: with an Autobiography*

engineering experiments in avian eggs. *American Zoologist* 30: 86A.
Sparks, N. H. C. (1994). Shell accessory materials: structure and function, pp. 25–42, in: *Microbiology of the Avian Egg* (eds R. G. Board and R. Fuller). London: Chapman & Hall.
Stepinska, U., and Bakst, M. R. (2007). Fertilization, pp. 553–87, in: *Reproductive Biology and Phylogeny of Birds* (ed. B. J. Jamieson). Enfield: Science Publishers.
Strassmann, B. I. (2013). Concealed ovulation in humans: further evidence, pp. 139–51, in: *Human Social Evolution* (eds K. Summers and B. Crespi). Oxford: Oxford University Press.
Stresemann, E. (1975). *Ornithology from Aristotle to the Present.* Harvard: Harvard University Press.
Swynnerton, C. F. M. (1916). On the coloration of the mouths and eggs of birds. II. On the coloration of eggs. *Ibis* 4: 529–606.
Sykes, A. H. (1953). Some observations on oviposition in the fowl. *Quarterly Journal of Experimental Physiology* 38: 61–8.
Tamura, T., and Fujii, S. (1966). Histological observations on the quail oviduct: on the secretions in the mucous epithelium of the uterus. *Journal of the Faculty of Fisheries and Animal Husbandry, Hiroshima University* 6: 357–71.
Tarchanoff, J. R. (1884). Uber die Verschiedenheiten des Eierweisses bei gefiedert geborenen (Nestflüchter) und bei nackt geborenen (Nesthocker) Vögeln. *Pflügers Archiv für die gesamte Physiologie des Menschen und der Tiere* 33: 363–78.
Taschenberg, O. (1885). Zur frage über die Entstehung der Farbung der Vogeleierschalen. *Zoologischer Anzeiger* 8: 243–5.
Thaler, E. (1990). *Die Goldhähnchen. Die Neue Brehm Bücherei.* Wittenberg: Ziemsen.
Thienemann, F. A. L. (1825–38). *Systematische Darstellung der Fortpflanzung der Vögel Europas mit Abbildung der Eier* [A Systematic Account of the breeding of European birds with illustrations of their eggs]. Lepizig: I. A. Barth.
Thompson, D'A. W. (1908). Shapes of eggs. *Nature* 78: 111–13.
Thompson, D'A. W. (1917). *On Growth and Form.* Cambridge: Cambridge University Press. (トムソン『生物のかたち』柳田友道ほか訳、東京大学出版会)
Thomson, J. A. (1923). *The Biology of Birds*. New York: Macmillan.
Thomson. A. L. (1964). *A New Dictionary of Birds*. London: Nelson.
Tiedemann, F. (1810, 1814). *Anatomie und Naturgeschichte der Vögel*. Heidelberg: Mohr & Zimmer.
Tilly, J. L., Niikura, Y., and Rueda, B. R. (2009). The current status of evidence for and against postnatal oogenesis in mammals: a case of ovarian optimism versus pessimism? *Biology of Reproduction* 80: 2–12.
Tinbergen, N., Broekhuysen, G. J., Feekes, F., Houghton, J. C., Kruuk, H., and Szulc, E. (1962). Egg shell removal by the black-headed gull: a behaviour component of camouflage. *Animal Behaviour* 19, 74–117.
Topsell, E. (1625). *The Fowles of Heauen or History of Birds.* Austin, Tex: University of

Salamon, A., and Kent, J. P. (2014). Orientation of the egg at laying – is the pointed or blunt end first? *International Journal of Poultry Science* 13: 316–18.

Salmon, M. A. (2000). *Aurelian Legacy: A History of British Butterflies and their Collectors*. Leiden: Brill.

Sauveur B., and Mongin, P. (1974). Effects of time limited calcium meal upon food and calcium ingestion and egg quality. *Br. Poult Sci.* 15:305–313.

Schmidt, W. J. (1956). Beiträge zur mikroskopischen Kenntnis der Farbstoffe in der Kalkschale des Vogeleies. *Zeitschrift für Zellforschung* 44: 413–26.

Schulze-Hagen, K. and Birkhead, T. R. (2015). The ethology and life history of birds: the forgotten contributions of Oskar, Magdalena and Katharina Heinroth. *Journal of Ornithology*. 156: 9–18.

Schulze-Hagen, K., Stokke, B., and Birkhead, T. R. (2009). Reproductive biology of the European Cuckoo *Cuculus canorus* : early insights, persistent errors and the acquisition of knowledge. *Journal of Ornithology* 150: 1–16.

Schwabl, H. (1993). Yolk is a source of maternal testosterone for developing birds. *Proceedings of the National Academy of Sciences of the USA* 90: 11466–11450.

Seebohm, H. (1883). *A History of British Birds, with Coloured Illustrations of their Eggs*. London: R. H. Porter.

Short, R. (2003). The magic and mystery of the oocyte: Ex ovo Omnia, pp. 3–10, in: *Biology and Pathology of the Oocyte* (eds A. O. Trounson and R. G. Gosden). Cambridge: Cambridge University Press.

Siegfried, R. (2008). John Davy in: *The Complete Dictionary of Scientific Biography.* http://www.encyclopedia.com/doc/1G2–2830901095.html

Sinervo, B. (1993). The effect of offspring size on physiology and life history. *Bioscience* 43: 210–18.

Snook, R. R., Hosken, D. J., and Karr, T. L. (2011). The biology and evolution of polyspermy: insights from cellular and functional studies of sperm and centrosomal behavior in the fertilized egg. *Reproduction* 142: 779–92.

Soler, J. J., Martin-Vivaldi, M., Ruiz-Rodrigues, M., Valdivia, E., Martin-Platero, A. M., Martinez-Bueno, M., Peralta-Sanchez, J. M., and Mendez, M. (2008). Symbiotic association between hoopoes and antibiotic-producing bacteria that live in the uropygial gland. *Functional Ecology* 22: 864–71.

Sorby, H. C. (1875). On the colouring-matters of the shells of birds' eggs. *Proceedings of the Zoological Society of London* 23: 351–65.

Sorensen, M. D., and Payne, R. B. (2001). A single ancient origin of brood parasitism in African finches: implications for host-parasite evolution. *Evolution* 55: 2550–67.

Sossinka, R. (1982). Domestication in birds. *Avian Biology* 7: 373–403 (eds D. S. Farner, J. R. King and K. C. Parkes). New York: Academic Press.

Sotherland, R. R. and Rahn, H. (1987). On the composition of bird eggs. *Condor* 89: 48–65.

Sotherland, P. R., Wilson, J. A., and Carney, K. M. (1990). Naturally occurring allometric

Purcell, R., Hall, L. S., and Coardso, R. (2008). *Egg & Nest*. Cambridge, Mass.: Belknap Press.

Purkinje, J. E. (1930). *Symbolic ad ovi avium historiam ante incubationem.* Leipzig: Vossius.

Pycraft, W. P. (1910). *A History of Birds*. London: Methuen.

Rahman, M. A., Baoyindeligeer, Iwasawa A., and Yoshizaki, N. (2007). Mechanism of chalaza formation in quail eggs. *Cell Tissue Research* 330: 535–43.

Rahn, H. (1991). Why birds lay eggs, pp. 345–60, in *Egg Incubation: Its Effects on Embryonic Development in Birds and Reptiles* (eds C. Deeming and M. W. J. Ferguson). Cambridge: Cambridge University Press.

Rahn, H., Ar, A., and Paganelli, C. V. (1979). How eggs breathe. *Scientific American* 240: 38–47.

Rahn, H., Carey, C., Balmas, K., Bhatia, B., and Paganelli, C. V. (1977). Reduction in pore area of the avian eggshell as an adaptation. *Proceedings of the National Academy of Sciences of the USA* 74: 3095–8.

Rahn, H., Ledoux, T., Paganelli, C. V. and Smith, A. H. (1982). Changes in eggshell conductance after transfer of hens from an altitude of 3,800 to 1,200m. *Journal of Applied Physiology: Respiratory, Environmental and Exercise Physiology*. 53: 1429–1431.

Rahn, H., and Paganelli, C. V. (1991). Energy budget and gas exchange of avian eggs, pp. 175–93, in: *Avian Incubation* (ed. S. G.Tullett). London: Butterworth & Heinemann.

Rahn, H., Paganelli, C. V., and Ar, A. (1987). Pores and gas exchange in avian eggs: a review. *Journal of Experimental Zoology,* Supplement 1: 165–72.

Ray, J. (1678). *The Ornithology of Francis Willughby.* London: John Martyn.

Ray, J. (1691). *The Wisdom of God Manifested in the Works of Creation*. London: Smith.

Réaumur, M. de (1750). *The Art of Hatching and Bringing up Domestic Fowls of all Kinds, at any time of year, either by means of hot-beds, or that of common fire*. Paris: Royal Academy of Sciences.

Rensch, B. (1947). *Neuere Probleme der Abstammungslehre*. Stuttgart: Ferdinand Enke.

Reynolds, J., and Perrins, C. M. (2010). Dietary calcium availability and reproduction in birds. *Current Ornithology* 17: 31–74.

Reynolds, S. J., Martin, G. R., and Cassey, P. (2009). Is sexual selection blurring the functional significance of eggshell coloration hypotheses? *Animal Behaviour* 78: 209–15.

Riehl, C. (2010). A simple rule reduces costs of extragroup parasitism in a communally breeding bird. *Current Biology* 29: 1830–3.

Rogers, C. A. (1908). Feeding color – an aid in studying physiological development. *Poultry Science* S1: 76–81.

Romanoff, A. J., and Romanoff, A. L. (1949). *The Avian Egg*. New York: Wiley.

Roudybush, T. E., Grau, C. R., Petersen, M. R., Ainley, D. G., Hirsch, K. V., Gilsan, A. P., and Patten, S. M. (1979). Yolk formation in some charadriiform birds. *Condor* 81: 293–8.

Russell, G. D., et al. (2010). Data-poor egg collections: cracking an important research resource. *Journal of Afrotropical Zoology* Special Issue 6: 77–82.

male parental effort in the pied flycatcher *Ficedula hypoleuca. Journal of Avian Biology* 35: 300–4.

Morris, F. O. (1856). *A History of British Birds.* London: Groombridge.

Newton, A. (1896). *A Dictionary of Birds*. London: A. & C. Black.

Nice, M. M. (1937). Studies in the life history of the song sparrow. *Transactions of the Linnaean Society of New York* 4: 1–246.

Norton, D. W. (1972). Incubation schedules of four species of calidridine sandpipers at Barrow, Alaska. *Condor* 74: 164–76.

Nowak, E. (2005). *Wissenschaftler in turbulenten Zeiten*. Schwerin: Stock & Stein.

Nys, Y., and Guyot, N. (2011). Egg formation and chemistry, pp. 83–132, in: *Improving the Safety and Quality of Eggs and Egg Products,* vol. 1: *Egg Chemistry, Production and Consumption*. Oxford: Woodhead.

Opel, F. M. E. (1858).Beiträge zur Kenntniss des *Cuculus canorus* Lin. *Journal für Ornithologie* 6: 205–25.

Ord, G. (1836). Observations on the cow bunting of the United States of America. *Magazine of Natural History* 9: 57–71.

Oreskes, N., and Conway, E. M. (2010). *Merchants of Doubt*. New York: Bloomsbury. (オレスケス、コンウェイ『世界を騙しつづける科学者たち』福岡洋一訳、楽工社)

Orians, G. H., and Janzen, D. H. (1974). Why are embryos so tasty? *American Naturalist* 108: 581–92.

Pappenheimer, J. (1996). *Hermann Rahn (1912–1990): A Biographical Memoir*. Washington: National Acadamies Press.

Parker, G. A. (1998). Sperm competition and the evolution of ejaculates: towards a theory base, pp. 3–54, in: *Sperm Competition and Sexual Selection* (eds T. R. Birkhead and A. P. Moller). London: Academic Press.

Payne, R. B. (1972). Nuts, bones, and a nesting of red crossbills in the Panamint Mountains. *Condor* 74: 485–6.

Pearl, R., and Curtis, M. R. (1912). Studies on the physiology of reproduction in the domestic fowl. VIII. On some physiological effects of ligation, section and removal of the oviduct. *Papers from the Biological Laboratory of the Maine Agricultural Experiment Station* no. 68: 395–424.

Pearl, R., and Schoppe, W. F. (1921). Studies on the physiology of reproduction in the domestic fowl. XVIII. Further observations on the anatomical basis of fecundity. *Journal of Experimental Zoology* 34: 101–18.

Pennant, T. (1768). *British Zoology*. London: Benjamin White.

Pike, T. W. (2015). Modelling eggshell maculation. *Avian Biology Research* 8: 237–243.

Pitmann, C. R. S. (1964): 'Eggs, natural history of', pp. 237–42, in: Thomson, A. L. (ed.) *A New Dictionary of Birds*. London: Nelson.

Priestley, J. B. (1921). *I for One.* Oxford: Bodley Head.

Prynne, M. (1963). *Egg-shells.* London: Barrie & Rockliff.

Field Ornithology 59: 51–4.

Lyon, B. E. (2003). Egg recognition and counting reduce costs of avian conspecific brood parasitism. *Nature* 422: 495–9.

Lyon, B. E. (2007). Mechanism of egg recognition in defenses against conspecific brood parasitism: American coots (*Fulica americana*) know their own eggs. *Behavioral Ecology & Sociobiology* 61: 455–63.

McAldowie, A. M. (1886). Observations on the development and the decay of the pigment layer on birds' eggs. *Journal of Anatomy & Physiology* 20: 225–37.

McElwain, J. C., and Chaloner, W. G. (1996). The fossil cuticle as a skeletal record of environmental change. *Palaios* 11: 376–88.

MacGillivray, W. (1852). *A History of British Birds*. London: Scott, Webster & Geary.

MacLean, S. F. (1974). Lemming bones as a source of calcium for Arctic sandpipers (*Calidris* spp.). *Ibis* 116: 552–7.

McMaster, D. G., Sealy, S. G., Gill, S. A., and Neudorf, D. L. (1999). Timing of egg laying in yellow warblers. *Auk* 116: 236–40.

Magi, M., Mand, R., Konovalvov, A., Tilgar, V., and Reynolds, S. J. (2012). Testing the structural-function hypothesis of eggshell maculation in the great tit: an experimental approach. *Journal of Ornithology* 153: 645–52.

Manson-Bahr, P. (1959). Recollections of some famous British ornithologists. *Ibis* 101: 53–64.

Martin, M. (1698). *A Late Voyage to St Kilda, the Remotest of All the Hebrides, or Western Isles of Scotland*. London: Gent.

Maurer, G., Russell, G. D. and Cassey, P. (2010). Interpreting the lists and equations of egg dimensions in *Schönwetter's Handbuch der Oologie. The Auk* : 127: 940–947.

Maurer, G., Portugal, S. J., and Cassey, P. (2011). Review: An embryo's eye view of avian eggshell pigmentation. *Journal of Avian Biology* 42: 494–504.

Maurer, G., Portugal, S. J., Hauber, M. E., Miksik, I., Russell, D. G. D., and Cassey, P. (2015) . First light for avian embryos: eggshell thickness and pigmentation mediate variation in development and UV exposure in wild bird eggs. *Functional Ecology* 29: 209–18.

Meckel, H. von Hemsback (1851). Die Bildung der für die partielle Furchung bestimmte Eier der Vögel im Vergleich mit den Graafschen Follikel und die Decidua des Menschen. *Zeitschrift für wissenschaftliche Zoologie* Bd 3: 420.

Montevecchi, W. A. (1976). Field experiments on the adaptive significance of avian eggshell pigmentation. *Behaviour* 58: 26–39.

Moreno, J., Morales, J., Lobato, E., Merino, S., Tomas, G., and Martinez-de la Puente, J. (2005). Evidence for the signalling function of egg colour in the pied flycatcher *Ficedula hypoleuca. Behavioral Ecology* 16: 931–7.

Moreno, J., and Osorno, J. L. (2003). Avian egg colour and sexual selection: does eggshell pigmentation reflect female condition and genetic quality? *Ecology Letters* 6: 803–6.

Moreno, J., Osorno, J. L., Morales, J., Merino, S., and Tomas, G. (2004). Egg colouration and *aalge aalge* Pont.) an das Brüten auf Felssimsen. *Zeitschrift für Tierpsychologie* 53: 341–88.

Ishikawa, S., Suzuki, F., Fukuda, E., Arihara, K., Yamamoto, Y., Mukai, T., and Itoh, M. (2010). Photodynamic antimicrobial activity in avian eggshells. *FEBS Letters* 584: 770–5.

Jetz, W., Thomas, G. H., Joy, J. B., Hartmann, K., and Mooers, A. O. (2012). The global diversity of birds in space and time. *Nature* 491: 444–8.

Johnson, A. L. (2000). Reproduction in the female, pp. 569–96, in: *Sturkie's Avian Physiology* (ed. G. C. Whittow). San Diego: Academic Press.

Juniper, T. (2003). *Spix's Macaw: The Race to Save the World's Rarest Bird.* London: Fourth Estate/Atria.

Kaftanovski, Yu. M. (1941). Experiment in comparative characteristics of the biology of reproduction of several alcids. *Transactions of the Seven Islands Sanctuary* 1: 47–52. [In Russian and cited in Uspenski 1953]

Kaftanovski, Yu. M. (1951). Alcidine Birds (Alcids) of the Eastern Atlantic. *Materialy k poznaniyu fauny i flory SSSR*, Novaya Seria Otdel Zoologicheskii 28 (xiii) 10–169.

Kennedy, G. Y., and Vevers, H. G. (1976). A survey of avian eggshell pigments. *Comparative Biochemistry and Physiology* 55B: 117–23.

Kern, M. D., Cowie, R. J., and Yeager, M. (1992). Water loss, conductance, and structure of eggs of pied flycatchers during egg laying and incubation. *Physiological Zoology* 65: 1162–87.

Kerridge, R. (2014). *Cold Blood: Adventures with Reptiles and Amphibians.* London: Chatto & Windus.

Kightly, C. (1984). *Country Voices: Life and Lore in Farm and Village.* London: Thames & Hudson.

Kilner, R. M. (2006). The evolution of egg colour and patterning in birds. *Biological Reviews* 81: 383–406.

Kutter, F. (1877–8). Betrachtung über Systematik und Oologie vom Standpunkte der Selectionstheorie [Observations on systematics and oology from the point of view of the theory of natural selection], II. Teil. *Journal für Ornithologie* 25: 396–423; and 26: 300–48.

Lack, D. (1968). *Ecological Adaptations for Breeding in Birds*. London: Methuen.

Lang, M. R., and Wells, J. W. (1987). A review of eggshell pigmentation. *World's Poultry Science Journal* 43: 238–46.

Lipar, J. L., Ketterson, E. D., Nolan, V. Jr, and Casto, J. M. (1999). Egg yolk layers vary in the concentration of steroid hormones in two avian species. *General and Comparative Endocrinology* 115: 220–7.

Lorenz, K. (1965). *Evolution and Modification of Behaviour.* Chicago: University of Chicago Press.（ローレンツ『行動は進化するか』日高敏隆ほか訳、講談社）

Lovell, P. G., Ruxton, G. D., Langridge, K. V., and Spencer, K. A. (2013). Egg-laying substrate selection for optimal camouflage by quail. *Current Biology* 23: 260–4.

Lowther, P. E. (1988). Spotting pattern of the last laid egg of the house sparrow. *Journal of*

Harris, M. P., and Birkhead, T. R.（1985）. Breeding ecology of the Atlantic Alcidae, pp. 155–204, in *The Atlantic Alcidae*（eds D. N. Nettleship and T. R. Birkhead）. London: Academic Press.

Hatchwell, B. J., and Pellatt, E. J.（1990）. Intraspecific variation in egg composition and yolk formation in the common guillemot（*Uria aalge*）. *Journal of Zoology, London* 220: 279–86.

Hauber, M.（2014）. *The Book of Eggs*. Chicago: University of Chicago Press.

Heinroth, O.（1938）. *Aus dem Leben der Vögel*. Berlin: Springer.

Heinroth, O., and Heinroth, M.（1924–34）. *Die Vögel Mitteleuropas*, 4 vols. Berlin: Bermühler.

Hellwald, H.（1931）. Untersuchungen über triebstärken bei tieren. *Zeitschrift für Psychologie und Physiologie der Sinnesorgane* 123: 94–103.

Hemmings, N., West, M., and Birkhead, T. R.（2012）. Causes of hatching failure in endangered birds. *Biology Letters* 8: 964–7.

Hemmings, N. and Birkhead, T. R.（2015）. Polyspermy in birds: sperm numbers and embryo survival. *Proceedings of the Royal Society of London B* 282（1818）: 20151682 http://dx.doi.org/10.1098/rspb.2015.1682

Hervieux de Chanteloup, J.-C.（1713）*Nouveau Traité des Serins de Canarie*. Paris: Claude Prudhomme.

Hewitson, W. C.（1831）. *British oology: being illustrations of the eggs of British birds, with figures of each species, as far as practicable, drawn and coloured from nature: accompanied by descriptions of the materials and situation of their nests, number of eggs*. Newcastle upon Tyne: Empson.

Higginson, T. W.（1862）. The life of birds. *Atlantic Monthly* 10: 36876.

Higham, N.（1963）. *A Very Scientific Gentleman: The Major Achievements of Henry Clifton Sorby*. London: Pergamon Press.

Hill, W. L.（1993）. Importance of prenatal nutrition to the development of a precocial chick. *Developmental Psychobiology* 26: 237–49.

Hincke, M. T., Nys, Y., and Gautron, J.（2010）. The role of matrix proteins in eggshell formation. *Japan Poultry Science* 47: 208–19.

Horvathova, T., Nakagawa, S., and Uller, T.（2011）. Strategic female reproductive investment in response to male attractiveness in birds. *Proceedings of the Royal Society of London B* 279: 163–70.

Howell, T. R.（1979）. Breeding biology of the Egyptian plover, *Pluvianus Aegyptius*. University of California, Publications in Zoology.

Howells, R.（1987）. *Farewell the Islands*. London: Gomer Press.

Igic, B., Fecheyer-Lippends, D., Xiao, M, Chan, A., Hanley, D., Brennan, P. R. L., Grim, T., Waterhouse, G. I. N., Hauber, M. E., and Shawkey, M. D.（2015）. A nanostructural basis for gloss of avian eggshells. *Journal of the Royal Society Interface* 12: 20141210. http://dx.doi.org/10.1098/rsif.2014.1210

Ingold, P.（1980）. Anpassungen der Eier und des Brutverhaltens von Trottellummen（*Uria*

Island. Ottawa: Canadian Wildlife Service.

Gebhardt, L. (1964). *Die Ornithologen Europas*. Gießen: Brühlscher.

Geist, V. (1986). Bergmann's rule is invalid. *Canadian Journal of Zoology* 65: 1035–8.

Giersberg, H. (1922). Untersuchungen über Physiologie und Histologie des Eileiters der Reptilien und Vogel; nebst einem Beitrag zur Fasergenese. *Zeitschrift für wissenschaftliche Zoologie* 120: 1–97.

Gil, D., Graves, J., Hazon, N., and Wells, A. (1999). Male attractiveness and differential testosterone investment in zebra finch eggs. *Science* 286: 126–8.

Gilbert, A. B. (1979). Female genital organs. In: *Form and Function in Birds*, vol. 1: 237–360 (eds A. S. King and J. McLelland). London: Academic Press.

Gole, V. C., Roberts, J. R., Sexton, M., May, D., Kiermeier, A., and Chousalkar, K. K. (2014). Effect of egg washing and correlation between cuticle and egg penetration by various *Salmonella* strains. *International Journal of Food Microbiology* 182–183: 18–25.

Gosler, A. G., Higham, J. P., and Reynolds, S. J. (2005). Why are birds' eggs speckled? *Ecology Letters* 8: 1105–13.

Goulsen, D. (2013). An overview of the environmental risks posed by neonicotinoid insecticide. *Journal of Applied Ecology* 50: 977–87.

Grau, C. R. (1976). Ring structure of avian egg yolk. *Poultry Science* 55: 1418–22.

Grau, C. R. (1982). Egg formation in Fiordland crested penguins (*Eudyptes pachyrhynchus*). *Condor* 84: 172–7.

Graveland, J. (1998). Effects of acid rain on bird populations. *Environmental Reviews* 6: 41–54.

Graveland, J., and Baerends, J. E. (1997). Timing of the calcium uptake and effect of calcium deficiency on behaviour and egg-laying in captive Great Tits, *Parus major. Physiological Zoology* 70: 74–84.

Green, R. E. (1998). Long-term decline in the thickness of eggshells of thrushes, *Turdus* spp. in Britain. *Proceedings of the Royal Society of London B* 265: 679–84.

Green, R. E., and Scharlemann, J. P. (2003). Egg and skin collections as a resource for long-term ecological studies. *Bulletin of the British Ornithologists' Club* 123A: 165–76.

Grieve, S. (1885). *The Great Auk or Garefowl* Alca impennnis, *its History, Archaeology and Remains*. London: Thomas C. Jack.

Gurney, J. H. (1878). On Flamborough Head. In: *Ornithological Miscellany,* vol. 3: 29–38 (ed. Rowley, G. D.) London: Trubner & Co.

Hamilton, W. D., and Brown, S. P. (2001). Autumn leaf colour and herbivore defence. *Proceedings of the Royal Society of London B* 268: 1489–93.

Hammer, S., and Watson, R. (2012). The challenge of managing Spix macaws (*Cyanopsitta spixii*) at Qatar – an eleven year retrospection. *Der Zoologische Garten (Neue Folge)* 81: 81–95.

Harper, E. H. (1904). The fertilization and early development of the pigeon's egg. *American Journal of Anatomy* 3: 349–386.

太郎ほか訳、共立出版)
Davy, J. (1863). Some observations on the eggs of birds. *Edinburgh New Philosophical Journal*, Series 2 18: 249–58.
Deeming, D. C. (2002). Embryonic development and utilisation of egg components: pp. 43–53, In: Deeming, D. C. (ed.), *Avian Incubation: Behaviour, Environment and Evolution*. Oxford: Oxford University Press.
Deeming, D. C. (ed.) (2002). *Avian Incubation: Behaviour, Environment and Evolution*. Oxford: Oxford University Press.
Deeming, D. C. (2004). *Reptilian Incubation*. Nottingham: Nottingham University Press.
Deeming, D. C., and Pike, T. W. (2013). Embryonic growth and antioxidant provision in avian eggs. *Biology Letters* 9: 20130757. http://dx.doi.org/10.1098/rsbl.2013.07577.
Deeming, C. and Ruta, M. (2014). Egg shape changes at the theropod-bird transition, and a morphometric study of amniote eggs. *Royal Society Open Science*. DOI: 10.1098/rsos.140311
Deeming, D. C., and Unwin, D. M. (2004), pp. 1–14, in: Reptilian incubation: evolution and the fossil record. In: Deeming, D. C. (ed.), *Reptilian Incubation*. Nottingham: Nottingham University Press.
Dixon, E. S. (1848). *Ornamental and Domestic Poultry*. London: Gardeners' Chronicle.
Drane, R. (1897). A Pilgrimage to Golgotha, June 1897. *Cardiff Naturalists' Society, Report & Transactions* 31: 38–51.
Drane, R. (1898–9). Eggs of the common guillemot and razorbill. *Cardiff Naturalists' Society, Report & Transactions* 31: 52–3.
Drent, R. (1975). Incubation. In: *Avian Biology* vol. V: 333–420 (eds D. S. Farner., J. R. King and K. C. Parkes). New York: Academic Press.
Drent, P., and Woldendorp, J. W. (1989). Acid rain and eggshells. *Nature* 339: 431.
Dresser, H. E. (1871–81). *A History of the Birds of Europe*. London: The Author.
English, P. A., and Montgomerie, R. (2011). Robin's egg blue: does egg color influence male parental care? *Behavioral Ecology and Sociobiology* 65: 1029–36.
Faust, R. (1960). Brutbiologie des Nandus (*Rhea americana*) in Gefangenschaft. *Verhandlungen der Deutschen Zoologischen Gesellschaft* 42: 398–401.
Finkler, M. S., Orman, J. B. van, and Sotherland, P. R. (1998). Experimental manipulation of egg quality in chickens: influence of albumen and yolk on the size and body composition of near-term embryos in a precocial bird. *Journal of Comparative Physiology B* 168: 17–24.
Fuller, E. (1999). *The Great Auk*. Southborough: Errol Fuller.
Gaddis, T. E. (1955). *Birdman of Alcatraz*. New York: Aeonian Press.
Garcia, R. A. (2007). An 'egg-tooth'-like structure in titanosaurian sauropod embryos. *Journal of Vertebrate Paleontology* 27: 247–52.
Gaston, A. J., Forest, L. de, and Noble, D. G. (1993). Egg recognition and egg stealing in murres (*Uria* spp.). *Animal Behaviour* 45: 301–6.
Gaston, A. J., and Nettleship, N. N. (1981). *The Thick-billed Murres of Prince Leopold*

リー・ガラード『世界最悪の旅』加納一郎訳、中央公論新社ほか）
Cocker, M. (2006). End of the naturalists. *Guardian* 8 November 2006.
Cocker, M. (2014). *Claxton: Field Notes from a Small Planet*. London: Jonathan Cape.
Cole, E. (2016). Blown out: the science and enthusiasm of egg collecting in the *Oologists' Record*, 1921–69. *Journal of Historical Geography* 51: 18–28.
Cole, A. C., and Trobe, W. M. (2000). *The Egg Collectors of Great Britain and Ireland*. Leeds: Peregrine Books.
Cole, A. C. and Trobe, W. M. (2011). *The Egg Collectors of Great Britain and Ireland: An Update*. Leeds: Peregrine Books.
Cook, L. M., Grant, B. S., Saccheri, I. J., and Mallet, J. (2012). Selective bird predation on the peppered moth: the last experiment of Michael Majerus. *Biology Letters* 8: 609–12.
Cook, M. I., Bessinger, S. R., Toranzos, G. A., Rodriguez, R., and Arendt, W. J. (2005). Microbial infection affects egg viability and incubation behavior in a tropical passerine. *Behavioral Ecology* 16: 30–6.
Cott, H. B. (1951). The Palatability of the Eggs of Birds: Illustrated by experiments on the food preferences of the hedgehog (*Erinaceus Europaeus*). *Proceedings of the Zoological Society of London* 121: 1–41.
Cott, H. B. (1952). The Palatability of the Eggs of Birds: Illustrated by experiments on the food preferences of the hedgehog (*Erinaceus Europaeus*). *Proceedings of the Zoological Society of London* 122: 1–54.
Cronin, H. (1991). *The Ant and the Peacock: Altruism and Sexual Selection from Darwin to Today*. Cambridge: Cambridge University Press.（クローニン『性選択と利他行動』長谷川眞理子訳、工作舎）
Cullen, E. (1957). Adaptations in the kittiwake to cliff nesting. *Ibis* 99: 275–302.
Cunningham, E., and Russell, A. (2000). Egg investment is influenced by male attractiveness in the mallard. *Nature* 404: 74–7.
D'Alba, L., Jones, D. N., Badway, H. T., Eliason, C. M., and Shawkey, M. D. (2014). Antimicrobial properties of a nanostructured eggshell from a compost-nesting bird. *Journal of Experimental Biology* 217: 1116–21.
Daddi, L. (1896). Nouvelle méthode pour colorer la graisse dans les tissus. In: *Archives Italiennes de Biologie* Tome 26: 143–6.
Dareste, C. (1891). *Recherches Sur La Production Artificielle Des Monstruosités Ou Essais De Tératogenie Expérimentale*, 2nd edn. Paris.
Darwin, C. (1875). *The Variation of Animals and Plants under Domestication*. London: John Murray.
Darwin, E. (1794). *Zoonomia, or the Laws of Organic Life*. London: Johnson.
Davies, N. B. (2015). *Cuckoo: Cheating by Nature*. London: Bloomsbury.（デイヴィス『カッコウの托卵』中村浩志ほか訳、地人書館）
Davies, N. B., Krebs, J. R., and West, S. A. (2012). *An Introduction to Behavioural Ecology*. Oxford: Wiley-Blackwell.（デイビス、クレブス、ウェスト『行動生態学』野間口眞

Board, R. G.（1981）. The microstructure of avian eggshells, adaptive significance and practical implications in aviculture. *Wildfowl* 32: 132–6.

Board, R. G., and Fuller, R.（1974）. Non-specific antimicrobial defences of the avian egg, embryo and neonate. *Biological Reviews* 49: 15–49.

Board, R. G., Perrott, H. R., Love, G., and Seymour, R. S.（1982）. A novel pore system in the eggshells of the malleefowl *Leipoa ocellata. Journal of Experimental Zoology* 220: 131–4.

Board, R.G., and Scott, V. D.（1980）. Porosity of the avian eggshell. *American Zoologist* 20: 339–49.

Board, R. G., and Tranter, H. S.（1994）. The microbiology of eggs. Chapter 5 in: *Egg Science and Technology*（eds W. J. Stadelman and O. J. Coterill）. New York: Food Products Press.

Boersma, P. D., and Wheelwright, N. T.（1979）. Egg neglect in the Procellariiformes: reproductive adaptations in the fork-tailed stormpetrel. *Condor* 81: 157–65.

Bond, G. M., Board, R. G., and Scott, V. D.（1988）. An account of the hatching strategies of birds. *Biological Reviews* 63: 395–415.

Bradfield, J. R. G.（1951）. Radiographic studies on the formation of the hen's eggshell. *Journal of Experimental Biology* 28: 125–40.

Briggs, E., and Wessel, G. M.（2006）. In the beginning. . . animal fertilization and sea urchin development. *Developmental Biology* 300: 15–26.

Buffon, G. L.（1770–83）. *Histoire Naturelle des Oiseaux.* Paris.

Burley, N.（1988）. The differential allocation hypothesis: an experimental test. *American Naturalist* 132: 611–28.

Burley, R. W., and Vadhera, D. V.（1989）. *The Avian Egg, Chemistry and Biology*. New York: John Wiley & Sons.

Burton, F. G., and Tullett, S. G.（1985）. Respiration of avian embryos. *Comparative Biochemistry and Physiology* 82A: 735–44.

Butcher, G. D., and Miles, R. D.（1995）. Factors causing poor pigment of brown-shelled eggs. Cooperative Extension Service Fact Sheet VM94. Institute for Food and Agricultural Sciences, University of Florida, Gainesville, Fla.

Carey, C.（1996）. Female reproductive energetics. In: Carey, C.（ed.）*Avian Energetics and Nutritional Ecology*. New York: Chapman & Hall.

Carson, R.（1962）. *Silent Spring*. Cambridge, Mass.: Houghton Mifflin.（カーソン『沈黙の春』青樹簗一訳、新潮社ほか）

Cassey, P., Golo, M., Lovell, P. G., and Hanley, D.（2011）. Conspicuous eggs and colourful hypotheses: testing the role of multiple influences on avian eggshell appearance. *Avian Biology Research* 4: 185–95.

Cassey, P., Thomas, G. H., Portugal, S. J., Maurer, G., Hauber, M. E., Grim, T., Lovell, G., and Miksik, I.（2012）. Why are birds' eggs colourful? Eggshell pigments co-vary with life-history and nesting ecology among British breeding non-passerine birds. *Biological Journal of the Linnean Society* 106: 657–72.

Cherry-Garrard, A.（1922）. *The Worst Journey in the World.* London: Carroll & Graf.（チェ

Bartelmez, G. W.（1918）. The relation of the embryo to the principal axis of symmetry in the bird's egg. *Biological Bulletin* 35: 319–61.

Battersby, A. R.（1985）. Biosynthesis of the pigments of life. *Proceedings of the Royal Society of London B* 225: 1–26.

Baudrimont, A., and St Ange, M.（1847）. Recherches sur les phenomenes chimiques de revolution embryonnaire des oiseaux et des bactraciens. *Annales de chimie et de physique* 21: 195–295.

Beetz, J.（1916）. Notes on the eider. *Auk* 55: 387–400.

Beissinger, S. R., Cook, M. I., and Arendt, W. J.（2005）. The shelf life of bird eggs: testing egg viability using a tropical climate gradient. *Ecology* 86: 2164–75.

Belopol'skii, L. O.（1961）. *Ecology of Sea Colony Birds of the Barents Sea*. Jerusalem: Israel Program for Scientific Translations.

Bennison, C., Hemmings, N., Slate, J., and Birkhead, T. R.（2015）. Long sperm fertilise more eggs in a bird. *Proceedings of the Royal Society of London B* 20141897. http://dx.doi.org/10.1098/rspb.2014.1897

Benrani, L., Helloin, E., Guyot, N., Rehault-Godbert, S., and Nys, Y.（2013）. Passive maternal exposure to environmental microbes selectively modulates the innate defences of chicken egg white by increasing some of its antibacterial activities. *BMC Microbiology* 13: 128. doi:10.1186/1471–2180–13–128

Bertin, A., Calandreau, L., Arnould, C., and Levy, F.（2012）. The developmental stage of chicken embryos modulates the impact of *in ovo* olfactory stimulation on food preferences. *Chemical Senses* 37: 253–61.

Bertram, B. C. R.（1992）. *The Ostrich Communal Nesting System*. Princeton: Princeton University Press.

Bertram, B. C. R., and Burger, A. E.（1981）. Are ostrich eggs the wrong colour? *Ibis* 123: 207–10.

Birkhead, T. R.（1993）. *Great Auk Islands: A Field Biologist in the Arctic*. London: Poyser.

Birkhead, T. R.（2008）. *The Wisdom of Birds*. London: Bloomsbury.

Birkhead, T. R.（2012）. *Bird Sense: What It's Like to Be a Bird*. London: Bloomsbury.（バークヘッド『鳥たちの驚異的な感覚世界』沼尻由起子訳、河出書房新社）

Birkhead, T.R., Hall, J., Schutt, E., and Hemmings, N.（2008）. Unhatched eggs; methods for discriminating between infertility and early embryo mortality. *Ibis* 150: 508–17.

Birkhead, T. R., Johnson, S. D., and Nettleship, D. N.（1985）. Extra-pair matings and mate guarding in the common murre *Uria aalge*. *Animal Behaviour* 33: 608–19.

Birkhead, T. R., and del Nevo, A.（1987）. Egg formation and the prelaying period of the common guillemot *Uria aalge*. *Journal of Zoology* 211: 83–8.

Birkhead, T. R., Wimpenny, J., and Montgomerie, R.（2014）. *Ten Thousand Birds: Ornithology Since Darwin*. Princeton: Princeton University Press.

Blackburn, J.（1989）. *Charles Waterton, 1782–1865: Traveller and Conservationist*. London: Bodley Head.

参考文献

Abati, B. A.（1589）. *De admirabili viperae natura, et de mirificis eiusdem facultatibus liber*. Urbino.

Adelmann, H. B.（1942）. *The Embryological Treatises of Hieronymus Fabricius of Aquapendente: The Formation of the Egg and Chick and the Formed Fetus*. Ithaca: Cornell University Press.

Alexander, R. D., and Noonan, K. M.（1979）. Concealment of ovulation, paternal care, and human social evolution, pp. 436–53, in: *Evolutionary Biology and Human Social Behavior*（eds N. A. Chagnon and W. Irons）. Belmont, Calif.: Duxbury Press.

Allen, D. E.（2010）. *Books and Naturalists*. London: Collins.

Andersson, M.（1978）. Optimal egg shape in waders. *Ornis Fennica* 55: 105–9.

Ar, A., and Sidis, Y.（2002）. Nest microclimate during incubation, pp. 143–60, in: *Avian Incubation: Behaviour, Environment and Evolution*（ed. D. C. Deeming）. Oxford: Oxford University Press.

Aristotle. *History of Animals*.

Aristotle. *On the Generation of Animals*.（アリストテレス『動物誌』島崎三郎訳、岩波書店ほか）

Aslam, M. A., Hulst, M., Hoving-Bolink, R. A., Smits, M. A., de Vries, B., Weites, I., Groothuis, T. G., and Woelders, H.（2013）. Yolk concentrations of hormones and glucose and egg weight and egg dimensions in unincubated chicken eggs, in relation to egg sex and hen body weight. *General and Comparative Endocrinology* 187: 15–22.

Astheimer, L. B., and Grau, C. R.（1990）. A comparison of yolk growth rates in seabird eggs. *Ibis* 132: 380–94.

Astheimer, L. B., Prince, P. A., and Grau, C. R.（1985）. Egg formation and the pre-laying period of black-browed and grey-headed albatrosses *Diomedea melanophris* and *D. chrysostoma* at Bird Island, South Georgia. *Ibis* 127: 523–9.

Baer, v. C. E.（1828–1888）. *Ueber die Entwickelungsgeschichte der Thiere – Beobachtung und Reflexion*. I. Theil; 1828; II. Theil, 1837; II. Theil, 1888（ed. L. Stieda）. Leipzig.

Baggot, G. K., Deeming, D. C., and Latter, G. V.（2002）. Electrolyte and water balance of the early avian embryo: effects of egg turning. *Avian and Poultry Biology Reviews* 13: 105–19.

Bain, M. M.（1991）. A reinterpretation of eggshell strength, pp. 131–45, in: *Egg and Eggshell Quality*（ed. S. E. Solomon）. Aylesbury: Wolfe Publishing.

Barta, Z., and Szekely, T.（1997）. The optimal shape of avian eggs. *Functional Ecology* 11: 656–62.

【ヤ行】

【ラ・ワ行】

【ハ行】

【マ行】

【ナ行】

【カ行】

【サ行】

【タ行】

索引

ティム・バークヘッド（Tim Birkhead）
イギリスの鳥類学者、行動生態学者。シェフィールド大学動物学教授。王立協会フェロー。鳥類の生態を研究するために、世界各地を訪ねている。「インディペンデント」「ニューサイエンティスト」「BBC ワイルドライフ」など多くの紙誌に寄稿。
著書に『乱交の生物学』、『赤いカナリアの探求』（ともに新思索社）、『鳥たちの驚異的な感覚世界』（河出書房新社）などがある。
本書は、一般向けの優れた普及活動に与えられる、ロンドン動物学会の「クラリヴェイト・アナリティクス賞」を受賞。

黒沢令子（くろさわ　れいこ）
鳥類生態学研究者、翻訳者。地球環境学博士。NPO 法人バードリサーチで野外鳥類調査の傍ら、翻訳に携わる。主な訳書に『羽』、『動物行動の観察入門』、『種子』（以上、白揚社）、『フィンチの嘴』（共訳、早川書房）、『落葉樹林の進化史』（築地書館）などがある。

THE MOST PERFECT THING

by Tim Birkhead

ISBN 978-4-8269-0203-8

鳥の卵

二〇一八年七月二十日　第一版第一刷発行

著　者　ティム・バークヘッド

訳　者　黒沢令子

発行者　中村幸慈

発行所　株式会社　白揚社　©2018 in Japan by Hakuyosha

〒101-0062　東京都千代田区神田駿河台1-7

電話03-5281-9772　振替00130-1-25400

装　幀　岩崎寿文

印刷・製本　中央精版印刷株式会社